海岸带人工地貌演化及其资源环境效应研究

The evolution of coastal anthropogenic geomorphology and resources and environmental influence

李加林　刘永超　著

海洋出版社

2022年 · 北京

图书在版编目（CIP）数据

海岸带人工地貌演化及其资源环境效应研究/李加林等著. —北京：海洋出版社，2022. 2

ISBN 978-7-5210-0927-9

Ⅰ. ①海… Ⅱ. ①李… Ⅲ. ①海岸带-地貌-自然景观-人工方式-资源开发-环境效应-研究 Ⅳ. ①P748

中国版本图书馆 CIP 数据核字（2022）第 011314 号

责任编辑：赵 武
责任印制：安 淼

海洋出版社 **出版发行**

http：//www. oceanpress. com. cn
北京市海淀区大慧寺路 8 号 邮编：100081
鸿博昊天科技有限公司印刷 新华书店发行所经销
2022 年 2 月第 1 版 2022 年 2 月北京第 1 次印刷
开本：787 mm×1092 mm 1/16 印张：20. 5
字数：360 千字 定价：68. 00 元
发行部：010-62100090 邮购部：010-62100072 总编室：010-62100034

前　言

人类世以来，地表演化在不断加速，同时人类作用能力提升，人类活动对地球自然生态系统的改变使气候与环境变化的脆弱性凸显，使各种极端事件发生规模和频率提升。人类活动对区域环境的影响已成为当今全球变化研究的热点并以地球系统中多界面过程综合研究为关键。同时，地球表层系统作为岩石圈、大气圈、水圈、生物圈和人类圈所构成的地表自然社会综合体，其自然演化过程受到人类活动的扰动和影响也引起了国际科学界关注：国际地圈和生物圈计划（IGBP）、全球环境变化人文因素计划（IHDP）和国际生物多样性计划（DIVERSITAS）都将人类活动列为核心研究因素之一。与此同时，人类的生产生活活动也营造了许多人工地貌体，它们影响着整个陆地表层系统的生态演化。以上的各种综合作用力共同推动着陆地表层系统有着非线性的演化特征，这就导致了一些重要的陆地表层的演化要素因子及其它们的相互作用引起了众多领域的专家学者的普遍关注，但各种因子的协同性研究仍较为薄弱特别是人口增长、技术革命、交通发展等单要素协同作用驱动地表格局改变的机理需要加强。地球表层作为人地关系的“空间”或“地域”，受自然与社会经济要素等影响，其研究促进了全球变化、可持续发展等新学科的诞生和成长，成为研究全球变化和资源合理利用的重要理论基础。因此，亟需加强人类活动对地球表层系统格局演化的驱动效应进行多学科集成研究。

海岸带区域是人类开发利用规模和强度最大的区域之一，也是当今人类活动影响最显著的区域。研究数据显示：在世界范围内，大约2/3的大城市和60%的人口集中分布于距离海岸线100 km以内的海岸带区域。中国沿海地区人口总数占全国的45%，分布着密集的城市群、城市带；美国沿海地区人口总数占全国的75%，而且全国13个大城市中的12个都分布在沿海地区。同时，传统的海洋渔业捕捞和养殖以及矿产资源开发利用都主要集中于海岸带区域。现今发展海洋经济的热潮使得海岸带成为人类活动最频繁、海洋生态环境最敏感的地带。海岸带的开发，是发展的焦点所在，更是海洋经济发展的必然选择。随着开发力度的加大，海岸带地区形成了越来越多的人类工程地貌景观，通过人类活动塑造的地貌景观日益成为海岸地貌的重要组成部分。海岸带区域人工建设地貌的增加，一定程度上改变了海岸地貌景观格局，自然地貌与人工地貌的功能与价值存在明显差异，导致海岸环境发生不可逆转的改变，严重影响海岸生态安全。如何正确认识海岸带区域的人类活动及其影响成为专家学者关注的焦点。从人工地貌学的角度认识海岸带区域人工建设地貌的特征、发育基础、演化规律等问题，对于协调人类活动与海岸环境的关系有重要的意义。因此，有必要加强对海岸带区域人工建设地貌的研究，尤其是从人工建设地貌体扩展开来，探寻海岸地貌、海岸环境与人类活动的内在联系，海岸带区域人工建设地貌的研究成为人工地貌学研究的一个新方向，也迎来了研究的新浪潮。

在这样的背景下，宁波大学东海战略研究院以李加林为首席专家的海岸带资源环境研究团队，一直关注海岸带环境与资源开发研究，围绕人类活动对海岸带地区资源环境的影响，连续获得5项国家自然科学基金资助（含重点基金1项）。本书是在国家自然科学基金“治理网络对海湾环境治理绩效的影响机制及制度重构——以美国坦帕湾和中国象山港为例”（71874091）、“东海区大陆海岸带高强度开发约束下的陆海统筹水平演化及冲突空间协同优化”（41976209）和“人工地貌建设对港湾海岸地貌景观演化的影响比较研究——以中国象山港与美国佛罗里达坦帕湾为例”资助下完成的，本书的出版还得到东海战略研究院自设课题“海岸带人工地貌演化及其资源环境效应”（20ZK02Z）的资助。

本书采用史料查阅及野外实地调研相结合的方法，运用遥感和地理信息技术获取海岸带资源环境开发利用及其对资源环境存量影响的基本信息，采用规范理论研究与实证分析、微观特征与宏观现象以及定性描述与定量测算结合的方法，以人工地貌资源利用为核心的跨学科研究范式建立完善的人工-自然复合地貌理论体系，涉及人口、资源及环境等学科研究领域。收集、处理、分析包括国内外人类活动与人工地貌研究成果、经验与发展趋势，人工地貌环境效应管理存在的问题等研究文献资料和数据，依靠文字、图画、地图等文献资料进行研究，如历代正史、地理总志、地方志、游记、野史笔记、诗文集子、会典会要、历代类书、明清档案、历代地图、绘图等。并以多时相遥感影像和历史海图、地形图、DEM 数据为主要数据源，进行数理统计和空间分析，运用地理信息技术进行人工地貌格局过程与特征模拟。在此基础上，综合运用区域地貌学、景观生态学、海岸地貌学、海岸动力学、地理学等学科理论，在综合利用最新相关学科理论和技术手段基础上，对地物提取信息进行数量统计与空间分析，实现海岸带人工地貌演化及其资源环境效应研究等。选择象山港海岸带、杭州湾南岸甚至浙江省海岸带和美国坦帕湾等海岸带典型人工地貌区域进行研究，据此对研究成果进行检验并加以修改、补充。希冀为浙江省海洋经济强省建设和海岸带地区可持续发展提供科学依据。同时人工地貌过程及其环境效应可为浙江省乃至全国湾区开发利用与保护提供数据支撑和战略分析参考，也可丰富全球变化与人类活动响应研究的海岸带区域典型案例。

本书由宁波大学李加林负责拟定提纲、组织研讨，并负责全书的写作。相关章节的执笔者如下：第 1 章为李加林、刘永超；第 2 章为李加林、刘永超、杨磊、郭意新；第 3 章为李加林、刘永超、杨磊；第 4 章为李加林、刘永超、叶梦姚、冯佰香、史作琪、何改丽；第 5 章为李加林、刘永超、杨磊、郭意新；第 6 章为李加林、刘永超、杨磊、郭意新；第7章为李加林、杨磊、郭意新、刘永超；第8章为李加林、杨磊、刘永超、郭意新；最后由李加林、刘永超完成了统稿工作。感谢美国南佛罗里达大学地理学院浦瑞良教授和他的博士生郭乾东在相关研究工作过程中给予的支持与帮助。书稿在撰写过程中参考、引用了大量文献，但限于篇幅未能在本书中一一注出，在此表示深深歉意，并谨向这些文献的作者表示敬意和感谢。

由于受作者学术水平所限，加之撰写时间较短，书中难免存在疏漏之处，敬请读者谅解和指正。

著者

目　录

1 绪　论

1.1 研究背景与研究意义

1.1.1 选题背景

随着社会经济的发展及陆地资源的不断被耗竭，海岸带及海洋资源的开发利用已成为沿海国家和地区的战略选择。港湾作为海岸带开发的前沿与热点区域，其资源开发强度与人类影响程度持续加大，原始的自然地貌不断被人工地貌所替代，人工地表过程和生态环境演化面临着人类经济社会活动带来的空前压力，加之遥感技术（Remote sensing，RS）、地理信息系统（Geography information system，GIS）和全球定位系统（Global positioning system，GPS）支撑下的研究数据可得性不断提升，人类活动引起的海岸资源环境问题逐渐成为国内外学者和政府管理者关注的焦点。与此同时，全球范围人口的持续增长、工业化、城市化使生态系统不断受到侵占，生态系统服务的稀缺性不断增强，如何保护生态系统、提高生态系统服务供给，成为目前全球面临的一个共同挑战。

地球生态系统被誉为生命之舟，为人类社会经济和文化生活提供了许多物质资源和良好生产条件。这些由自然系统的生境、物种、生物学状态、生态过程所产生的物质及其所维持的良好生活环境对人类的服务性能称为生态系统服务（蔡晓明，2000）。生态系统服务是指生态系统形成和所维持的人类赖以生存和发展的环境条件与效用，是人类通过生态系统的功能直接或间接得到的产品和服务（Daily，1997）。流域生态系统通过丰富的水资源哺育人类、灌溉农田、净化环境，以广阔的水域维持生物多样性，以干、支流为联系纽带沟通全流域，以蕴藏的巨大水能为流域经济发展提供动力。然而，随着全球气候变化和人工地貌过程干扰加剧，流域土地利用/覆被变化（LUCC，

Land Use and Land Cover Changes）演替，自然生态环境遭到破坏，水土流失加剧，生物多样性降低，水体污染和富营养化问题越来越突出，已严重影响到流域生态系统服务（郑华 等，2003）。

随着人工地貌研究的深入，人们对人工地貌及其环境影响的认识逐渐加深（李加林 等，2015），如何科学有效地进行人工地貌环境管理将成为人工地貌学研究的一个新的深入分析领域。此外，由于大部分生态系统服务价值无法在常规的商品市场得到反映，导致经济发展决策中所占权重或关注度甚微，而流域生态系统作为社会-经济-自然生态系统组成的巨型复合生态系统，量化测度其服务功能价值，可促使人们全面认识流域生态系统在支撑社会经济建设、维护生态系统健康和保障生态环境安全方面的地位和作用，也有助于决策者寻求合理的流域资源配置和生态系统管理方法。为制定流域生态补偿机制、实施生态修复提供科学依据（王振波 等，2009；刘桂环 等，2010）。

此外，近现代以来地理信息科学技术等技术被更多地运用到海岸带的研究当中来，和传统的技术相比，地理信息科学技术能更快、更准确、更及时地获取海岸带生态环境状况的实时信息，也能及时地反映海岸带土地利用、人工地貌过程甚至资源环境演化尺度等最新的变化信息，在海岸带地貌景观演化的研究当中具有巨大优势。

1.1.2 选题依据

1.1.2.1 人类活动影响下的地球表层系统是全球变化研究的热点与核心

工业革命以来人类活动对地球系统造成的各种环境影响在不断加剧已被普遍接受，在未来很长的一段时间内人类仍然会是促进地球系统演化的主要地质推动力。环境变化是全球性的研究课题，人类活动对地球自然生态系统的改变使气候与环境变化的脆弱性表现得更为明显，并加剧了各种极端事件发生的规模和频率（蔡运龙 等，2004）。因此，人类活动对区域环境的影响已成为当今全球变化研究的主要内容并以地球系统中多界面过程综合研究为关键（郑度 等，2001）。同时，地球表层系统作为岩石圈、大气圈、水圈、生物圈和人类圈所构成的地表自然社会综合体，其自然演化过程受到人类活动的扰动和影响也引起了国际科学界关注（Miler，1994；刘燕华 等，2006；史培军 等，2009）：国际地圈和生物圈计划（IGBP，International Geosphere-Biosphere Program）、全球环境变化人文因素计划（IHDP，International Human

Dimension Programme on Global Environmental Change）和国际生物多样性计划（DIVERSITAS，An International Programme of Biodiversity Science）都将人类活动列为核心研究因素之一（徐勇 等，2015）。此外，人类作为现代地表过程和生态演化中最活跃的推动力因素，在生产生活过程中营造了许多人工地貌体，这些人工地貌体的演化过程及其环境效应则直接扰动甚至破坏了陆表系统的生态平衡。

同时，作为复杂开放的地球表层系统的演变有着非线性特征，关键陆表要素变化及其相互作用与协同性引起了诸多学科学者的关注，但对于多要素的协同性研究仍较为薄弱特别是人口增长、技术革命、交通发展等单要素协同作用驱动地表格局改变的机理有待于进一步探讨。地球表层作为人地关系的“空间”或“地域”方面（陆大道，1999），受自然与社会经济要素等相互作用影响，其研究促进了全球变化、可持续发展等新学科的诞生和成长，成为研究全球变化和资源合理利用的重要理论基础（国家自然科学基金委员会，2012）。因此，亟需加强人类活动对地球表层系统格局演化的驱动效应进行多学科集成研究（刘燕华 等，2013）。

1.1.2.2 人工地貌过程在地球系统科学研究中具有重要地位

目前，国际地球科学研究正经历宏观与微观、从单学科深入与学科交叉集成研究相结合转变，解决人类可持续发展面临的资源环境灾害问题成为地球科学发展战略的根本趋向。地球系统科学是研究与各子系统相互作用的地球整体系统变化规律、动力机制和发展趋势，来适应和管理这一系统变化的科学，开放的地球系统多圈层关联耦合过程机制，需要从动力学视域分析不同类型物质循环的内在规律和驱动营力。而人类活动对地球表层系统自然状态冲击的敏感性，则需借用地球系统动力学理论模型来评估和预测，通过人类活动干扰下的地貌过程来表征，如海岸带陆海相互作用第二阶段研究的重点是“利用地球系统科学方法，探讨人类活动影响下的海岸带系统演化过程”。

20 世纪 80 年代以来，地球科学开始进入地球系统科学研究时期，将人类活动作为与太阳和地球内力作用并列的、能引发地球系统变化的驱动力：第三驱动因素。同时，人类社会作为地球生物圈的重要组成部分，以复杂的方式和巨大的能动性重组着人类经济社会空间系统，使作为载体的地球表层面貌不断发生变化。近年来，人类在地球环境变化中的作用更加关注人类参与的地球系统及人地关系的发展，特别是科学化揭示科技革命与人类造貌能力的相关度，对地表过程进行模拟与观测。

随着数据采集、处理能力的不断加强，地球系统科学研究逐步从要素与过程的分离向综合集成方向发展。强调不同尺度地球表层过程的发生机理，特别是对人类活动干预强度较高的区域进行时空转换、格局过程耦合与区域差异及关联分析。关注人类不同开发利用方式的叠加集成，重点研究人类活动与人工地貌系统过程的协同综合作用，建立格局—过程—机制的系统思维，突出人类需求驱动下的人工地貌过程变化及其人类活动的适应性研究。

1.1.2.3 生态系统服务研究范式与实践应用转向的需要

生态系统服务研究趋势表明，单纯静态的价值评估阶段将会被淡化甚至是被超越，逐渐重视生态系统服务对人类社会福祉的影响、区域差异性与跨空间尺度关联以及动态演化与时间耦合特性等，这一变化说明生态系统服务研究需要多学科甚至是跨学科的研究范式。同时，生态系统结构、过程与功能-服务-人类收益及福祉级联框架中，分析自然、自然-社会经济、社会经济过程的递进关系，则需要自然科学、人文社会科学甚至两者结合的学科体系来支撑，来适应生态能量空间流动和动态变化特征对人类福祉影响的区域差异。此外，生态系统服务研究成果应用也从生物多样性保护为主逐步向生物多样性保护、资源与环境管理、区域规划、可持续发展和社会福祉效应等多领域发展，尤其关注全球变化背景下人类活动作用的生态系统服务变化对区域社会经济发展的影响。

综上，依靠单学科透析整个社会—生态系统来获取普遍结论不能科学发展与实践需要，随着生态系统服务的级联框架被建立起来，多学科甚至跨学科的生态系统服务研究重要性日益凸显，故以人工地貌过程为视角，将流域系统为研究范围，建构起地理学、生态学、地貌学、环境科学、经济学以及社会学等共同参与的生态系统服务变化研究体系。

1.1.2.4 生态系统服务研究是中国地理科学未来重大研究领域之一

地理学长期关注人类与环境之间的相互关系，以及地球表层景观特征及其生态空间结构变化，正逐渐成为科学和社会的核心议题，备受大众和决策者的迫切关注。当代人地关系研究更加注重资源、生态、环境对于社会经济发展的基础作用，重视生态系统服务功能及其变化与人类福祉的关系与影响。对这些问题认知和应对，远非任何一门学科能力和见识所能胜任，但这些问题都包含着地理学的基本要素：自然地理学的理论和方法可以用来分析生态系统服务形成、流动的地理环境条件，通过建立土地利用/土地覆被变化与生态系统服务的耦合关联，进而将土地科学研究范围拓展到生态系统服务研究领域，并应用地域分异理论，对生态系统服务进行分区研究，为建立生态系统服务保护区提供基础支撑；人文地理学则在分析社会、经济和文化因素对生态系统服务形成和传输的影响作用时发挥重要作用，其成果可指导生态付费或补偿方案的制定与实施；地理信息技术的支撑作用体现在级联框架的各个环节，如 RS 主要用以提供基础数据源，为生态系统服务价值评估、物理量测算模拟提供实时更新的下垫面信息，GIS 为生态系统服务时空格局分析提供支撑平台，包括空间数据建模分析和空间制图等。

因此，兼具自然科学和人文社会科学特性，以系统综合集成分析见长的地理学未来将深度参与生态系统服务研究甚至在其中占主导地位：一方面，可提高生态系统服务研究的深度和广度，如辨析生态系统服务生成与维持的自然背景和人为因素、揭示生态系统服务时空动态路径、区分生态系统服务供给与消费区域差异、明晰区域可持续发展中自然资本的增益或约束作用。另一方面，生态系统服务的级联框架涉及自然、自然-人文、人文过程的递进关系，地理学主要分支学科都可在此链条中找到适合学科特点的研究议题。另外，生态系统服务付费与生态补偿是生态系统服务研究的重要应用指向之一，在科学研究层面可为其提供依据，在核算生态系统服务价值量的基础上，确定生态系统服务供给、消费的地域和主体，以空间和区域分析为手段，阐明自然、社会经济要素对生态系统服务时空格局及其流动的影响。由此可见，建构生态系统服务地理学对深化完善生态系统服务研究学科体系，提升生态系统服务研究水平，发展丰富当代地理学，都具有重要意义。所以，分析地理学参与生态系统服务研究的逻辑必然性以及面临的机遇与挑战的基础上，推进生态系统服务研究的“地理化”转向，发展生态系统服务地理学，是中国地理学未来重大研究领域之一。

1.1.2.5 生态经济港湾是国家“一带一路”与浙江海洋经济核心示范区建设的发展选择

2011 年 2 月，国务院正式批复《浙江海洋经济发展示范区规划》，将浙江海洋经济发展示范区建设上升为国家战略。该规划是建设海洋生态文明，探索实施海洋科学综合管理，指导象山港领域及浙江海洋经济发展的重要依据。蓝色经济区建设的核心是实现海洋经济与资源生态环境的相互协调发展。

近年来，国家先后出台相应政策法规进行战略指导部署。2012 年 11 月中共十八大以来，更加强调生态环境保护与生态产品的重要性来应对全球变化。2015 年 3 月国家发展和改革委员会、外交部、商务部联合发布《推动共建丝绸之路经济带和 21 世纪海上丝绸之路的愿景与行动》，浙江省作为中国境内海上丝绸之路重要的港口腹地从而得到国际社会高度关注，为此需要良好的生态环境质量为其保障。2015 年 10 月中共中央十八届五中全会在《关于制定国民经济和社会发展第十三个五年规划的建议》中指出，未来五年拓展蓝色经济空间的同时要注重生态保护。

2016 年 6 月为优化提升长江三角洲城市群，在更高层次参与国际合作和竞争，进一步发挥对全国经济社会发展的重要支撑和引领作用，依据《国家新型城镇化规划（2014-2020 年）》《长江经济带发展规划纲要》《全国主体功能区规划》《全国海洋主体功能区规划》，国务院和住建部联合下发了《长江三角洲城市群规划》，规划指出要打造长角三角洲城市群为世界级城市群，其范围包括上海市、浙江省、江苏省和安徽省区域。该区域也是我国促进东海海区科学开发的重要基地，在沿海地区扩大对外开放和“蓝色海洋经济”加快发展中具有重要地位。

长江三角洲地区是我国经济最具活力、开放程度最高、创新能力最强、吸纳外来人口最多的区域之一，是“一带一路”与长江经济带的重要交汇地带，在国家现代化建设大局和全方位开放格局中具有举足轻重的战略地位，而象山港区作为长江三角洲的重要组成部分，研究其人类开发活动影响的资源生态环境演化与人工地貌过程可为长江三角洲世界级城市群构建贡献生态力量。为今后浙江省海洋经济示范区建设甚至国家流域、海岸带综合管理和土地利用等方面提供理论依据和现实参考。

1.1.3 选题意义

全球变化是永恒的研究课题，人类活动对自然环境演变的干预使得地球生态系统脆弱性表现得更为显著，并加剧不可预测的极端事件发生规模和频率。流域作为地球系统中陆地、大气、海洋系统的界面，是物质、能量、信息交换最频繁、最集中的区域之一，同时又是人口与经济活动的密集带和生态环境的脆弱带，生态资源环境问题尖锐。随着港湾开发利用的深入，港湾有效的水域面积与原有水文流场方向改变，纳潮量减少，造成港湾自净能力减弱、生态环境恶化以及海洋生物生产力下降等问题，使港湾生态系统服务功能发生不可逆的变化。

海岸带地区大规模开发利用，使流域人工地貌快速增加，已严重影响到港湾地区生态系统的平衡。长江三角洲地区既是经济发达和人口密集地区，也是生态退化和环境污染严重地区。所以长江三角洲城市群地区必须在保护中发展、在发展中保护，把生态环境建设放在突出重要位置，紧紧抓住治理水污染、大气污染、土壤污染等关键领域，溯源倒逼、系统治理，带动区域生态环境质量全面改善，在治理污染、修复生态、建设宜居环境方面走在全国前列，为长江三角洲率先发展提供新支撑。因此，明晰流域人工地貌过程对流域生态系统服务价值变化的影响机制，找出流域生态退化的原因，对了解人类生存的潜在生态危机，从而为更好地维持和保育生态系统服务功能，促进经济社会的可持续发展具有重要的现实意义。

流域作为海岸带开发的前沿区域，其地表过程和生态资源环境演化受人类活动干扰显著。目前，独立的自然生态系统已很少存在，迫切需要考虑人工/半人工的生态系统服务功能的复杂性和特殊性，所以需要借助生态系统服务功能价值的评估来量测，以更好地为人类可持续发展谋福利。从已有结果来看，生态系统服务评估通常在土地利用/土地覆被及景观演变分析基础上，运用静态平衡模型等方法进行，涉及经济发展较快、起步较早的海岸带地区，但采用定量化指标系统评价人类活动对流域生态系统服务变化影响的分析较少，尤其缺乏区域或国别对比研究。因此，以近 30 年为时间尺度的中美两流域为研究区域，既能很好地体现中美流域生态系统服务价值变化态势，同时也能反映出象山港和坦帕湾具体不同小区域变化中的差别，以此，能够更好地加强宏观与微观的结合，这对于生态系统服务研究向纵深发展也显得尤为重要。此外，已有研究大多集中在生态学机制下的生态系统服务功能及其经济价值的研究，使生态服务功能的发挥受限于生态系统的承载力阈值，多以单一学科为主，人工地貌视野的多学科综合分析角度切入的研究相对较少。

本书拟结合地理学、生态学、地貌学、经济学、环境科学等多学科的理论和方法对流域人工地貌过程及其生态系统服务价值变化进行分析与测算，旨在剖析我国沿海典型地区在全球变化中人工-自然地貌复合系统的运作机理，揭示人工地貌过程下生态系统服务价值变化的态势，促进“人类活动对近海生态系统与生态环境演化的影响”以及“流域人工地貌过程与生态系统服务价值变化”研究的深入，为全球变化背景下我国海岸带地区的持续发展提供战略决策依据。同时，中美两个港湾的对比研究对建立我国港湾地区同类研究的经验模型也具有重要的理论意义。与中国杭州湾、象山港等区域海岸带相比，美国坦帕湾19世纪后期凭借着科技进步与经济发展成熟的领先优势，使港湾开发范围广泛，国家经济和人口对海岸带的依赖更为直接，但同时也带来了严重的负面效应。为此，美国20世纪90年代以来，推行了“海湾河口保护计划（TBNEP，The Tampa Bay National Estuary Program）”并配套采取保护措施与综合管理方案，依靠港湾开发管理法制体系、开发强度评估预警机制和管理信息化平台等手段，使港湾可持续开发与保育上升为国家战略，提升了民众的环境保护意识，成效显著。相比而言，中国杭州湾、象山港等区域海岸带开发利用与保护政策具有明显的滞后性，与港湾开发利用态势的变化不相适应，如港湾开发管理法律法规缺乏、保护机制不完备、港湾岸线及景观资源理论研究不充分等，造成港湾内海洋水质、潮间带生态、流域景观受到了较大程度的影响与损害。因此，借鉴美国坦帕湾治理经验，结合实际，加强中国海岸带管理政策和法规机制建设，对促进中国海岸带生态-经济-环境的持续协调发展具有重要意义。

因此，拟在阐述人工地貌研究内容与学科体系、人工地貌学与相邻学科的关系以及人工地貌的生态环境影响基础上，以杭州湾南岸、象山港和坦帕湾为研究范围，研究海岸带人工地貌对土地与岸线资源环境的影响，对海岸带人工地貌分类进行系统分析，探讨海岸带人工地貌演化的影响机制，基于海岸带人工地貌过程格局，研究人工地貌过程的海岸生态环境演化模式等。研究成果不仅为浙江省海洋经济强省建设和海岸带地区可持续发展提供科学依据，同时人工地貌过程及其环境效应可为浙江省乃至全国湾区开发利用与保护提供数据支撑和战略分析参考，也可丰富全球变化与人类活动响应研究的海岸带区域典型案例。

1.2 研究方法与内容

1.2.1 研究方法

人工地貌学以建立完善的人工-自然复合地貌理论体系为重要发展特征，涉及人口、资源及环境等学科研究领域，采用规范理论研究与实证分析、微观特征与宏观现象以及定性描述与定量测算结合的方法，形成了以人工地貌资源利用为核心的跨学科研究范式。具体来讲，人工地貌学的研究方法包括：

1.2.1.1 文献研究法

人工地貌研究文献资料和数据的收集、处理、分析，包括国内外人类活动与人工地貌研究成果、经验与发展趋势，人工地貌环境效应管理存在的问题等。历史地理传世文献，主要依靠文字、图画、地图等文献资料进行研究，如历代正史、地理总志、地方志、游记、野史笔记、诗文集子、会典会要、历代类书、明清档案、历代地图、绘图等。近代考古发掘材料，可以弥补传世历史文献的不足，而且考古资料的实证性很强，资料的信度较高。

1.2.1.2 地理信息技术

以多时相高分辨率遥感影像和历史海图、地形图、DEM 数据为主要数据源，进行数理统计和空间分析，并运用地理信息技术进行人工地貌格局过程与特征模拟。

1.2.1.3 系统分析法

综合运用区域地貌学、景观生态学、海岸地貌学、海岸动力学、地理学等学科理论，在综合利用最新相关学科理论和技术手段基础上，对地物提取信息进行数量统计与空间分析，实现人工地貌过程效应研究等。

1.2.1.4 实证研究法

选择城市或海岸带等典型人工地貌区域，进行实证研究，据此对研究成果进行检验并加以修改、补充。调查法是科学研究中最常用的方法之一。它是有目的、有计划、有系统地搜集有关研究对象现实状况或历史状况的材料的方法。调查方法是科学研究中常用的基本研究方法，它综合运用历史法、观察法等方法以及谈话、问卷、个案研究、测验等科学方式，对教育现象进行有计划的、周密的和系统的了解，并对调查搜集到的大量资料进行分析、综合、比较、归纳，从而为人们提供规律性的知识。调查法中最常用的是问卷调查法，它是以书面提出问题的方式搜集资料的一种研究方法，即调查者就调查项目编制成表式，分发或邮寄给有关人员，请示填写答案，然后回收整理、统计和研究。观察法是指研究者根据一定的研究目的、研究提纲或观察表，用自己的感官和辅助工具去直接观察被研究对象，从而获得资料的一种方法。科学的观察具有目的性和计划性、系统性和可重复性。

1.2.2 研究内容

本书共分8章内容进行海岸带人工地貌演化及其资源环境效应研究。

第1章为绪论。介绍本书的研究背景和研究意义、研究方法和研究样区的概况等，并在此基础上提出本书研究的主要内容。

第2章为主要研究样区概况及数据预处理。介绍主要研究样区象山港、杭州湾南岸和坦帕湾等地自然地理环境概况、社会经济概况以及研究所需要的基本数据和预处理等内容。

第3章为人工地貌学发展概述。介绍人工地貌学研究进展，阐述构建人工地貌学学科框架的基点，从人工地貌学学科研究内容、人工地貌学与相邻学科的关系以及人工地貌学学科未来发展重点等方面论述人工地貌学研究内容与学科体系，进而分析了人工地貌的生态环境影响。

第4章为海岸带人工造貌对土地与岸线资源环境的影响评价。介绍浙江省大陆岸线变迁与开发利用空间格局变化分析、人工岸线建设对浙江大陆海岸线格局的影响、甬台温地区海岸带土地开发利用强度变化研究、象山港海岸带土地开发利用强度时空变化分析和坦帕湾流域土地开发利用强度时空变化分析等内容。

第5章为海岸带人工地貌分类研究。介绍象山港海岸带人工建设地貌分类系统、杭州湾南岸城镇人工地貌分类、坦帕湾流域人工地貌基础特征等内容。

第6章为海岸带人工地貌演化的影响机制研究。介绍象山港沿岸人工建设地貌发育机制、杭州湾南岸城镇人工地貌空间扩张因子分析以及坦帕湾流域人工地貌演化机制分析等内容。

第7章为海岸带人工地貌过程格局分析。介绍象山港海岸带人工建设地貌格局演变、杭州湾南岸城镇人工地貌格局演化和坦帕湾流域人工地貌过程规律等内容。

第8章为基于人工地貌过程的海岸带生态环境演化。介绍人工地貌建设背景下浙江省海岸带生态系统服务价值变化、围填海影响下杭州湾南岸海岸带生态系统服务价值损益评估、杭州湾南岸城镇人工地貌干扰风险分析以及坦帕湾与象山港流域生态系统服务价值动态比较研究等内容。

2　主要研究样区概况及数据预处理

2.1　象山港概况

象山港地处浙江省北部宁波市沿海地带，介于29°24′-30°07′N，121°43′-122°23′E之间，形似峡道，呈东北—西南走向，北靠杭州湾，南依三门湾，东临舟山群岛，是仅次于杭州湾、三门湾之外的浙江省第三大内湾。象山港流域面积达到1455 km²，其陆域涉及宁波市下辖的北仑区、鄞州区、奉化区、宁海县及象山县5个县（区），海岸线破碎、曲折，长约280 km。港湾内部近岸水域岛屿密布，并在象山港内部嵌套了三个次一级的港湾，北面紧靠杭州湾，南邻三门湾，东侧为舟山群岛，是一个NE-SW走向的狭长形潮汐通道海湾。象山港潮汐汊道内有西沪港、铁港和黄墩港三个次级汊道。从港口到港底全长约60 km，港内多数地区宽度5~6 km，平均水深10 m，入港河川溪流众多，水域总面积为630 km²。年均径流量12. 89×10⁸ m³，年平均输沙量14. 5×10⁴ t。象山港流域作为中国东部沿海流域的典型代表之一，全流域以低山丘陵为主，伴有海积、冲积平原分布，其淤泥质海岸和基岩海岸交替分布。象山港流域NNE、NE以及EW断裂构造影响下形成了其地质地貌的大体轮廓。此外，象山港流域内下游地区低山地区多小型谷地。象山港地处海陆结合部的位置，兼具对内的封闭性与对外的开敞性特征，形成独特的地理区位条件。各种人类活动的分布于港区范围内，将港湾区域发展成为现代海洋开发的前沿基地和海洋经济示范区的重要组成部分。随着海陆交通的发展，象山港对外联系日趋紧密，成为沟通浙北、浙中南的重要水域。

2.1.1　象山港自然地理环境特征

象山港周边的地貌骨架深受NNE、NE和EW走向的三组断裂构造所控制。象山港本身是在北东向基底断裂基础上发育的向斜谷，冰后期海面回升，约距今7000年前左右，海面已经达到目前海面的位置。然后，经过长期的物质填充和演变，成为今日的基岩——淤泥质港湾，其形成、演化具有海陆相互作用的双重作用痕迹。象山港陆地区域的低山、丘陵，总的趋势是西南高、东北低，位于港顶黄墩港东南侧的茶山最高，海拔为873 m，地面切割程度较浅，坡度一般在25°以下。港区岸滩地貌以基岩海岸、淤泥质海岸及人工海岸为主。其中，基岩海岸岸线长达78 km，主要分布于西泽至莲花、月岙至张家溪、桐照至石沿港，一般是由粉砂质黏土或山前崩塌的砂砾石组成；淤泥质海岸约长202 km，由粉砂质黏土和黏土质粉砂组成；淤泥质海岸一般是人类进行围海造田的有利岸段，也是人工海岸的接替区域。象山港海域水下地貌错综复杂，水深有两头浅中间深的特点。

象山港三面环山，一面临海，南、北、西部均有低山丘陵环抱，海拔200~600 m，东侧临近舟山海域处岛屿密布，形成天然的屏障将象山港与舟山海域隔离开来，仅通过狭长的水道相沟通。近海附近有零星的海积、冲积平原分布，但沿岸平原狭小，地形结构呈现出明显的周高中低特征。内湾中有40余个岛屿，多分布在中、西部近海地区。湾顶分为钦港和黄墩港两个小湾，为良好的锚地。中部向东延伸入象山半岛有一个小湾—西沪港，是著名的防台风良港。湾内水深10~20 m，中部达到50 m。海域大部为淤泥，滩涂宽约1~3 km，尤以西部地区的滩涂较宽。

象山港属于亚热带季风气候区，雨热同期、光热条件充足，降水丰沛，年降水量在800~1 600 mm之间，极端最高年降水量达到2 800 mm。年均气温16.3℃，1月4.2℃，7月28℃。9月至次年3月多东北—北风，风力较强，4-8月以东南—南风为主。适宜种植亚热带作物和越冬作物，有利于种植业与畜牧业的稳定发展。象山港流域的主要入港河流共37条，其中凫溪、大嵩江较大，年平均径流总量12.89×10^{8} m^{3}，年均输沙量14.5×10^{4} t。入港河流多发源于低山、丘陵地区属于山溪型河流，河流相对短小，无结冰期，含沙量较小。河床颗粒物较大，在滨海地区形成零星的冲积平原。海域和潮滩以黏土质粉砂为主。象山港冲淤稳定，自然海岸包括淤泥质岸线、基岩岸线、砂砾质岸线，其中多以淤泥质岸线和基岩岸线为主；人工海岸多为港口岸线、养殖岸线、旅游休闲岸线；随着岸线资源开发与利用，使得象山港海岸的自然与人工海岸呈交替分布格局。总体而言，象山港岸线曲折，类型多样，更替有序。

研究区域地处亚热带季风气候区，四季分明。具有深水港的港口航道条件，是天然优良的避风港湾和锚地，建有多座军用及民用码头；陆源水、沙及营养盐类的输入，使得象山港成为鱼、虾、贝、藻等海洋生物的天然基因库，是浙江省不可多得的水产养殖基地；此外，象山港分布有大面积的盐沼湿地，生态环境和谐，具有优美的人居环境，并成为重要的滨海旅游休闲目的地。在象山港流域的自然演变过程中，依靠其自身的调控能力，对外在环境的变迁具有一定的适应能力，并确保港湾口门畅通，水沙输移保持平衡，从而维持着生态环境的均衡。

2.1.2 象山港社会经济发展现状

按照象山港区域的汇水流域范围，依据山脊线和沿港乡镇行政界线，制定本研究的研究区域，涵盖港区周边北仑区、鄞州区、奉化区、宁海县、象山县五个县（区）的23个乡镇（街道）。具体乡镇包括：梅山街道、白峰镇、春晓街道、瞻岐镇、咸祥镇、塘溪镇、莼湖镇、裘村镇、松岙镇、梅林街道、桥头胡街道、跃龙街道、桃源街道、强蛟镇、西店镇、深甽镇、大佳何镇、西周镇、墙头镇、大徐镇、黄避岙乡、贤庠镇、涂茨镇共计23个乡镇街道。象山港沿岸历来是以农业为主，兼有渔业和盐业。海水养殖增殖业较发达，同时，综合开发农、林、牧、旅游等资源，发展交通，形成浙江省海水增养殖业的主要基地。

象山港流域位于中国大陆海岸线中部，地处长江三角洲腹地，包括象山、宁海2县，奉化、鄞州、北仑2区，其中象山县、北仑区、宁海县为3个沿海县区，在浙江省乃至全国的社会经济科学发展中居于重要的战略地位。境内交通以公路为主，但劳动力资源充足，并受区域科技能力影响新兴产业欠发达。象山港流域下游是天然的码头港湾，同时也是一个经济型港湾。由于象山港流域位于我国东部沿海中部和长江流域的“T”型结合部，北承长江三角洲以及世界大都市上海，南接海峡西岸经济区，西连长江流域和广袤内陆，东边直面太平洋，区域位置优势显著。

象山港流域下游海涂广阔，营养盐和饵料丰富，水产捕捞业和海水养殖业发达，形成了包括海水养殖和沿岸工业在内为主要经济发展动力。流域生态环境优良，流域下游地区自然景观和人文景观丰富聚类成为滨海旅游资源。象山港流域花岗岩、贝壳等矿产资源分布较多，其中质地坚硬的花岗岩主要分布在墙头下山至亭溪一带，而贝壳（以牡蛎壳为主）则主要分布在西店-峡山、桥头胡-峡山一带，开发历史悠久。

象山港流域人类活动历史悠久，在1041年（宋庆历元年）王安石任鄞县县令时就开始筑海塘，1730年（清雍正八年）建成了大嵩塘，1858年（清咸丰八年）建造永成塘，到1905年（清光绪三十一年）修建了咸宁塘。到20世纪中叶以来先后分布建造了西泽塘、团结塘、飞跃塘以及联胜塘等海塘，到2015年象山港流域下游地区围垦开发利用的总面积已超过了164.5 km^2，特别是在20世纪末，象山港流域下游沿海地区对低产值盐田改造将其逐步发展为养殖用地。以上的人类活动逐渐在一定程度上对象山港流域的生态资源环境造成了干扰与冲击。

象山港是天然的优良避风港湾，在西泽-王家塘、横山码头-桐照等地区淤泥较少，港湾内分布着以山码头、湖头渡码头、横山码头、西泽码头等为代表的民用码头。同时，象山港流域内资源丰富，鱼、虾、贝、藻等海洋生物在这里栖息、繁育。象山港也是浙江省发展水产养殖的重要基地组成之一，并且象山港流域内气候温暖湿润非常有利于亚热带经济林生长，以柑橘、桃子、金橘和竹子等植物生产基地发展培育为典型。此外，象山港已开发奉化休闲度假海岸、宁海水上旅游乐园、象山旅游黄金海岸等旅游景点，这些旅游景点的项目集钓鱼、海滨浴场、水上运动等众多旅游活动为一体，逐渐形成了特色鲜明的滨海旅游产业链。

2.1.3 数据来源及预处理

2.1.3.1 遥感数字影像数据

本研究主要以1990年、2000年、2010年及2015年四个时期TM遥感影像作为主要的数据来源（表2-1），分辨率为30 m，轨道号118-39和118-40。所用影像均来自美国地质调查局（USGS）网站（http：//glovis.usgs.gov/）。与此同时，在解译过程中参考了谷歌地图和91位图助手中的历史影像资料。此外，结合象山港流域沿岸乡镇行政区划图以及浙江省1∶250 000地理背景资料等相关数据。

2.1.3.2 统计年鉴及其他相关参考数据

本研究数据主要来源于浙江省和宁波市及相关县（市）区的统计年鉴和《国民经济和社会发展统计公报》，并获取了宁海县有关数据和宁波市住房和城乡建设委员会提供的建筑平均高度数据以及相关统计部门的统计数据。

表 2-1 遥感影像数据信息

传感器	条带号	成像时间	分辨率	波段
TM	118-39	1990-12-04	30 m	7 波段
		2000-12-23		
		2010-12-27		
		2015-12-17		11 波段
	118-40	1990-12-17		7 波段
		2000-12-23		
		2010-12-27		
		2015-12-17		11 波段

2.1.3.3 野外实地考察数据

对象山港沿岸地区人工建设地貌进行了实地考察，加强对港湾沿岸地区人工建设地貌的认识。选取宁海县的跃龙街道、桃源街道、梅林街道、桥头胡街道作为重点考察区域，深入了解该区域范围内的人工建设地貌分布、类型等，并利用 GPS 进行建设地貌标高的测量，以验证象山港区域的建设地貌高度数据的精度。

除此之外，进行了大量的文献资料的搜集、整理，包括象山港港湾志、地方志、海岸带资源开发和海岸工程地貌建设相关文献等。搜集浙江省行政区划图、浙江省乡镇边界图、浙江省土地利用图、浙江省地形图作为绘图参考。

2.1.3.4 遥感数据处理

利用 ENVI 5.0 对遥感影像数据进行了预处理，包括几何校正与配准、假彩色合成、图像拼接等。降低遥感影像的空间对比度、亮度等方面的差异，以减小遥感影像在解译过程中造成的误差，提高遥感影像的质量，从而获取更为准确的基础数据，保证研究数据的真实性和可靠性。

借助 ArcGIS10.0 软件平台，结合统计年鉴数据、野外调查数据绘制相关专题图。

2.2 杭州湾南岸概况

杭州湾位于钱塘江出海口，地处浙江省北部，上海市南部，东南濒临东海之滨的舟山市，西有钱塘江水注入湾内。杭州湾是海陆交接地带的前缘地带。杭州湾，东西方向来看，由于受到海洋潮汐和河流的溯源侵蚀的多重作用，最西端的河口至最东端陆地相距 90 km，同样的，杭州湾河口南北方向来可达 100 km，地形来看，杭州湾北岸是杭嘉湖平原，南岸为慈溪平原。杭州湾沿岸地区历来人杰地灵、经济基础良好，该区域已然形成了以上海为中心，杭州、宁波为副中心，以及其他地市（县级市）为卫星城市的城市等级网络，形成了著名的横跨长江-钱塘江的城市集聚带。

杭州湾南岸地处浙江省东北部，由于围垦和河流的自然堆积作用，该区域是浙江省后备土地资源最丰富的区域，该区域东部与舟山港，东南翼与北仑港，通过杭州湾跨海大桥，连接了上海港，海陆交通十分便利。杭州湾南岸西侧邻近长江流域，东边直面东海，在优越的区位条件不仅使得区域内外交通便利，也使得区域经济活动十分活跃。

杭州湾南岸经纬度位置介于 30°02′N-30°24′N 和 121°02′E-121°42′E 之间，为沪、杭、甬三角地区交界处。历史上，随着杭州湾南岸土地不断增长，截止研究为止，新近的杭州湾南岸总面积 1 154 km^2（不含海域），且海岸线不断向北部推进。由于区域拥有丰富的土地资源和良好的水热组合条件，该区域远在新石器时代就有先民进行原始农耕活动。鉴于杭州湾南岸在浙江省有着重要的地位，20 世纪 80 年代末，慈溪县改县置市（县级市）（参考《慈溪市志》）。本书实际研究中，为了保持行政区划的完整性，以杭州湾南岸的慈溪市进行了重点分析。

2.2.1 杭州湾南岸自然地理环境概况

依据地貌形态、成因的一致性划分，该处的地貌类型以宁绍平原为主，地形起伏不超过 30 m，南部地区为山地丘陵，最高海拔 400 m 左右，总体呈现出南高北低的地貌形态。随着杭州湾南岸河口处堆积作用日积月累，以及人工围海造陆的不断推进，即便海岸带升降有其自身明显的周期性，岸线总体全岸线正继续向北推移。

杭州湾南岸滨海平原属新华夏系第二隆起带地段，地层出露不全，主要有上侏罗系陆相火山岩系及燕山期侵入花岗岩。新生界第四纪地层发育，分布面积占全境的 75%，全新统与中更新统发育较全，下更新统缺失。第四纪疏松沉积物以冲积、湖积、海积及其过渡类型为主，潭南至坎墩、胜北一线以东厚度小于 100 m，以西均在 100 m 以上（慈溪市地方志编纂委员会，

1992）。

杭州湾南岸地处杭州湾沿海平原，地形整体南高北低，平原地区起伏较小，面积较大。南部山区起伏较大，面积较小。杭州湾南岸境内主要地形单元呈丘陵、平原、滩涂三级台阶状，朝杭州湾展开。南部丘陵属于翠屏山区，系四明山余脉，东西走向，绵延约 40 km，约占全境面积的十分之二。东端低丘，海拔 100 m 左右；中部海拔 300～400 m 之间；至石堰乡，地层下陷为东横河；逾河西端，高 100～200 m。主要山峰有大蓬山、五磊山、大霖山、老鸦山、东梣梿山，最高峰老鸦山，海拔 446 m。平原（宁绍平原），东西长 55 km，面积约占总面积的 70%。地势自西向东缓缓倾斜，西部地区北高南低，东部地区南高北低，以大古塘河为界分南北二部分，两者面积之比为 2∶8。南部近山平原形成于 900～2500 年前，由湖海相沉积物淤积而成，组成物质多为黏性土，局部穿杂泥炭。北部滨海平原，海岸带升降有明显的周期性，全岸线正继续向北推移，土地资源在不断增加中。

杭州湾南岸所在气候区属于亚热带季风型气候，四季分明，冬夏稍长，春秋略短。年平均气温 16.0℃，7 月最高，平均 28.2℃，1 月最低，平均 3.8℃。雨量充足，年平均降水量 1 272.8 mm，平均年径流总量 $5.1×10^8$ m^3，降水高峰月为 9 月，平均占年降水量 14%。冬季盛行西北至北风，夏季盛行东到东南风，全年以东风为主，年平均风速 3 m/s，年平均大风日数 9.6 天。2014 年慈溪市总降水量 1915.1 mm，全年降水天数 162 天，最长降水天数 10 天（11 月 16 日-11 月 25 日）；最长连续降雨量为 176.8 mm，日最大降雨量为 112.6 mm（7 月 11 日），无霜期总天数 247 天。

2.2.2　杭州湾南岸社会经济发展现状

2006 年 3 月 16 日浙江省人民政府（浙政函〔2006〕36 号）批复同意杭州湾南岸部分行政区划调整：观海卫镇古窑浦村划归掌起镇。调整后的观海卫镇管辖 40 个行政村、2 个社区、8 个居民区，镇政府驻地不变；掌起镇管辖 15 个行政村、1 个居民区，镇政府驻地不变（掌起横路 509 号）。5 月，正式将观海卫镇古窑浦村整体划归掌起镇管辖。

2012 年末慈溪市全市总面积 1 361 km^2，户籍人口 104.19 万人。管辖 5 个街道、15 个镇：宗汉街道、坎墩街道、浒山街道、白沙路街道、古塘街道、掌起镇、观海卫镇、附海镇、桥头镇、匡堰镇、逍林镇、新浦镇、胜山镇、横河镇、崇寿镇、庵东镇、天元镇、长河镇、周巷镇、龙山镇。市政府驻白沙路街道三北大街655号。2013年4月27日《浙江省人民政府关于杭州湾南岸部分行政区划调整的批复》（浙政函〔2013〕72号）：同意撤销天元镇建制，其管辖区域与周巷镇合并。调整后，周巷镇辖6个社区、1个居民区、35个行政村，镇政府驻地不变（环城北路428号）。调整后，慈溪市管辖5个街道、14个镇。

杭州湾南岸是长三角地区大上海经济圈南翼重要的工业集聚区，也是国务院批准的沿海经济开放区。2008年，随着杭州湾跨海大桥的通车，空间上拉近了与上海的距离，慈溪市一跃成为长三角南翼黄金节点城市。2014年4月慈溪市入选国家中小城市综合改革试点地区。2014福布斯中国大陆最佳县级城市榜单，慈溪市居第七名。

2.2.3 数据来源及处理

2.2.3.1 数据来源

统计数据。从统计局获得了全面的统计数据，特别是经济数据。历年《宁波国民经济统计年鉴》涵盖了经济社会数据，例如人口、工业产值、房地产投资等重要参考数据，而慈溪市城乡建设局可以获取城镇街道的平均和最高建筑高度数据，其他高程数据只能通过实地考察和调研获取。综合以上数据即可得到杭州湾南岸人工地貌的水平和垂直方向发展的基本情况。

遥感影像数据。本研究主要以1985年、1995年、2005年及2014年四个时期TM /OLI/GF-1遥感影像作为主要数据来源，分辨率为TM（多光谱，30 m）、OLI（多光谱，15 m）和GF-1（多光谱，8 m），轨道号为118-39。所有遥感数据来自美国地质调查局（USGS）官网，2014年遥感数据来自地理数据云（http：//www. gscloud. cn/）的高分一号卫星作为补充（详见表2-2）。

表2-2 杭州湾南岸遥感影像列表

带号	传感器	遥感卫星	成像时间	分辨率	波段
118-39	TM	LANDSAT-5	1985/11/20	30 m	7
	TM	LANDSAT-5	1995/11/16	30 m	7
	TM	LANDSAT-5	2005/11/27	30 m	7
	OLI_ TIRS/TM	LANDSAT-8/GF-1	2014/10/25	8/15 m	11

实地测量数据。客观来说，历史高程数据的难以获得使得城镇人工地貌制图难度加大，最终的历史高程地图只能近似反映城镇人工地貌垂直空间分布。尽可能多地获取城镇人工地貌高度数据成为首要问题，也方便后期插值分析。研究中主要实地调查了杭州湾南岸的沿岸城镇人工地貌特点和特定样点的实际城镇人工地貌高度，考察中设计了2条考察路线，采集了多个点的高度数据，这些数据可以还原和验证遥感影像解译结果的准确性。GPS定位功能保证了采样点符合此前设计好的线路，主要采集数据包括城镇人工地貌类型、人类活动强度和特定点的高度等。在此基础上，分析城镇人工地貌水平和垂直空间演变特征，最后评价城镇人工地貌景观对自然环境干扰风险的空间分布等。

慈溪历史文献。研究成员通过走访慈溪市档案馆，以获取全面的慈溪历史资料，市志等文献是了解该区过去行政职能区划和人口分布的变化的钥匙。

2.2.3.2 数据处理

（1）统计数据

首先，历史统计数据需要考虑统计口径的变迁和行政区划的调整，都为数据后后续处理带来了许多挑战，因而首先需要解决的问题是数据的剥离和合并工作。实际研究中，从慈溪市统计局获得了1985—2014年《慈溪市国民经济统计年鉴》，根据相关专家的指导对数据进行了剥离。剥离完成后，根据统计的相近度进行数据合并处理，最终得到了本研究所需要的各项经济社会数据。

数据主要包括了历年社会经济数据和地区平均建筑物的高度等。在此基础上，利用相关统计和绘图软件，得到本书所需的各类图表。

（2）遥感数据预处理

遥感系统本身和一些人为因素，均会降低遥感影像的显示效果，即会有一定的噪音，表现为遥感影像的对比度、亮度等方面存在着差异，进而会产生误差，影响遥感影像成像质量和最终的解译精度（杨存建 等，2000）。因此，遥感影像在解译前需进行一定的预处理，主要包括校正与配准、波段合成、图像融合和图像掩膜。研究中采用的多时相的遥感影像均来自“地理数据云”数据库，影像的质量将决定城镇人工地貌解译的结果。

①校正与配准。先进行辐射校正，然后进行几何校正。基本的除噪音操作，包括去除云、条带等。几何校正需要借助于中比例的1∶25万浙江省地形图，选取具有明显纹理的控制点以增加校正的精度。鉴于研究区域较小，

代表性的控制点难以找到，最后通过的误差总和控制在 1 个像素单元以内。

②波段合成。TM 和 ETM（包含 11 波段）至少包括了 7 个波段，各个波段反映的不同地物特征，选择合适的波段组合有利于目视解译以地物信息的提取。遥感解译不论是机器解译还是人工解译，都需要反差最大的波段组合进行解译工作。相比灰度图，人眼主要对彩色更为敏感且更容易分辨，因而需要找出合适的波段组合。

遥感卫星中影响最大的是 Landsat-N（N=1-8）系列卫星，其主要产品是 TM 影像，研究人员用 TM 开展了广泛的研究，特别是 TM 影像中显示地物的最佳波段组合方式和信息特征及提取等领域。本研究在充分考虑各地物的光谱特征、各波段的主要用途以及 OIF 指数的前提下，研究中选用 7、3、1 波段组合时，影像上的地物色彩分辨度很高，充分显示不同目标地物的特征，并能将不同地物彼此区分开来，这将有助于后续的目视解译工作。

③影像融合与掩膜。图像的融合能够为了提高图像的分辨率。在解译中的过程来看，从事解译工作都十分清楚，解译的起点十分重要，因为解译的顺序是从 2014 年到 2005 年最后是 1985 年的。2014 年解译的结果起到了决定性的作用，该年份的遥感影像反映了当前最新的城镇人工地貌分布现状。研究中用到了最新的分辨率较高的遥感影像 Landsat-8 多光谱波段（分辨率：15 m）和国产高分一号部分影像，和 2014 年的 TM 影像进行融合。

由于研究区只需要一景遥感影像，不需要进行影像的拼接操作。此外，根据实际的研究区域，需要用研究区矢量图形掩膜提取影像融合，得到实际需要范围内的研究区遥感影像。经过此操作后，需要解译的范围进一步缩小，可以减少不必要的工作量。

（3）其他数据

从慈溪市志找到各种历史遗存的建筑物文字信息，以结合实地调查的数据进行佐证。历史遗存的建筑等代表了杭州湾南岸历史城镇人工地貌的原貌，此类信息都将是重构历史城镇人工地貌的重要资料来源。

2.3 坦帕湾流域概况

2.3.1 坦帕湾流域自然地理环境概况

坦帕湾流域位于美国佛罗里达州西海岸中段，港湾三面环陆，西与墨西哥湾相连，从湾口到湾顶全长约 56 km，宽度 8~16 km，平均水深为 3.5 m。坦帕湾海岸线全长 1 040 km。湾内由两个主要人工岛屿和若干次级港湾组成，即希尔斯伯勒湾、旧坦帕湾、中坦帕湾以及低坦帕湾。坦帕湾流域面积大约为 5 700 km^2，其中海域面积为 1 000 km^2。此外，坦帕湾流域周边形成了坦帕-圣彼得斯堡-克利尔沃特都市圈和其他城市群。

2.3.1.1 坦帕湾流域地质地貌特征

坦帕湾流域地处美国佛罗里达中部地貌区，该地区以平原为主，地形地势平坦，海拔变化幅度较小，全流域分布有布鲁克斯威尔岭、莱克兰岭以及波克高地等地形地貌。并且在港湾西部地势较低的区域有山谷发育，该区域将坦帕湾东部高地与坦帕湾沿海低地切分开来。坦帕湾的希尔斯伯勒流域发源于布鲁克斯威尔岭和波克高地，坦帕湾是一个 NE-SW 向的潮汐通道。

2.3.1.2 坦帕湾流域气象气候特征

坦帕湾流域属于亚热带湿润气候，受墨西哥湾季风影响温度有所变化，夏季漫长而温暖湿润，冬季相对温和但降水较少。气温与热量：坦帕湾流域年平均温度约为 23.3℃，气温最高在 6-9 月，白昼平均气温为 32.2℃。年气温最低在 1 月，白昼至夜间平均温度约在 10.7~21.2℃。降水：坦帕湾流域西临太平洋，全流域水汽来源丰富降水量较多，年平均降水量约为 1 270 mm，一般情况下，坦帕湾流域地区雨季约是 6-9 月，也有可能是持续到 10 月，在坦帕湾雨季期间的降水会占到全流域全年降水量的 60%，并且较多情况下降水形式以雷阵雨为主，最大的特点是降雨集中，降水历时持续较短。气象灾害：坦帕湾流域主要有旱灾、暴雨和飓风等灾害性天气。坦帕湾流域旱灾多发生在冬末初春之际，但一般发生频率较低；而雷暴则发生在 5-9 月，相对旱灾而言其发生频率稍高，甚至会间歇性贯穿全年。此外，坦帕湾流域飓风虽然发生的次数较少，并且集中分布在 8-11 月，但受其过境时的气象气候特征的影响，使当地的人们生活生产状况受损极大。

2.3.1.3 坦帕湾流域水文特征

坦帕湾流域气候温暖湿润，降水丰富，并受坦帕湾流域地形地势的影响，全流域河流支流较多，有希尔斯伯勒河、亚拉菲亚河、坦帕湾、博卡谢加、小马纳提河以及马纳提河流域等在内的 6 个主要河流汇水区。其中发源于波尔克高的地皮斯河、马纳提河、小马纳提河以及亚拉菲亚河都有较多的支流，这些河流在流域地区会有淡水补给。另外，根据坦帕湾水图官网各潮位站历史潮汐监测数据显示，深水区 $V_{涨潮}>V_{落潮}$，而在浅水区 $V_{落潮}>V_{涨潮}$。坦帕湾潮差较小，平均潮差为 0.05~0.07 m；海水盐度约为 20~32，其中，湾内的海水盐度与入海河流及其风浪密切相关。

2.3.1.4　坦帕湾流域生物资源特征

在气象气候和地形地势等自然地理环境特征的综合影响下坦帕湾流域的下垫面植物种类繁多，分布有硬木松、沙松、橡木和草原等植被类型。并在流域下游的潮汐泥潭海岸一带有连片的红树林湿地分布，除此之外，也有其他湿地类型如硬木沼泽，淡水沼泽、灌木湿地等类型在坦帕湾流域分布。

全流域较广范围的湿地使大量的野生生物有了良好的栖息环境，所以流域下游入海湾内海域包括有鲑鱼，鲈鱼以及斑点鳟鱼在内的鱼类。同时，在海域和潮间带地区也生活着像海豚、海牛以及海洋无脊椎动物。此外，坦帕湾流域也有包括褐鹈鹕、玫瑰琵鹭、鸬鹚、笑鸥在内的多种是海鸟在此地栖息。

2.3.2　坦帕湾流域社会经济状况

坦帕湾流域位于美国南部的阳光地带，又处在佛罗里达州西部海岸中部地区，行政上坦帕湾流域涵盖了希尔斯伯勒、马纳提和皮拉尼斯的大部分区域，以及帕斯科和萨拉索托的小部分区域，拥有明显的地理区位优势。坦帕湾流域下游是佛罗里达州的最大的港口，即全美第十大港口，交通贸易运输业发达，分布着包括磷酸盐加工业、电力运输、农业种植、旅游和娱乐在内的多种产业部门，交通以航空、公路、海运为主，大部分地区之间借助跨海大桥相连，区域人口多集中在坦帕、克利尔沃特、圣彼得堡斯坦以及布雷登顿等行政地区。坦帕湾流域旅游资源禀赋独特，尤其是下游海岸地区沙滩分布较多，并以皮拉尼斯半岛的克利尔沃特沙滩享誉全美，沙滩沙子质量较高并形成了绵长的沙滩岸线，因气候因素的影响也有阳光之城的美誉。同时，坦帕湾的皮尼拉斯和埃格蒙特基国家野生动物保护区为两个国家级野生动物园及其他类型的森林公园，

坦帕湾流域人类活动历时悠久，约 5000 年至 6000 年前威登岛人就在坦帕湾流域的靠海的沿岸定居，随着 19 世纪后期科学技术革命和产业部门的多元综合发展，坦帕湾流域地区发展迅速，在皮拉尼斯半岛和希尔斯伯勒沿岸形成了以“克利尔沃特-圣彼德斯堡-坦帕”为典型代表的大都市圈，在这里

人口密度较高，海陆空交通发达便捷，形成了特色鲜明的大都市发展地带。

由于良好的自然地理环境条件，吸引了较多的动植物以及微生物在此地区栖息繁殖。然而到近代以来，人类的密集生存和城市化进程的推进，特别是在捕食乌鱼、海龟、海牛、螃蟹等水生动物基本的食物来源，加之流域下游海岸带地区一带周边城市经济发展较快，这在一定程度上破坏了坦帕湾的资源生态环境属性。值得关注的是在20世纪70年代，坦帕湾海草面积的大部分减少，原因是因海水污染过度导致海水透光能力不足，并且也有大量的污染物排入海洋当中。在20世纪90年代，当地政府认识到了其环境破坏的危害性，开展了海湾计划，在此政策的推进实施下，国家和地方先后出台法律法规进行提高水质，并采取了一系列措施，包括污水处理厂的建立、工业排放标准的修订等具体措施。在以上措施的指导下，目前，坦帕湾流域的海草覆盖率、水质和生物多样性等生态环境修复已达到了较为健康的状态。

早在6000年前，Manasota人就在坦帕湾的海边生活并定居，大约在公元800年时，他们被安全港人（the Safety Harbor culture）所征服，并在老坦帕湾的西北角建成了最早的城镇，沿海的小镇又通过聚集形成了各种各样的小酋邦。美国在1819从西班牙人手中夺取佛罗里达。此后，坦帕湾又新建了很多市。坦帕湾的早期交通是最主要的渡船，19世纪的后期，由于船舶大型化的发展，坦帕湾的大多数天然浅滩不适合船舶的通行，因此，Henry B. Plant在1885将铁路修到坦帕湾，为解决浅滩不适合船舶通行的问题，美国陆军工兵部队（the US Army Corps of Engineers）在20世纪初进行了清淤工程。目前，坦帕湾保持了至少130千米深水航道。坦帕湾曾经是鱼类和野生动物的乐园，但是，坦帕湾附近社会经济的发展逐渐破坏着坦帕湾的自然环境，比如过度捕鱼、航道疏浚及为了发展沿岸经济而大量砍伐红树林。而污水及其他有毒物质的排放则极大地破坏了坦帕湾的水质和海草，至19世纪70年代，海草面积减少了80%。为保护生态环境，坦帕湾被美国环境保护署指定为“具有国家重要意义的河口”，并实施“坦帕湾河口计划（The Tampa Bay Estuary Program）”以保护坦帕湾免受破坏。

近几十年，坦帕湾上修建了众多的跨湾大桥，如Sunshine Skyway Bridge、Gandy Bridge、Howard Frankland Bridge、Courtney Campbell Causewa y Bridge和Bayside Bridge等。航道清淤工程和跨海大桥的建设使得坦帕湾的交通变得非常发达，港口经济也逐渐成为坦帕湾的重要发展方向。坦帕湾周边人类活动及海岸人工地貌建设仍有不断加快之趋势，港湾周边的房地产开发、港口建设、渔业发展对港湾自然海岸地貌过程造成了明显影响。

2.3.3 数据来源与数据预处理

2.3.3.1 数据来源

以中国象山港和美国坦帕湾 1985 年、1995 年、2005 年、2015 年四个时期的 landsat LandsaTM/OLI 遥感影像数据来源，在美国地质调查局（USGS）网站和地理空间数据云下载获取，其卫星遥感数据来源如表 2-3。

表 2-3 卫星遥感数据

遥感卫星	传感器	景号	时间
landsat 5	TM	118-39	1985. 2. 13
		118-40	1985. 2. 13
		118-39	1995. 2. 13
		118-40	1995. 2. 13
		118-39	2005. 10. 17
		118-40	2005. 10. 17
		16-41	1985. 7. 3
		17-41	1985. 7. 3
		16-41	1995. 6. 2
		17-41	1995. 6. 2
		16-41	2005. 4. 20
		17-41	2005. 4. 20
landsat 8	OLI	118-39	2015. 1. 23
		118-40	2015. 1. 23
		16-41	2015. 2. 20
		17-41	2015. 2. 20

2.3.3.2 遥感数据预处理

地表空间地物遥感获取过程存在时空、波谱和人为原因干扰等，导致获取的遥感影像亮度与对比度等方面存在差异而产生误差，使遥感数据质量下降而影响了图像分析精度。所以进行预处理，其基本过程包括几何校正与配准、假彩色合成、图像拼接和研究区裁剪等（邓书斌，2010）。

（1）几何校正与配准

遥感获取地物信息和成像过程中常会因传感器和遥感平台或地球本身等因素系统引起或随机引起而发生几何畸变。几何校正即将其过程中的畸变进行校正来达到与地图（标准图像）几何匹配。几何校正分为几何粗校正和几何精校正。几何粗校一般在获取遥感影像时已完成，因此本书研究对图像做几何精校正。在 Landsat TM/OLI（1-7）、OLI（1-9 波段）多波段合成基础上，运用 ENVI 4.7 遥感图像数字处理软件基本工具中的层状堆积工具，借助双线性内插方式将各年份单波段影像数据合成为初始多光谱影像数据。

在此基础上，象山港地形图投影方式为高斯-克吕格投影和坦帕湾地形图的投影方式为 ULandsaTM/OLI（通用横轴墨卡托投影）进行地形图配准，再分别对本书研究所需的四个时期的遥感影像采用三次多项式模型进行几何精校正，可选取较为容易识别且年度变化甚微或不变的地物作为地面标志控制点，其中每景影像控制点均匀分布的点的个数≥10。选择双线性内插进行重采样使校正结果总均方根误差（RMSE，Root Mean Square Error）<0.5 个像元（Picture Element）（徐谅慧，2015）。

（2）假彩色合成

由于 LandsaTM/OLI、OLI 影像为多光谱遥感数据，其包含了多个波段的信息，而各个波段又具有不同的用途，因此选择最佳波段进行组合将有利于目视解译以及研究地物信息的提取。对于目前而言，遥感图像的解译在相当程度上仍依赖于目视解译，而相对于灰度图，人眼主要对彩色更为敏感且更容易分辨，因此应当充分利用信息丰富的彩色合成图像进行目标地物的判读。

不同学者结合不同的应用领域及目的对基于 landsat LandsaTM/OLI 影像的不同地物类型的最佳波段组合方式及信息特征开展了大量的研究。基于此，在充分考虑各地物的光谱特征、各波段的主要用途以及 OIF 指数的前提下，本书对两种影像采用不同的波段组合方式：LandsaTM/OLI 影像采用标准假彩色 4、3、2 波段组合同时，图像上的陆地地物明显，有助于人眼的目视解译，也能充分地显示不同目标地物的特征及相互之间的差别；选择 5、4、3 波段组合，这种组合既包含了较大的信息量，其合成的图像近似于人眼看到的自然色，该组合比较适用于植被的分类，且合成的图像层次比较分明色彩反差大，有助于人眼的目视解译；OLI 影像采用 4、5、3 波段组合，由于采用的都是红波段或红外波段，对海岸及其滩涂的调查比较适合；选择 5、6、4 波段组合时，图像上的海水和陆地分界明显，有利于人眼的目视解译。

（3）图像拼接及研究区裁剪

本书的研究区范围分属不同的轨道行列号上，需对同一时相的两景影像进行拼接才可得到研究区完整遥感影像。与此同时，对每幅遥感影像进行辐射校正调整色调使两景影像色调一致，使用 ENVI 4.7 软件采用基于地理坐标参考的遥感影像拼接。

结合海湾研究领域专家的意见和多数海湾研究理论成果，以“流域-海岸-海洋”连续系统作为本书港湾研究区域。即首先采用 ArcGIS 10.2 软件中的 Arc hydro tool 插件，根据 D8 算法，采用水平精度为 30m 的 ASRTER GDEM V2 数字高程模型提取获得象山港流域边界，坦帕湾的流域边界从坦帕湾官方网站下载获取，在此基础上，利用 ArcGIS 10.2 软件以陆地流域和海洋矢量数据为掩膜对 1985 年、1995 年、2005 年、2015 年四个时期的遥感影像进行栅格影像提取后得到本研究范围。

3 人工地貌学发展概述

随着人类改造自然能力的不断提高，人类活动已成为现代地貌过程的第三造貌力，人工地貌是人类造貌营力在自然地理背景下与自然营力协同作用塑造的具有人文特征的地貌体。本章从人工地貌学的提出、人工地貌营力与地貌分类、人工地貌变迁、人工地貌演化的影响机制、人工地貌的地图表达、人工地貌的环境影响等方面综述了人工地貌学的主要研究进展。并展望了人工地貌学的未来发展方向，指出未来人工地貌学的研究需加强人工地貌学学科体系建设、人工地貌的物质构成与形态特征、人工地貌空间扩张过程及其发育规律、人工地貌的区域差异及累积地貌环境效应、人工地貌环境管理及国际比较等研究。同时，工业革命以来人类活动对地表利用改造的加剧使得人工地貌研究逐渐受到科学界的重视。加强人工地貌学学科体系研究，服务社会经济建设实践亟须提上议事日程。在分析人工地貌学学科框架构建基点基础上，就人工地貌学的研究对象、任务与内容、研究方法与手段、内涵（学科属性）及外延（分支学科、学科关联）等方面探讨了人工地貌学学科体系框架构建问题，并指出人工地貌学是传统地貌学在社会经济建设过程中逐渐形成的多学科交叉综合的应用性地貌学科，如何从理论、技术及应用等层面进一步完善学科体系构建及探讨发展趋势是未来研究的重点。

3.1 人工地貌学研究进展

地貌学是研究地球表层高低起伏的形态及其发生、发展、结构、营造力和分布规律的科学（Chorley et al，1985）。随着社会经济发展和科技进步，人类对自然的改造能力不断加强，对地球表层原始地貌形态的影响也越来越突出，在某些方面对地球环境的改造作用在能量量级上甚至已超过了自然营力，并在不同自然地貌基础上形成了各种各样的人工地貌景观（刁承泰，1993；张文开，1996；李雪铭 等，2003）。人工地貌的形成既依托于一定的自然地貌基础，同时又是由一系列人工地貌组成的地貌集合体，具有明显不同于自然地貌的特征，并对自然地貌过程产生明显的影响（李雪铭等，2003；穆桂春，1990）。因此，人工地貌学已成为现代地貌学研究的重要内容。本章主要综述了人工地貌学的提出、人工地貌营力与地貌分类、人工地貌变迁、人工地貌演化的影响机制、人工地貌的地图表达、人工地貌的环境影响等方面的研究进展，以促进人工地貌学学科体系建设，并指导现代社会经济建设中的人为地貌过程。

3.1.1　人工地貌学的提出

人类出现后，人工地貌也随之出现，随着人类活动对地貌改造程度的不断加剧，人工地貌对地球表层环境的影响也不断变大（József Szabó et al，2010）。从古至今，由国内到国外，涌现出众多享有历史意义的人工地貌。在我国历史文明中，最具代表性的人工地貌莫过于万里长城和京杭大运河，除此之外，都江堰、范公堤、大沽塘等人工地貌景观也具有重要的历史地位（穆桂春等，1990）。从世界文明看，古埃及的金字塔、古巴比伦的空中花园、古印度阿育王塔、泰姬陵等等，无一不是人工地貌的典型代表。自 18 世纪产业革命以来的 200 多年中，随着社会生产力的逐步提高，人类改造自然、利用自然的能力也在不断提高，极大地改造着原有地貌景观，塑造出各种具有人类作用痕迹的人工地貌景观（Nir，1983）。人工湖、运河、大型堤坝、围海造田、海底隧道、现代桥梁、高层建筑、地下工程等各种人工地貌体层出不穷，其对地球表层面貌的影响也越来越大。人工地貌的组成物质根据其来源大体上可以分为自然形成物、人类废弃物及人工加工生产的新物质 3 类。其中，人造新物质在人工地貌中的比重在不断增加。这也使得人工地貌具有完全不同于自然地貌的特征（穆桂春等，1990）。它反映了地球表面除内力、外力形成的自然地貌之外，越来越多地出现由于人类造貌作用所构筑的地貌体（József Szabó et al，2010）。

我国学者研究人工地貌的历史比较久远，西汉年间司马迁的《史记》、北宋沈括的《梦溪笔谈》、明代徐霞客的《徐霞客游记》、清初孙兰的《柳庭舆地偶说》中都涉及人工地貌的论述，尤其是孙兰明确指出了地貌过程的人为作用（穆桂春等，1990）。在国外，人工地貌学的研究可以追溯到 20 世纪初，以一系列论述人工地貌的文章的出现为开端。早在 1901 年，Woeikof 就探讨了自然植被清除、灌溉排水工程建设及城镇发展对自然地貌环境的破坏（穆桂春等，1990）。1931 年，Sauer 明确指出，必须把人类活动直接看作是一种地貌营力，因为它改变了地球表面的剥蚀、堆积状况。1955 年以“人在改变地球面貌中的作用”为主题的国际会议在美国普林斯顿召开，表明人工地貌学研究已引起学术界的普遍重视（Gregory，1981）。此后，Jennings 的《人，一种地质营力》、Brown 的《人类塑造地球》、Detwyler 的《人对环境的影响》和 Collier 的《地球与人类事件》都是较有代表性的人工地貌研究成果（穆桂春等，1990）。1983 年，以 Dov. Nir 的《人，一种地貌营力：人工地貌学引论》的出版，标志着人工地貌学正式从地貌学中分离出来成为一门独立的学科（Nir，1983）。2012 年召开的美国地质学会第 124 届年会专门探讨了“人工地貌学：过去与当前人类活动的地表效应”，通过多时间与空间尺度的实证研究、综合理论述评，来更好地理解地球表层在与日俱增的人类活动中的演化特征，会议成果在《人类世》杂志以专辑刊出（Jefferson et al，2013）。该专辑既重视人类活动对地貌形态和过程影响的传统研究，又强调人类活动在时间和空间上的累积效应，以为未来的地貌景观管理提供决策参考，代表了当前人工地貌学研究的一个重要发展方向。

人工地貌学是研究人类作用形成的地球表面的起伏形态、物质结构及其发生、发展和颁布规律的科学（Nir 1983）。它以具有人文要素的人工地貌体为主要研究对象，体现了人类活动作为第三种地貌营力对现代地貌过程的影响（胡世雄，2000）。1990 年，穆桂春、谭术魁率先在国内提出“人工地貌学”概念，并且在《人工地貌学初探》中详细探讨了人工地貌学的发展、含义、影响因素以及人工地貌的特点等问题，对我国人工地貌学的发展起到了很好的引领作用（穆桂春等，1990）。

综上所述，早期的人工地貌研究注重人工地貌的概念界定、人类活动对地球上的地貌、生物、灾害等方面的影响，以及人工地貌的形成及其与环境之间的关系。尽管“人工地貌学”一词已被提出，但这门学科仍属于新兴的边缘学科，且与之相应的基础理论研究和实证应用研究仍非常薄弱。但不可否认的是，在现代地貌的形成和发育过程中，人类活动是一个十分重要的因素，它一方面可以加速或延缓地貌作用的过程，另一方面可以产生新的地貌现象。因此，人工地貌学研究的兴起对现代地貌过程研究具有十分明显的推动作用。

3.1.2 人工地貌营力及地貌分类

3.1.2.1 人工地貌营力

人类活动参与地貌演化过程的历史由来已久，但突出体现在近现代时期。随着工业革命的深入、城市化进程的加快和经济社会的不断发展，近现代地貌演化过程不再是单纯的自然过程，而是带有人类活动的深刻烙印（李吉均等，1999）。人类活动已经成为内外营力之外的第三造貌营力（张大泉，1990）。我国著名的地貌学家严钦尚曾指出，自然地貌的发育也掺杂了人类活动的要素，或是促进或是减缓，也是自然地貌发育、演化过程中不可忽视的一环（严钦尚，1985）。自然营力与人类活动的协同作用，成为近现代地貌演变与发展的关键，这引起了地貌学界对第三造貌营力的关注（刁承泰等，2000；穆桂春，1990）。

人工地貌营力主要是指人类在生产和生活中通过直接或间接改变地球地貌的作用力（史兴民，2009），需要指出的是，人工地貌造貌营力是在自然地貌营力基础上对自然地貌施加的人工营力，这种造貌营力随着人工地貌建设的目的和用途的不同而有所差异。这种造貌营力既有人类直接和有目的的活动而产生的，也有间接或非本意造成的，其对整个人工地貌过程的作用可分为直接的、附带的和无意的三种类型（Nir，1983）。根据人工地貌营力对人工地貌建造的作用，可将人工地貌营力分为人为风化作用、人为侵蚀作用、人为搬运作用和人为堆积作用等类型（杨晓平，1998；Hooke，1994）。人为风化作用是指人类的社会经济建设导致的地表组成物质风化速率的进一步加剧，包括物理与化学的两方面。隧道工程、采矿爆破等人类活动都可能导致岩石的机械崩解或卸荷裂隙，加剧地表物质的物理风化过程。人类三废排放则可能加剧化学风化作用（周文静等，2013）。人为侵蚀作用包括直接和间接的侵蚀作用2种（杨晓平，1998；Hooke，1994），首先，人类社会经济建设活动直接作用于地表，并造成地表侵蚀现象。这种侵蚀作用的速率与强度往往远远大于自然侵蚀作用（Chin et al，2014）。其次，人类活动对地表环境的破坏激发或加强了活动区域内自然侵蚀能力。人为搬运作用主要是指基础设施建设等有目的的人类活动，通过运输工具对地表物质的搬运迁移（杨晓平，1998；Hooke，1994）。其与自然搬运作用的最大差别是物质的迁移是随人的意志和需要发生的，而非在自然营力下从高到低、从上游往下游输移，且输移能力随距离不断衰减。人为堆积作用也包括直接与间接的堆积作用 2 种（杨晓平，1998；Hooke，1994），前者主要是指人类有目的的直接搬运形成的地貌堆积体。后者则指由于人类活动改变了自然营力条件引起的堆积作用。

因此，人工地貌是在人类造貌营力直接或间接作用下形成（杨景春，1983；杨景春，2001），人工地貌营力包括人类的各种建造、挖掘、侵蚀和沉积等作用，这些作用力共同塑造了地球表面的人工地貌，构成了人工地貌造貌营力系统。

3.1.2.2 人工地貌分类

随着人类改造自然能力的增强，人工地貌的类型在不断增多。根据不同的研究目标及分类原则，人工地貌可有不同的分类标准。根据物质的侵蚀或堆积情况，可将人类的城乡建设、农业生产、工程建设、资源开发等活动形成的各种人工地貌分为人工堆积地貌和人工侵蚀地貌两种类型（杨晓平，1998）。既有为满足人类的生产生活需要兴建修造或挖掘、疏通形成的堆积或侵蚀地貌，也有堆积人类生产、生活废物、垃圾等产生的废物堆积地貌。当然，实际形成的人工地貌更多的是两者的有机结合。如三峡工程建设，既涉及对坝底基岩的开凿侵蚀，又包括整修坝体的修建堆积。潮滩匡围海堤建设，既包括对滩涂底质的挖掘，又包括土质或石质海堤的堆积。城市人工地貌建设过程中，水泥、钢材、木材、砂石等材料建造了城市这一堆积地貌，而附近则因被挖掘而形成砂坑、砾坑、采石场等侵蚀地貌（张大泉，1990）。

根据人类社会经济建设的实际需要，马蔼乃将人工地貌划分为城镇人工地貌、交通人工地貌、水利人工地貌、农田人工地貌、矿山人工地貌、油田人工地貌等类型，并认为全球化的发展使得不同国家的人工地貌表现出趋同化特征，即以理性思维为核心的人工地貌建设（马蔼乃，2008）。各种形态的人工地貌体的有机组合，形成区域人工地貌景观（李立华 等，1990）。人工地貌形态对于区域规划建设、城乡布局改造、发展观光旅游等具有重要意义（马蔼乃，2008）。基于形态学的分类原则，可将人工地貌划分为线状、面状、三维人工地貌（况明生，1990）。人工地貌具有环境功能、经济功能和景观美学等功能（陈晓玲等，1993），按功能形态进行分类，人工地貌可划分为城乡构筑形态、工业形态等 9 种类型，并按成因将功能形态细分出人为堆积地貌类型和人为挖掘地貌类型（马蔼乃，2008）。实际上这种分类是基于用途的分类，没有摆脱土地利用分类的束缚。

城市人工地貌作为一种区域人工地貌类型，包括自然地貌、人工地貌与自然人工混合地貌三个子系统。20 世纪 90 年代老一辈地理学家对城市人工地貌的分类系统做了初步的研究，提出城市地貌划分的形态成因和实用性原则（张友刚 等，2000），将城市人工地貌分为直接和间接两类（张大泉，1990），并进一步探讨了城市地貌系统各组成部分间的结构关系（潘凤英 等，1989），为多种分类系统的构建奠定了理论基础。由于人工地貌建设往往因形成大面积的不透水面而表现出其生态环境特征，同时，各种形态的人工地貌单体组合构成了丰富多彩的区域人工地貌，因此，基于“生态-形态”的人工地貌分类原则，较适合人工地貌类型的划分。在此基础上，借鉴普通地貌学的分类方法（潘凤英等，1989），分别依据地貌名称和形态特征以及功能用途的城市人工地貌三级分类法，促进了城市人工地貌分类研究的深入（周连义 等，2007）。

3.1.3 人工地貌变迁

3.1.3.1 人工地貌过程

传统地貌学认为，地貌过程包括地球内力作用与外力作用过程（Chorley et al，1985）。而随着社会经济的发展和人类改造地表活动的加剧，人工地貌过程则逐渐成为现代地貌过程中的重要营力，并与地球内外力作用共同影响着地貌发育，其在区域地貌过程的作用甚至已超过地球内外力的影响（刁承泰，1990）。尽管人工地貌的年龄是很年轻的，最老的人工地貌体也仅几千年，但人工地貌的形成速度很快，几十年、几年甚至几天（穆桂春 等，1990）。人工地貌的寿命受多种因素影响，自然的、人文的和经济的、政治的（Rózsa，2007）。人工地貌是在自然地貌基础上进行的加工，它的发展深受自然环境的影响，如侵蚀作用、剥蚀作用、溶蚀作用、地震等，同时也深受人类自身的进一步干预。

人工地貌过程是人类活动对地貌环境的作用和影响过程（张大泉，1990）。由于人类活动对地貌环境的影响有直接和间接之分，因此，人工地貌过程也有直接与间接之分（张大泉，1990）。人类活动直接改造地表环境，产生各类新的人工地貌景观的过程就是直接造貌过程。而人工地貌形成后人工地貌本身及依托于人工地貌的人类活动活仍在持续不断地影响着地貌环境中的物质流和能量流，从而进一步改变着自然地貌过程的强度和方向的过程就是间接造貌过程（张大泉，1990）。直接地貌过程包括堆积过程和剥离过程。间接地貌过程虽不像直接地貌过程那样直接作用于地貌环境并产生新的地貌形态，但间接地貌过程对地貌环境的作用远比直接地貌过程更为复杂，其作用和影响的范围也更为广泛。

人工地貌过程，特别是直接造貌过程具有不可逆性（穆桂春 等，1990）。直接造貌过程通常通过对原有自然地貌要素的加工改造，形成新的、相对独立的人工地貌体，并与自然地貌镶接于自然系统中。人工地貌形成过程中对自然地貌环境的改造作用是无法修复、不可逆转的，如劈山造城中被削平的山峰无法复原，新建的城市也不可能移动。

城市区域作为人类活动最活跃和区域（Cooke et al，1982），城市人类活动对于地貌环境的影响过程即为城市人工地貌过程（张大泉，1990）。城市人工地貌过程也就成为人工地貌过程研究的重点内容（Cooke et al，1982）。城市地貌过程既包括城市活动中人类直接造貌过程，也包括因城市活动及其后果而改造城市自然地貌的间接过程（张大泉，1990；穆桂春，1990）。城市直接人工地貌过程可分为剥离（破坏）过程、堆积（建设）过程，剥离过程又可分为采掘、夷平、切坡、开凿、挖掘过程，堆积过程也可分为修造、堆放和填埋过程（Douglas，1983）。间接城市地貌过程则是以城市被改造后的环境因子为地貌营力而形成的城市自然地貌过程（Cooke，1982）。

3.1.3.2 城市人工地貌变迁

与自然地貌形成、演化的漫长过程相比，人工地貌的发育变迁过程相对较短。在农业社会之初，人类对自然地貌的改造能力仍十分有限，人工地貌仅限于简陋的住处、耕作的农田等，人工地貌无论是数量还是单体规模都相当有限，并且随着人类迁徙而废弃（王国祥等，2000）。随着农业生产技术的提高，及古巴比伦文明、古埃及文明、古印度文明和华夏文明等农业文明的形成，城乡聚落地貌和农业地貌的分布范围不断扩大，路网等其他种类人工地貌的发育过程也不断加快（József et al，2010）。值得指出的是，在人工地貌变迁研究领域，城市人工地貌的研究一枝独秀。

随着城市规模的不断扩大，城市人工地貌也处于不断的形成、扩张和演化之中。城市作为人类活动最集中，受人类活动影响最强烈的区域，同时也是地表最大的人工地貌景观分布区。城市人工地貌的形成演化研究必须同城市空间结构演变相结合，探寻人工地貌在城市中的发展模式与规律。与城市空间演化相对应，城市人工地貌的形成变迁是个有序的过程（黄巧华 等，1996），其演化过程一般可分为3个阶段，膨胀阶段、更新扩散阶段和差异更新扩展阶段（穆桂春 等，1990）。在城市形成之初，各种建筑等人工地貌首先在交通便利、资源丰富的地方形成点状分布，然后不断向外扩展，形成面状地貌。而当城市扩展到一定程度之后，由于受地形、交通等影响，城市人工地貌内部的更新较为明显，如旧城改造。城市人工地貌的密度、单体规模不断扩大。之后，各区位条件较好的区块逐渐形成并连为一体，城市人工地貌的空间分布范围也不断扩展（Cooke，1982）。李雪铭等在此基础上，结合大连城市发展历史和城市发展定位特点，将大连城市人工地貌演化过程分为四个阶段，分别是：单核心扩散期、马蹄形延展期、环形带状更新、扩散期以及多核心辐射、带状发育期（李雪铭 等，2003）。大连市城市空间的快速扩展直接导致了大连城市人工地貌的扩展。从平面形态扩展看，城市人工地貌从中心城区向周边的推进增长方式包括同心圆式蔓延、局部扇面式扩展、廊道式辐射、飞地式增长以及粘合式填充（刘敬华，2004）。在平面扩张的同时，也表现出典型的垂直生长特征（李雪铭，2004），即城市中心区人工地貌的垂直扩张呈现出不同的发展时序和增长模式，城市人工地貌的垂直增长具有明显的阶段性特征（常静，2004）。当然，城市人工地貌的平面扩张与垂直生长在空间上可能是同时存在的，并最终形成整个城市人工地貌景观格局。

当然，城市人工地貌的演变不仅包括城市人工地貌体扩展的过程，而且涵盖了城市人工地貌体的收缩、减少、消失的过程，例如城市拆迁和老城改造，它们同样反映的是城市人工地貌更新、重组的过程，也反映了人工地貌体在城市发展中的变迁过程。由此可知，城市人工地貌演变过程的实质在于城市地貌结构的改造、更新与优化（赵静，2007）。

3.1.4 人工地貌演化的影响机制

3.1.4.1 人工地貌过程的影响因子

人工地貌是基于自然地貌基础上形成的地貌单元。因此，人工地貌过程离不开自然地貌基础。港口选址需要考虑沿岸水深和背后腹地条件（李炎保 等，2010），滩涂匡围需要选择开阔的淤涨型潮滩（陈吉余，2000），城市选址需要稳定的地质构造条件与相对平坦的地势（董鉴泓，2004）。但随着人类社会的不断发展和对环境的影响与改造程度的加剧，人工地貌过程的强度及其分布范围也不断增大。科技进步使得人工地貌建设受自然地貌基础的影响逐渐减少，因此，人类社会经济因素便成为人工地貌过程中的重要影响因子。Dov Nir 曾通过对 37 个国家的人类活动对地貌环境的作用强度分析，认为人口增多、科技进步与社会经济发展水平的提高是影响人工地貌过程的决定因素（Nir，1983）。

从人类出现到旧石器时代末期、新石器时代到工业革命之前，再从工业革命到现代，人口增长分别呈现出相应的对数曲线，这表明人口增长的 3 个时期与 3 次主要的技术革命年代相对应，人口数量的增长与社会经济发展也表现出明显的相关性（József et al，2010）。而人类需求和生活水平的不断提高也使得人类对自然地貌过程的影响范围和程度不断加强。12000 年前的早全新世，人类在进行原始狩猎生活的同时，就开始有意识地采集野生小麦进行作物栽种，改造着地表环境，但这个时期对地表地貌环境的影响是局地的，并且以短期的影响为主。而从 5000 年前开始进入到农业社会（József et al，2010），灌溉农业的发展，金属工具的使用、犁和独轮车的推广、路网的建设及风能、水力资源的利用，使得人类活动对局地地貌环境的改造和影响逐渐变得长期。而第一次工业革命和第二次工业革命以来，蒸汽机的使用和工业化的发展，钢铁工业的发展、铁路网的建设、电能和内燃机的使用、使得人类能在更大的区域范围内对地貌环境变化产生持久影响。而以原子能、电子计算机、空间技术和生物工程的发明和应用为主要标志第三次工业革命，则使得人类对地球表层环境产生永久性，甚至是不可逆转的影响。工业革命以前，人类对地貌的影响是缓慢增加的，这种增加主要是农业活动的间接后果为主，但工业革命彻底改变了这种模式，主要表现在随着人口的指数增加，人类挖掘的地表物质总量呈直线上升（József et al，2010）。在过去的 500 年间，地表被挖掘移动的物质足以堆成高 4000m、宽 40km、长 100km 的山脉。由于目前的速率仍在不断上升，预计再过 100 年就将翻倍（Hooke，2000）。这一切表明社会经济发展水平的提高和科技进步是导致人工地貌过程加速的重要因素。

3.1.4.2 城市人工地貌变迁的影响机制

城市区域是人工地貌过程和人工地貌演最为典型的区域，城市人工地貌变迁是人工地貌过程研究的重要领域（李雪铭 等，2003；张大泉，1990），对于人工地貌过程的探讨具有重要的意义。城市扩张是多重因素综合作用的结果，在不同的城市发展阶段，主导城市扩展的因素也会有相应的变化（李飞雪 等，2007）。因此，城市人工地貌变迁也是多因素协同作用的结果。城市人工地貌变迁的影响因子自城市出现就受到普遍的重视（周一星，1995）。

城市地质地貌条件、不同性质和不同强度的地貌过程、国家政策、城市规划以及经济发展水平对城市人工地貌发育的基础作用已被普遍认可（陈晓玲 等，1993；李飞雪 等，2007）。自然地质地貌是城市人工地貌变迁的首要限制因素（李雪铭 等，2003），基于自然地质地貌条件的城市地貌过程强调自然地理条件对城市人工地貌发育变迁的基础性影响，后两个因素则是人为影响因子，对城市人工地貌体的空间布局产生决定性的影响，并体现了城市人工地貌建设的有序性、前瞻性和持续性等特点（陈晓玲 等，1993；李飞雪 等，2007）。城市人工地貌体的发育速度和规模同经济发展具有一定的相关性（周连义 等，2006）。基于城市人工地貌对城市化响应模型得到的城市人工地貌发育与城市化进程具有明显的耦合关系，明确了城市人工地貌在城市化作用下的发育规律（李雪铭 等，2005）。城市人口变化对城市人工地貌变迁的影响主要体现在人口增长与建筑面积、人口增长与建筑高度之间的关系上。随着城市人口的增长，城市人工地貌建筑面积也表现出相应的增加，但人口分布与建筑面积的关系在城市中心区及近郊区具有不一致性。同时，城市人工地貌还通过增加建筑高度来适应人口的增长（李雪铭 等，2003；张玉萍 等，2007）。

3.1.5 人工地貌的地图表达

与自然地貌一样，人工地貌亦需要以地图的形式来直观地表达其分布、演化和发展规律。人工地貌图既是人工地貌过程强度及其空间分布研究的手段（潘凤英 等，1989；刁承泰，1989），也是城乡规划和社会经济建设管理的基础性图件（李雪铭 等，2004）。因此，人工地貌图的编制，需要依托于传统的地貌图，在编制的方法、思路上大量借鉴传统地貌图。

人工地貌图的编制，需解决人工地貌的分类原则与图例系统（沙润 等，1988）。只有形成统一的人工地貌分类体系，才能提高人工地貌图在城乡规划和社会经济建设管理中的应用。借鉴普通地貌学原理，根据各种高差起伏的人工地貌体的组合形态，结合绝对高程与相对高程，可将人工地貌类型划分为人工地貌体“山脉”、人工地貌体“丘陵”、人工地貌体“盆地”、人工地貌体“沟谷”、人工地貌体“台地”、人工地貌体“孤峰”和人工地貌体“孤丘”等类型（李雪铭 等，2004）。此外，人工地貌图编制还需确定统一的图例系统（沙润 等，1988），以利于不同区域的比较分析。而信息技术的发展与计算机辅助制图则为人工地貌图的绘制提供了技术支撑（李雪铭 等，2005）。

由于城市是人工地貌分布的集中区，城市人工地貌的分布、演化及其发育规律十分复杂，通过绘制城市人工地貌图可以有效地表达城市人工地貌的分布、空间演化特征。关于城市人工地貌制图，自 20 世纪 80 年代以来，许多学者作了有益的探索（李雪铭 等，2003；沙润 等，1988；李雪铭 等，2005；刁承泰，1993；张友刚 等，2000）。城市人工地貌制图按“以形态划分为基础，成因与形态相结合”的分类原则（李立华 等，1990），进一步参照人工地貌特性的差异，用不同的线或面状符号叠加在自然地貌之上，经综合后给予明确的城市地貌类型名称，既清楚地表达了城市自然地貌和人工地貌的分布轮廓与形态组合特征，又能明确各种地貌类型的细部结构及其成因与组成物质。

近年来，城市人工地貌研究者在城市人工地貌制图方面做了较为系统的探索，主要表现为利用 Surfer 7.0 和 MapInfo、MapBasic 等相关软件绘制城市人工地貌系列图（李雪铭 等，2004；李雪铭 等，2005），涉及反映城市人工地貌发展状况和演变规律的城市人工地貌等值线图、剖面图、相对高度图、城市人工地貌富积指数图等，较好地实现了利用地图反映城市人工地貌特征信息的目标。由于城市人工地貌是在城市自然地貌基础上形成的地貌单元，并按一定规律镶嵌在城市自然地貌之上。因此，城市人工地貌与城市自然地貌组合形成的城市地貌图更具实际应用价值。城市地貌图一般包括以平色表示的基础自然地貌层、以面状符号表示的人工地貌层和以各种颜色形态符号表示的必要地理要素层等图层（陈晓玲，1992）。

考虑到我国现代地貌制图研究现状（尹泽生，1988），城市人工地貌系列图的出现有着重大的意义。这既是借鉴普通地貌学的制图系统，在城市人工地貌制图方面进行了开拓性的研究；同时也体现了城市人工地貌制图编制在标准化和规范化的道路上迈出了重要的步伐，可为城市人工地貌的深入定量研究提供新的研究工具，并拓展城市人工地貌学研究的新方向。当然，人工地貌图的制作前提在于人工地貌信息的提取，人工地貌信息量化的过程中涉及历史数据的查阅和人工地貌信息的量测，以及地貌特征值的提取及验证等过程。故此，人工地貌制图在信息量化方面还有许多后续问题有待研究。

3.1.6 人工地貌学的研究展望

人工地貌的存在由来已久，尽管对人工地貌的系统研究历史较短，但由于其实际应用价值及其对自然地貌的强烈改造，人工地貌研究已引起学术界的关注。但其研究对象、研究内容、研究方法、研究的理论体系等问题仍有待于进一步论证，人工地貌学也有待于被学界普遍接受。因此，当前亟须借鉴相关学科的研究成果和现代地理信息技术，提升认知人工地貌的水平，挖掘人工地貌学存在的生命力与学科特色、学科意义，进一步提高人工地貌学理论在地貌学、环境学、城市规划等相关学科领域的认可度，促进多学科研究的共同发展与进步。未来人工地貌学的研究应以人工地貌体为基础，围绕人工地貌体的相关属性，从单体的结构、特征、影响因素、发育规律等方面进行深入的探索，再联系外在的人文要素和自然地貌背景，将单体纳入整体环境之中探寻各种要素之间的相互关系，从而深入理解人工地貌体演化的过程及其环境效应，把握其发育的规律性，为城乡规划和社会经济建设服务。未来应重点考虑以下几方面的研究。

3.1.6.1 人工地貌学的学科体系建设研究

尽管人工地貌研究已取得了大量的研究成果，并为城乡建设与社会经济发展做出了一定贡献。但人工地貌学，无论是理论研究，还是实际应用都滞后于社会经济建设实践，影响着人工地貌学学科体系的建立。因此，未来应注重人工地貌学的理论研究与方法体系研究。此外，人工地貌学是自然与人文的交叉学科，必须在突破地貌学的研究界限，寻求新的研究视角，吸收人口学、资源科学、环境科学、城市规划、土木工程学、建筑学、管理学等学科的有益内容，转化为人工地貌学科内的有机组成部分，发展不同于自然地貌的概念和理论，形成自身的理论体系，把人工地貌学作为区域地貌学的一个新兴分支学科加以论证（Chin et al，2014）。尽管城市人工地貌学、海岸人工地貌学研究也已取得一定成就，但人工地貌学的分支学科的分类体系也有待构建。

3.1.6.2 人工地貌物质构成与形态特征研究

人工地貌的组成物质具有不同于自然地貌的特征。除了自然物质外，还包括人类废弃物和人类主观产物，并且后两者在人工地貌物质构成中的比例越来越大（穆桂春 等，1990）。随着科学技术的进步，组成人工地貌的人类废弃物和人类主观产物的种类也不断增多，其对人工地貌过程本身的影响，及其对自然地貌过程的影响研究亟须深入。此外，人工地貌组成物质的差异，使得不同时期营造的人工地貌，无论其单体规模、形态特征都有很大差异，需要探讨人工地貌物质组成与地貌形态之间的关系。

3.1.6.3 人工地貌空间扩张特征及其发育规律研究

人工地貌过程研究是分析一定时期内人工地貌的空间扩张特征的基础。因此，需从自然地貌形成演化、区域社会经济发展需求、新材料的应用及工程技术条件革新等方面辨析不同时期人工地貌的内外营造动力系统，分析造貌内外动力的作用时限（效）及其对人工地貌空间扩张的影响及特征差异，探讨人工地貌发育规律。人工地貌的空间扩张及发育过程中伴随着人工地貌体的变迁，而这种变迁与自然、人文、经济和政治等因素的关系也非常值得探讨。

3.1.6.4 人工地貌的区域差异及累积地貌环境效应研究

人工地貌学与传统地貌学研究的最大差别是人类活动成为内外营力之外的第三造貌营力（穆桂春 等，1990）人工地貌学的区域差异研究，既要考虑不同自然地理条件对人工地貌建设的影响，同时还需考虑不同人类活动方式对人工地貌建设的影响。人工地貌所涉及的诸多问题都与人类活动有关，而人类历史和地貌发育期相比却十分短暂。因此，人工地貌学研究中需注意不同区域能量流和物质流的方向、速度、大小及其波动对现存地貌发育的影响。人工地貌环境效应研究不仅要研究人工地貌过程的环境效应，还应包括人工地貌建成后的环境效应，分析不同时空尺度下的区域差异及累积效应（Kondolf et al，2014），尽量减少其对自然地貌环境的负面影响。

3.1.6.5 人工地貌环境管理及国际比较研究

随着人工地貌研究的深入，人们对人工地貌及其环境影响的认识逐渐加深，如何科学有效地进行人工地貌环境管理将成为人工地貌学研究的一个新的研究领域（马蔼乃，2008）。人工地貌环境管理需综合考虑人类社会经济建设及城乡规划对自然地貌的侵占和改造，分析人工地貌环境系统的脆弱性，并提出相应的管理对策。而受人口数量、资源压力的差异，不同国家的人工地貌环境管理也可能存在较大差异，借鉴国外人工地貌建设的先进经验，有利于提出符合我国国情的人工地貌研究的相关理论与管理对策，服务于地貌资源的持续开发利用。

3.2 人工地貌学研究内容与学科体系

鉴于近现代的人类活动对地球表层环境系统演化的影响不断加强，并超载了其自然演变过程，获得诺贝尔化学奖的荷兰大气化学家 Paul Crutzen 于 2000 年提出了人类世的概念（Crutzen et al，2000）。尽管有关人类世的起始点并未形成共识，但地球表层系统确实已进入人类驱动框架下的物理化学演化阶段。特别是 21 世纪以来，以城市化和智能化战略为诱导条件的全球范围内人地关系演化、地表格局-过程出现新态势，人类活动开始主导地球环境演化。与此同时，随着人类活动区的诸种人工地貌发育演化、环境效应等方面研究日趋重视，人们认识未来人类造貌趋势和应对地球演化的能力也在不断提高。

学科是知识体系结构分类与分化的标志，在知识创造和传承中发挥着重要作用（国家自然基金委员会 等，2013）。目前，国内外学者从不同的学科视域出发，对人类活动影响现代地貌过程的特征进行了总结，并对人工地貌学的概念、人类活动对自然地貌的影响以及人工地貌形成的环境条件等进行了探讨（李加林 等，2015；Nir，1983；胡世雄 等，2000；穆桂春 等，1990；张大泉，1990；刁承泰 等，1996；Ellis et al，2008）。但是人工地貌学仍未被提升到学科高度进行讨论，与之相应的基础理论和实证应用研究仍非常薄弱（李加林 等，2015）。为更好地发挥人工地貌学在现代地表过程与社会经济建设实践中的作用，亟需加强人工地貌学的理论与方法体系研究，探索人工地貌学学科体系框架及发展趋势，以更深理解人类活动影响下的陆表圈层演化机制，促进智能时代人地关系研究的深入。人工地貌学学科体系框架构建对剖析全球变化背景下人文和自然因素的作用方式及作用强度，揭示人地关系变化机理，促进区域可持续发展有重要的指导意义。本节尝试在揭示构建人工地貌学学科体系基点基础上，分析人工地貌学研究对象与研究内容，从学科属性和学科理论、技术以及应用层面构建学科体系框架，以期促进人工地貌学理论研究深入，并服务于社会经济建设实践。

3.2.1 构建人工地貌学学科框架的基点

3.2.1.1 受人类活动影响的地球表层系统成为全球变化研究的热点与核心

工业革命以来人类活动对地球表层系统造成的各种环境影响在不断加剧

已被普遍接受。未来很长的一段时间内，人类仍然会是促进地球表层系统演化的主要地质推动力。环境变化是全球性的研究课题，人类活动对地球自然生态系统的改变使得气候与环境变化的脆弱性表现得更为明显，并加剧了各种极端事件发生的规模和频率（蔡运龙等，2004；中国科学技术协会 等，2007）。人类活动对区域环境的影响已成为当今全球变化研究的主要内容，而以地球表层系统中多界面过程的综合研究则成为热点研究内容（郑度等，2001）。同时，地球表层系统作为多圈层所构成的地表自然社会综合体，其自然过程受到人类活动的扰动和影响也引起国际科学界的普遍关注（Miler，1994；刘燕华 等，2006；史培军 等，2009）：国际地圈和生物圈计划（IGBP）（Mauser et al，2013；Leemans et al，2009）、全球环境变化人文因素计划（IHDP）（Jäger，2003）和生物多样性计划（Loreau，1999）都将人类活动列为核心研究因素之一（徐勇等，2015）。此外，人类作为现代地表过程和生态演化中最活跃的因素，在生产生活过程中营造了许多人工地貌，这些人工地貌的演化过程及其环境效应则直接扰动甚至破坏了陆表系统的生态平衡。

作为复杂开放的地球表层系统的演变有着非线性特征，关键陆表要素变化及其相互作用与协同性引起了诸多学科学者的关注。但对多要素的协同性研究仍较为薄弱，特别是人口增长、技术革命、交通发展等单要素协同作用驱动地表格局改变的机理有待于进一步探讨（国家自然基金委员会等，2013）。地球表层作为人地关系的“空间”或“地域”（陆大道，1999），受自然与社会经济要素等相互作用影响，其研究促进了全球变化、可持续发展等新学科的诞生和成长，成为研究全球变化和资源合理利用的重要理论基础（国家自然基金委员会等，2013）。因此，亟需加强人类活动对地球表层系统格局演化驱动效应的多学科集成研究（刘燕华等，2006）。

3.2.1.2 人工地貌过程在地球系统科学研究中具有重要地位

目前，国际地球科学研究正经历从宏观到微观、从单学科深入与学科交叉集成研究相结合的转变，解决人类可持续发展面临的资源环境灾害问题成为地球科学发展战略的根本趋向（国家自然基金委员会 等，2013）。地球系统科学是研究由各子系统相互作用形成的地球整体系统变化规律、动力机制和发展趋势，来适应和管理这一系统变化的科学（国家自然基金委员会 等，2013）。开放的地球系统多圈层关联耦合过程机制，需要从动力学视域分析不同类型物质循环的内在规律和驱动营力。而人类活动对地球表层系统自然状态冲击的敏感性，则需借用地球系统动力学理论模型来预测，通过人类活动干扰下的地貌过程来表征，如海岸带陆海相互作用第二阶段（Cadies et al，1995；Pernetta et al，1995）研究的重点是“利用地球系统科学方法，探讨人类活动影响下的海岸带系统演化过程”（LOICZ，2005）。

20世纪80年代以来，地球科学开始进入地球系统科学研究时期，将人类活动作为与太阳和地球内力作用并列的、能引发地球系统变化的驱动力——第三驱动因素（Crutzen et al，2000）。同时，人类社会作为地球生物圈的重要组成部分，以复杂方式和巨大能动性重组着人类经济社会空间系统，使作为载体的地球表层面貌不断变化。近年来，人类在地球环境变化中的作用研究更加关注人类参与的地球系统及人地关系发展，特别是科学地揭示科技革命与人类造貌能力的相关度及对地表过程的模拟与观测（国家自然基金委员会等，2013）。

随着数据采集、处理能力的加强，地球系统科学研究逐步从要素与过程的分离向综合集成方向发展。强调不同尺度地球表层过程的发生机理，特别是对人类活动干预强度较高的区域进行时空转换、格局过程耦合与区域差异及关联分析。关注人类不同开发利用方式的叠加集成，重点研究人类活动与人工地貌系统过程的协同综合作用，建立格局—过程—机制的系统思维，突出人类需求驱动下的人工地貌过程及其人类适应性研究（国家自然基金委员会 等，2013；李加林等，2015）。

3.2.1.3 人地关系的协调需要人工地貌学研究的参与

随着地学理论研究与空间分析技术的日趋成熟，从“地球表层系统”到“人-地地域系统”再到“区域可持续发展”成为人地关系理论及其应用研究的主线之一（国家自然基金委员会 等，2013）。加之人类作用于地球表层的强度和范围不断扩大，把握该主线以适应自然和社会经济结构的变化态势已显得日益迫切。人工地貌学研究更重视自然和人类活动共同引起的“人地关系地域系统”变化（陆大道等，1998），因此，探讨人类活动与地貌过程相互影响机制，便成了人工地貌学核心科学问题与主要研究目的。相关学科也十分重视人类活动影响下的地貌演化，自然地理学强调人类活动直接、间接地貌过程及其环境变化（Crutzen et al，2000；杨景春 等，2012），地质学关注的核心是较长时间尺度的自然地貌变化及人地相互作用过程，而人工地貌学则着力揭示地球表层在自然、社会、经济共同作用下的变化规律，分析人类对地表变化的影响与响应，并探讨人地关系地域系统演化过程中对人工地貌环境的管理与调控。

3.2.1.4 人工地貌学由传统地貌学脱颖而出

地球系统科学的迅速发展激发各地学传统学科研究兴趣并不断创建新的学科，这样将扩大很多专门研究领域的重要性（NASA Advisory Council, 1988）。由于地貌学在社会经济建设中起着其他学科不可替代的作用（师长兴等，2010），加之人类生产建设实践需要，人工地貌学从已有相关学科中分化派生而来，将在不断交叉渗透的过程中遵循学科自身发展规律而不断成熟。可以说，人工地貌学是地貌学发展到一定历史阶段的产物，是人类对地球表层系统改造程度不断加强，较大尺度改变地表面貌而逐渐产生的。同时，人类社会的资源生态、防灾减灾、经济社会环境等诸多问题均与人工地貌学的研究密切相关，人工地貌学是传统地貌学在社会经济建设过程中形成的应用性地貌学科。

长期以来，人们探寻地球表层物质组成、空间结构和演化规律的科学认识，并尝试利用这种认识为人类社会经济的发展服务。人工地貌学强调从人类实际需求入手，关注新经济要素、技术革命、社会文化等因子的造貌作用，通过比较已改变地区和未改变地区，或者度量区域在受到人类影响之前、之中、之后的状况，寻求全球或区域人地关系系统的综合平衡优化及调控机理，为有效进行区域开发和管理提供战略指导。

3.2.2 人工地貌学学科的研究内容

3.2.2.1 研究对象

人工地貌是人类造貌营力在自然地理背景下与自然营力协同作用塑造的具有人文特征的地貌体（李加林 等，2015），具有自然和社会双重属性。人工地貌的物质属性与自然基础性决定了其必然要和自然界其他事物发生关系，而社会属性决定了人工地貌不同于自然地貌的属性，其营造和形成过程深受人类行为和社会经济发展水平的影响与制约。人工地貌学以“人工-自然复合地貌系统”综合体为研究对象，目的在于探讨人类活动对自然地貌演化的影响以及人工地貌演变规律，从而通过调整人类自身的造貌行为来保护与改善人工地貌环境，为地貌资源持续利用提供科学依据。

与普通地貌学、地质学、地理学不同，人工地貌学更加关注人工地貌的发育规律及其与自然、人文地理环境要素的关系，关注人类作用形成的地球表面起伏形态、物质结构及其发生、发展和分布规律（穆桂春 等，1990），强调人类活动作为第三种地貌营力对现代地貌过程的影响（胡世雄等，2000）。近年来，全球变化与地球系统科学的多学科综合研究深入发展，人工地貌学理论研究也呈现学科多元化交叉趋势（József et al，2010），其研究方法及研究对象侧重随着人类经济社会和科技发展而发生改变（李加林 等，2015；József et al，2010），不仅在理论上强调人类对地球系统作用的最基本、最直接特征——人工地貌形态的形成规律探索和解释，而且在实践上为资源开发利用、土地利用、环境管理、灾害防治、工程建设和区域可持续发展管理等方面提供服务（李加林 等，2015）。

3.2.2.2 研究任务与内容

人工地貌学的基本任务，从宏观上来说是研究人工-自然复合地貌系统的发育规律，调控人类活动与人工地貌环境的相互作用关系，探索两者可持续运行的途径和方法；从微观上来说，是研究人工地貌环境中的物质迁移转化规律及它们与人类活动的关系，从人类干扰角度探讨自然地貌的生态系统服务价值演化对人工地貌建设的适应与响应机制，作为人工地貌环境效应研究的生态基准。

地貌作为人类社会经济活动中的基本环境构成要素之一，对人类活动的空间结构和地域分布具有重要导引作用。人工地貌的作用过程、强度和地貌环境的反馈，对分析人类活动对自然地貌利用的合理性，建立人工-自然复合地貌系统平衡极其重要。因此，在人工-自然复合地貌系统形成与演化研究中，需关注人工地貌的营力及其与人工地貌特征之间的关系，进行人工地貌类型划分，分析发育规律及其形成的人工-自然复合地貌系统特征与自然地貌环境的协同性，这也构成了人工地貌学的主要研究内容（图 3-1）。

3.2.2.3 人工地貌特征

由于人类利用方式的多样性，人工地貌表现出不同的空间分布和组合特征。如人类对深水岸线的开发利用会形成码头、仓储、道路等不同类型的人工地貌体，其单体规模、平面形态、空间范围、物质组成及地貌功能各不相同，表现出不同的地貌形态指数、地貌多样性指数、地貌单元面积变异指数、地貌主体度等特征，这些特征在空间上可能会出现各向异性现象，即沿着不

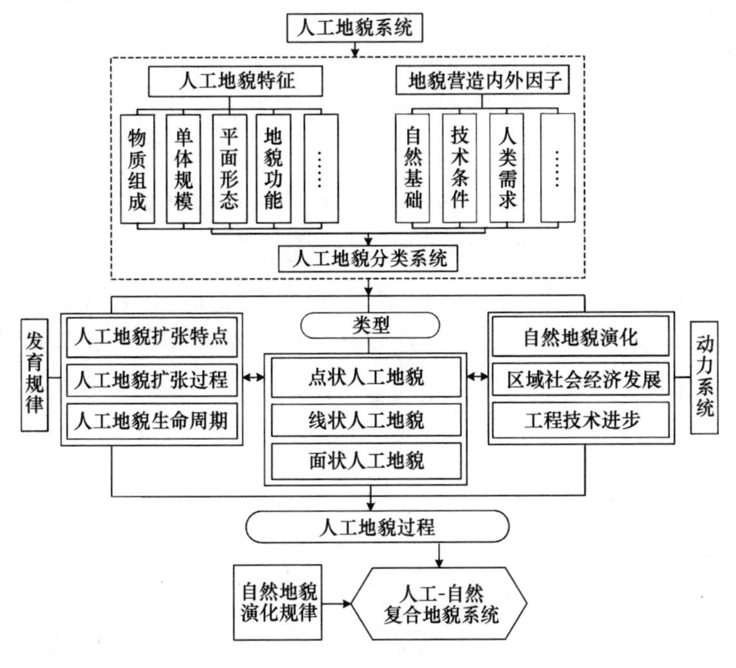

图 3-1　人工地貌学研究内容

同方向各参数的变化格局不同。

（1）单体规模。研究人类世以来地球表面在人类干预下以高低起伏为基本特征的规模尺度，如港湾地区盐田围垦、城市围海造地、码头工程和人工岸线建设、湾内水产养殖等形成的不同人工地貌单体差异，重点探讨人类作用目的、方式及其强度与单体规模大小的内在相关性等。

（2）平面形态。研究地理环境禀赋、经济社会发展特点、民族风俗等差异表现出不同的人工地貌体风格、造型等视觉形象特征，揭示人工地貌体形状、色彩、肌理、方向、位置等形态构成要素，分析不同用途的人工地貌联合、差叠及其透叠分布规律等。

（3）空间范围。人工地貌的范围通常以人类活动范围或人类常规所及的尺度进行界定，与人口分布基本对应，具有一定的空间分布和组合特征，通过定量分析人类活动强度特征，对人工地貌空间范围作出测度，包括建立特定区域人工地貌空间分布信息数据库、构建不同类型人工地貌发育的空间扩展模型等。

（4）物质构成。重点分析人为直接或间接作用下重新堆积形成的自然物质、人类废弃物或人类主观生产的新物质的组成特点，追溯历史时期不同开发利用模式驱动下人工地貌物质组成的差异性，分析科学技术、建筑设计水平提高及新材料在人工地貌营造中的应用对人工地貌体结构、功能、美感的影响机制等。

（5）地貌功能。人工地貌功能分析必须建立在地貌结构单元之间以及人类活动过程的相互关系分析基础之上，通过定量论证得出人工地貌结构特征，对人工地貌生态、休闲娱乐、景观文化等功能进行评价，有效分析各功能特性与人类活动的关系，探讨人与环境契合的焦点作为人工地貌功能分区标准的合理性，研究人工地貌功能存在的生命周期对人类圈生态经济环境系统发展的深层驱动机制等。

3.2.2.4 人工地貌造貌营力

人工地貌营力主要是指人类在生产和生活中通过直接或间接地改变地球地貌的作用力（史兴民，2009），受人类活动、经济社会发展、工程技术进步等多种相关因子共同作用。人工地貌营力是在自然地貌营力基础上对自然地貌施加的人工营力，随着人工地貌建设的目的和用途不同而表现出不同特征。人工地貌造貌营力的研究内容主要包括造貌营力类型、特征及其在地貌形成中的作用。研究人工地貌形成的内外力作用过程，从人工地貌形成演化、区域社会间接发展需求、过程技术条件革新等方面辨析各种人工地貌的内外营造动力系统，分析造貌内外动力作用时限，以建立其与人工地貌系统发育过程的量化联系。人工造貌营力的不合理作用，即不合理的人类活动可能会对自然地貌和地表环境造成负面的不可逆转的影响（杨世伦，2003）。因此，还需探讨自然基础、技术条件、人类需求等造貌因子对人工地貌的影响及其作用变化规律，明晰造貌营力对人工地貌结构形态、形成过程和历史演化等特性的影响，服务于科学造貌过程和改善人工地貌环境质量，促进人地和谐。

3.2.2.5 人工地貌形成过程与演变规律

人工地貌的形成过程和演化规律是人工地貌学的核心研究内容之一，仅根据人工地貌史很难对过去的演化进行重构或对未来发展作出准确预测，而通过对人工地貌过程与演化机理的量化分析则有利于进行发育规律的模拟研判。同时，内外作用因素与动力系统直接对应关系组合、过程耦合，可理解为诸多动力因子施加于人工-自然复合地貌系统的效应。因此，研究人工地貌格局过程机制，弄清与这种现象相联系因子的作用方式，分析人工地貌景观的时间序列、代表的演化阶段及其气候与生态效应特征，以揭示地球演化与人类环境的重要信息。

借鉴地貌学原理，用地表形态来表征人工地貌体的空间变化幅度，可用等高线在地图上表示。研究人工地貌的空间扩张特征与过程，分析图例系统、人工地貌信息提取与量测、地貌属性值的提取及验证方式，揭示人工地貌扩展过程与造貌因子之间的作用关系，量化分析人工地貌（功能）存在的生命周期。并讨论人工地貌发育规律，阐明人工地貌过程产物在地球系统演化中的意义，为资源环境及灾害等领域后续研究提供参考。

3.2.2.6 人工地貌分类系统

人工地貌分类不同于自然地貌，其分类的基础可以是形态和成因的组合，也可以是控制因素与功能，或者综合相关因素进行，分类的目的是揭示人工地貌特征与造貌内外因子之间的关系，明晰内外因子变化对人工地貌特征变化的影响。人工地貌分类是深入研究人工地貌特征及形成演化的前提，也是一项基础性工作。

人工地貌学的使命是对人工地貌与人类活动结合形成的系统进行研究。它研究不同地貌环境下的人类活动发展状况，揭示人工地貌与人类发展、布局和管理的规律；研究人类活动对人工-自然复合系统反馈机制的调整，揭示人类活动中人为作用和人工景观的地貌效应。随着对人工地貌和人为作用及其相互作用认识的深化，人工地貌学将从实践中概括出自己的理论概念和范畴，建立特有的理论和定量模式。这种超越传统学科界限的研究有利于我们更好地认识地球系统与了解人类活动效应，从而深刻认识人类社会所面临的重大挑战。

这方面的研究包括：分析人工地貌基本特征对分类体系的构建和分类标准的形成、分异演化；对分类标准中的人工地貌特征与造貌因子作用进行动态研究，明晰人工地貌特征对分类系统的导控等。同时，结合人工地貌划分原则研究人类活动对人工地貌类型的作用过程、关联强度，探索不同研究目标及分类原则导向下的人工地貌分类体系异化态势。基于此，借鉴普通地貌学分类方法，预测人工地貌分类系统未来演化态势。

可以看出，人工地貌学发挥了其综合性学科特色，主要研究地貌资源的合理利用、人工地貌环境管理、人口和经济技术优化配置以及综合造貌战略与工程实施等方面。所以，其分类系统研究也需要多项指标集成，为阐释人工地貌系统演变规律、人工地貌系统与人类相互影响机制和预测人工-自然复合地貌系统发展趋势提供科学支点。

3.2.2.7 人工-自然复合地貌系统

人工地貌学研究的最终目的是帮助人类树立科学的人地关系发展观，探讨用人工造貌技术和管理手段，对不同时空尺度下人工-自然复合地貌系统进行系统优化，以推进可持续发展战略的实施。因此，需要重点关注如何从区域自然地貌演化的整体上调控人工-自然复合地貌系统，寻求解决区域“人工-自然复合地貌系统”问题的优化方案，综合分析自然地貌演化自身的状态、调节能力以及人类造貌所采取的技术措施，为制定区域人工地貌环境管理体制提供借鉴。

3.2.2.8 研究方法与手段

人工地貌学以建立完善的人工-自然复合地貌理论体系为重要发展特征，涉及人口、资源环境等学科研究领域，采用规范理论研究与实证分析、微观特征与宏观现象以及定性描述与定量测算结合的方法，形成了以人工地貌资源利用为核心的跨学科研究范式。

具体来讲，人工地貌学的研究方法包括：①文献研究法：人工地貌研究文献资料和数据的收集、处理、分析，包括国内外人类活动与人工地貌研究成果、经验与发展趋势，人工地貌环境效应管理存在的问题等。②地理信息技术：以多时相高分辨率遥感影像和历史海图、地形图、DEM 数据为主要数据源，进行数理统计和空间分析，并运用地理信息技术进行人工地貌格局过程与特征模拟。③系统分析法：综合运用区域地貌学、景观生态学、海岸地貌学、海岸动力学、地理学等学科理论，在综合利用最新相关学科理论和技术手段基础上，对地物提取信息进行数量统计与空间分析，实现人工地貌过程的效应研究等。④案例实证研究法：选择城市或海岸带等典型人工地貌区域，进行实证研究，据此对研究成果进行检验并加以修改、补充。⑤室内模拟实验及实地定位观测验证等。

3.2.3 人工地貌学与相邻学科的关系

3.2.3.1 人工地貌学学科的内涵及外延学科内涵属性

（1）学科的综合交叉性

人工地貌学是建立在自然、社会与工程技术等科学基础之上的综合交叉学科，涉及我国教育部现行学科分类体系中相当一部分二级学科的研究内容，需要吸收多学科的理论与方法，从多角度看待相关问题。如人工地貌的建造与工程技术、施工管理、材料科学等密切相关，人工地貌本身也具有自然、社会和技术三重属性，对人工地貌学的研究必须考虑地理环境基础、社会经济和工程技术条件的复杂影响，因此，需要综合思维方式，才可理解人工地貌学的基本内涵。同时，人类造貌能力也因科技进步而显著提高，与人工造貌相关的学科也蓬勃发展，而这些学科的基础理论在人工地貌学研究中可能相互影响甚至互相排斥。因此，实证应用研究需要综合系统考虑，寻求人工地貌学科自身理论形成过程中的整体最优模式。

从学科功能来看，人工地貌学跨越多学科门类，其研究内容根据不同侧重方向隶属多个学科或交叉学科。比如，①研究人工地貌的物理化学特征、数理方程、数值分析即人工地貌过程模拟等内容，属于自然科学范畴；②研究人类造貌过程中城乡建设、水利工程、潮滩围围、海堤建设、码头工程规划等内容属于工程技术学范畴；③研究人工地貌环境管理，分析人工地貌环境系统的脆弱性，提出相应管理对策，属于社会科学范畴。

（2）学科的应用性

人工地貌学的研究是为解决人类面临的人口资源环境及可持续发展问题，随着地理学、地质学、地貌学等在城乡建设、区域规划、国土整治等方面的应用不断深入而逐渐发展起来，其应用研究领域向城乡建设、生态环保、防灾减灾等方面多元化扩展，新的分支学科也因多元化的研究内容而被派生分化。人工地貌学的研究成果可直接用于解决现代地表过程中许多重大的地貌利用和地貌灾害问题，如对人工地貌形态、组成物质和营力及其过程等要素分析评价，可为城市规划、新区选择与发展、交通道路规划与管理，以及人工地貌环境最佳利用方式识别提供科学依据；研究人类活动过程中人为作用的性质、特点和类型及其对人工-自然复合系统反馈机制的调整，可逐步掌握洪涝、滑坡等人类活动区域地貌灾害的形成和分布规律，进而提出预防对策。所以，以人类影响研究来进一步推进人工地貌学的应用，并与可持续性概念关联，为人类合理利用地球资源和保护地球环境提供支持，服务于人类社会可持续发展，将是人工地貌学应用性学科功能的很好体现。

（3）学科的动态性

人类圈作为地球演化的重要能动组成部分，是影响和改变地球系统与全球环境的关键因素。目前，中等时间尺度的全球变化研究是一个紧迫的挑战，同时人类面临日益严重的环境问题推动了人工地貌学研究，尤其是探讨人类圈与其他圈层响应关系研究。通过了解全球变化与人类社会的相互作用与反馈机制，促进人工地貌学与其他学科融合，满足人类可持续发展需求。

人工地貌建设影响的全球变化及重大事件也警示人们：人类面临的可持续发展问题，需要以人类干预下的地貌过程为视域，突出地球深部作用与动力学因素，研究不同时代人类造貌过程及累积地貌环境效应的区域差异，以多元化的造貌因子和复杂的人类需求为动力，如大规模人类工程活动（大规模开挖、大型人工水体、高坝、超长隧道、超高建（构）筑物等），从地球系统科学观点出发，结合人工地貌动力学背景，解释全球化与城市化背景下，大规模人为工程活动与地貌环境的互馈模式，预测评价可能出现的人工地貌环境问题及其对人类造貌活动的制约，建立相应的协控机制。所以，人工地貌学研究域的派生分化也与地理环境中人类活动发展不可分割。

3.2.3.2　学科的外延特性

（1）人工地貌学的学科分支

学科体系是指按学科研究范围大小和抽象程度高低，形成不同层次的学科内部分支系统（陆红生 等，2002）。根据人工地貌学各分支学科研究范围和抽象程度差异，人工地貌学可依据其研究对象和研究内容的差异性及不同的应用目的，基于理论、技术、应用（部门）等脉络，构建包括理论人工地貌学、技术人工地貌学和应用人工地貌学 3 个二级学科和若干三级学科的学科体系（表 3-1）。

理论人工地貌学。理论人工地貌学以人工地貌学原理和人工地貌认知为基础，分析人工地貌的形态构成、动力系统、地图表达规律和地貌功能等问题，是重点讨论人工地貌学基本理论的学科，主要包括人工地貌学史与制图技术发展、人工地貌特征与功能、构成要素与分类、人工地貌学与相关学科关系及发展方向等。也可以把对人工地貌学的理论、技术和原理综合概括论述为“人工地貌学概论”。

表 3-1 人工地貌学学科体系组成

一级学科	二级学科	三级学科
人工地貌学	理论人工地貌学	人工地貌学原理、人工地貌学史、人工地貌符号学、人工地貌动力学、人工地貌力学、人工地貌功能学、人工地貌信息图谱论等
	技术人工地貌学	人工地貌制图学、人工地貌信息系统、数字人工地貌技术学等
	应用人工地貌学	a. 人口人工地貌学、人工地貌资源学、人工地貌环境学、人工地貌规划学、人工地貌工程学、人工地貌建筑学、人工地貌环境管理学等
		b. 城市人工地貌学、乡村人工地貌学、海岸人工地貌学等
		c. 交通人工地貌学、水利人工地貌学、农田人工地貌学、矿山人工地貌学、油田人工地貌学等
		d. 人工堆积地貌学、人工地貌侵蚀学等
		e. 点状人工地貌学、线状人工地貌学、面状人工地貌学、三维人工地貌学等

注：字母分别代表划分依据，a. 相关学科应用，b. 区域性，c. 景观特征，d. 地貌产状，e. 形态特征 .

技术人工地貌学。技术人工地貌学是研究人工地貌的技术方法和人工地貌制图工艺的学科。如，制图过程需基于地理信息数据，融合社会经济统计数据，通过程序编辑和计算机控制，形成高效智能的规模化生产。同时，具体技术也可为理论与应用层面的研究提供支撑。

应用人工地貌学。研究总是在一定地域范围内进行，根据相关学科应用、区域性特征、景观功能等方面研究人工地貌过程中存在的问题，重点分析各类人工地貌资源开发利用、保护与环境管理的理论与方法。

人工地貌学的三级学科因具有各自的研究对象而逐渐被分化派生，但它们又是相互联系，从不同的视域研究人工地貌学。以部分三级学科为例：人口人工地貌学从人口学角度研究人口数量、密度及其变化对人工地貌形成的影响和制约作用；人工地貌资源学是从资源学角度研究有效利用和合理营造人工地貌，从而协调人类发展过程中对人工地貌资源认识动态演化关系的一门学科；人工地貌环境学从环境学角度研究人工地貌建设对地表扰动导致的地貌环境变异敏感性变化及协调问题；人工地貌规划学从规划学角度研究与人工地貌建设有关的各种规划，规范人类造貌过程中的有序程度；人工地貌环境管理学综合考虑人类社会经济建设及城乡规划对自然地貌的侵占和改造，分析人工地貌环境系统的脆弱性，为地貌资源可持续利用提供良好依据。

需要指出的是，尽管人工地貌学二、三级学科及其研究内容已被认识或正在研究，或有朦胧的概念与构架，但目前拥有的人工地貌学知识积累，远未形成统一规范的学科体系，需要在研究中不断深化完善。

（2）人工地貌学的学科关联

人工地貌学在地貌学学科体系中的位置，是认识人工地貌学和发展人工地貌学的基础和前提（表3-2）。可见，人工地貌学是传统地貌学在社会经济建设过程中形成的应用性学科，但又不同于工程地貌学，这里不复赘述。

表3-2　地貌学与人工地貌学的关系

<table>
<tr><th colspan="3">项目</th><th>地貌学</th><th>人工地貌学</th></tr>
<tr><td rowspan="4">学科整体特征</td><td colspan="2">学科属性</td><td>边缘科学</td><td>综合性科学</td></tr>
<tr><td colspan="2">学科交叉</td><td>自然地理学和地质学</td><td>地理学、地质学、人口学、资源科学、工程科学等</td></tr>
<tr><td colspan="2">思维方式</td><td>唯理分析</td><td>系统的形象与抽象分析</td></tr>
<tr><td colspan="2">遵循规律</td><td>地域与类型差异分析</td><td>空间与应用关系分析</td></tr>
<tr><td rowspan="3">实践领域特征</td><td colspan="2">对象范围</td><td>研究地表形态的特征、成因、发展、结构和分布规律的科学</td><td>人类作用形成的地表形态、物质结构及其发生、发展和分布规律的科学</td></tr>
<tr><td rowspan="2">重点研究域</td><td>共同侧重点</td><td colspan="2">地表形态变化及其演化规律</td></tr>
<tr><td>不同侧重点</td><td>地表演化</td><td>人类活动干预下的地貌变化及效应</td></tr>
<tr><td colspan="3">学科理论（主线）特征</td><td>自然为主的营力作用，有气候地带性和构造地带性规律</td><td>人类活动为主的营力作用，与人类活动可达性和活动强度等有关</td></tr>
<tr><td colspan="3">学科研究方法特征</td><td>计量、模拟、建模</td><td>关注含义，强调学科的综合、多种研究方法的融合，定性描述与历史分析</td></tr>
</table>

人们更多关注的是人工地貌学与诸多学科间的联系，特别是人文、资源、环境、生态、城市规划、工程建设、土木建筑及管理等毗邻学科的关系。因为人工地貌学研究的最终落足在国土开发与整治、环境保护与灾害防治、区域与城市布局规划（李雪铭 等，2003）等应用上，相关学科之间的交叉渗

透、理论方法的借鉴归纳，都将对人工地貌学新研究领域的形成与发展产生影响。

与人口学的关系。人口学关注人口发展，研究其与社会经济、生态环境等相互关系的规律性、数量逻辑及应用；而人工地貌学则关注不同区域的人口根据地理环境条件及民俗建设布局的人工地貌，分析对应的人口空间分布范围。可见，人口学可为人工地貌学提供理论框架、人口实证资料和分析方法，通过人口格局时空特征分析人工地貌的空间组织形态变异规律，为人工地貌学服务。

与资源科学的关系。作为物质基础的自然资源与开发利用密切相关的社会资源，对人类活动和人工地貌空间组织有重要影响。资源科学以分析地球系统各要素时空分异规律、认识资源开发与环境问题相互作用机制等为目的。所以，人工地貌学可依据资源科学原理开发与利用人工地貌资源，避免出现不合理利用导致一系列的环境问题，同时，在借鉴资源分类区划、评价及决策等研究方法基础上，对人工地貌资源系统演化趋势作出符合客观规律的预测与判断。

与生态环境科学的关系。环境科学以“人类-环境”为研究对象，揭示人类与环境之间的对立统一关系，探讨人类社会发展对环境的影响以及环境质量的变化规律，调控人类行为来保护环境，为社会经济科学发展提供依据。人工地貌学则围绕人工地貌与累积地貌环境效应的关系来展开，旨在协调二者关系，将人工地貌的不良环境影响控制在最低水平，强调在地理环境基础上有选择地进行人工地貌建设，以满足人类发展需要。

与城市规划学的关系。人类在城市发展中需要维持公共生活空间秩序，以人居环境层面、城市层次为主导，通过城市规划对未来空间作出合理安排，城市规划可为人工地貌的空间安排提供科学基础。人工地貌学正是要借助城市规划学原理来研究人工地貌未来发展、合理布局和各项人工地貌工程建设的综合部署。因此，人工地貌学要服务于城市规划实践。

与土木工程学的关系。土木工程即建设各类工程设施的总称，建设情况反映了不同区域在一定时期内的社会经济、文化艺术、科学技术水平，通过综合效应服务于人工地貌建设。人工地貌学随着科学技术进步和土木工程实践发展，其研究范围也逐渐由地表延伸至地下、水中等地域。此外，许多著名的土木工程建筑也显示了历史时期的人类造貌能力，体现了土木工程领域成果在人工地貌建设中的应用。

与建筑学的关系。建筑学从人们社会生活需求出发，研究建筑物及其周围环境，旨在总结人类建筑活动经验，以指导建筑创作设计，构造某种体系环境等。建筑学的发展为人工地貌多样化、实用性空间形态结构设计提供技术与美学基础。同时，人工地貌学可反映不同历史时期人工地貌建筑水平，是记录人类文明与建筑发展的时空载体。

与管理学的关系。随着人们对人工地貌过程及其环境影响认识的不断提高，如何科学管理人工地貌环境成为人工地貌学关注的新领域。由于人口数量、资源禀赋等差异使城乡建设过程中造成的人工地貌环境系统脆弱性有所不同，通过合理的组织和资源配置措施，可为人工地貌设计、营造、维护提供协调有序的环境。因此，管理学可为人工地貌建设过程、后期人工地貌环境管理提供服务，以适应区域地貌资源持续开发利用。

（3）人工地貌学学科内涵与外延的逻辑关系

人工地貌学学科的内涵与外延之间的质量关系。事实上，人工地貌学学科是以人们对人工地貌体系感知和表现为基础，运用比较、分析、综合、抽象、概括等方法形成的。其内涵是人工地貌体系本质属性的总和；其外延涵盖了他的学科分支及与毗联学科的关系。内涵愈广，则其外延愈狭；反之，内涵愈狭，则其外延愈广。

人工地貌学学科的内涵与外延间的反变关系。也就是说，人工地貌学学科的内涵增多，外延就缩小；反之，内涵减少，外延就扩大。

人工地貌学学科内涵与外延具有规定性关系。内涵反映人工地貌学科体系的内容或质的规定性，而其外延则是表现人工地貌学科体系适用范围或量的规定性。

显然，这种逻辑关系，对任何学科都是适用的。所以，适当限制人工地貌学科分支学科体系的过度细化，限制与相邻学科的过多联系，适度细分及适当联系，则有助于深化人工地貌学学科体系的构建与发展。

3.2.4 结果与讨论

随着可持续发展理论的提出和环境问题全球化影响的加剧，人工地貌学在人类文明进程中的重要性日渐凸现，其相关研究表明人地关系的认知水平在不断提升，从而更好地为城乡规划和社会经济建设实践服务。通过对人工地貌学学科体系框架构建初探，得出以下结论：

人工地貌学以“人工-自然复合地貌系统”综合体为其研究对象，目的在于探讨人类活动对自然地貌演化的影响以及人工地貌发育规律，从而通过调整人类自身的造貌行为来保护与改善人工地貌环境，为地貌资源持续利用提供科学依据。

人工地貌学的基本任务，从宏观上来说是研究人工-自然复合地貌系统的发育规律，调控人类与人工地貌环境的相互作用关系，探索两者可持续运行的途径和方法；从微观上来说，是研究人工地貌环境中的物质迁移转化规律及它们与人类活动的关系，从人类干扰角度探讨自然地貌的生态系统服务价值演化对人工地貌建设的适应与响应机制，作为人工地貌环境效应研究的生态基准。

人工地貌学是建立在自然科学、社会科学与工程技术科学基础之上的综合交叉学科，并运用到解决人类面临的人口、资源、灾害和可持续发展等一系列问题上。相关学科的发展势必为人工地貌学学科体系的形成与实际应用提供可能。

由于人类生产生活实践的需要，人工地貌学从原有相关学科中分化派生，在不断交叉、渗透与综合的过程中遵循自身发展规律而不断成熟，是传统地貌学在社会经济建设过程中形成的应用性分支学科，可从理论、技术及应用等方面进行人工地貌学的二、三级学科体系构建。现代科学技术的进步为人类造貌能力及人工地貌环境管理提供了技术保障，但人工地貌学理论与方法体系研究却仍明显滞后于社会经济建设实践，对人工-自然复合地貌系统的认识有待于进一步深入。人工地貌学与普通地貌学的研究也有很大区别，特别是在进行人工地貌发育规律分析时，由于科学技术突破的时间序列性，在进行人工地貌扩张过程、地貌功能、生命周期等方面都可能难以进行细致准确的定量分析，从而影响了对人工地貌动力系统特征的精确描述与讨论。

此外，对于学科体系框架构建讨论大多基于相关学科视角，而学科实际应用层面对分支学科理论体系与研究方法要求较高，这可能致使研究中阐述的学科外延应用分析缺乏科学性，从而影响学科的进一步发展。因此，如何掌握更为到位的学科范式是人工地貌学学科体系框架构建深入研究的难点，而人工-自然复合地貌系统与人类社会发展水平之间的关系，相邻学科理论各自深入发展对人工地貌研究对象、任务与内容、研究方法与手段、内涵（学科属性）及外延（分支学科、学科关联）等的影响及其二、三级学科的完善深入则是未来人工地貌学学科建设研究的重点，与此同时，必须注意人工地貌学学科内涵与外延的逻辑关系，这将有利于该学科构建的深化与深层次发展。

3.3 人工地貌的生态环境影响

人工地貌建设由于增大了地表受到的破坏力，减小了地表抵抗力，从而扰动甚至破坏了地貌形体与地貌过程之间的相对平衡，导致地貌环境的变异敏感性增高、持续利用性降低、对变异的承受弹性降低（刁承泰 等，1996；Ellis et al，2008）。在人类影响无所不在的今天，人工地貌学不仅要研究人类改变自然地貌形态、地貌过程的方式，而且要研究如何改变人类的作用方式，以通过其正负反馈来更好地资源化利用地貌景观（Chin et al，2014）。

尽管早期的人类活动常常被忽视，但其影响却仍保留至今天。当今的城市及农村的发展及相应人工地貌的形成可以被理解为是历史上人类活动对地貌环境影响的延续（Bain et al，2012）。早期的人工地貌的环境影响研究主要集中在人类对河流系统及其他景观过程的研究（Thomas，1956）。河槽上的水坝建设的影响、森林砍伐导致的水土流失、农业生产导致的土壤侵蚀是理解人类作为一种地貌营力塑造人工地貌的典型案例（Jefferson et al，2013）。Hooke 等利用联合国粮农组织 1960 年以来的数据，综合估算了由人类基础设施建设直接或间接导致的全球地表地貌变化，结果表明地球表面陆地面积的53.5%受到人类活动影响并在一定程度上形成人工地貌（Hooke et al，2012）。Wohl 指出，无处不在的人工地貌过程的影响甚至在我们认为未受干扰的国家公园、森林等自然保护区也存在（Wohl，2013）。

人工地貌建设形成的间断性沉积波动被定义为“人类遗存沉积”（James，2013），这种沉积作为一种历史性的标志存在于许多地貌景观斑块中。这种人类遗存沉积不仅可描述人类改变沉积物通量的方法，而且能将不同时间与空间尺度上的不同地貌景观联系起来。人工地貌的环境影响可分为直接环境影响和间接环境影响。前者表现为通过人工地貌体的建造改变自然地理环境，其结果是直观的地貌体的改变（刁承泰等，1996）。这种影响在人工地貌体分布较为集中的城市与海岸区域表现得尤为明显。不同于人工地貌过程对地表环境的直接改变，间接环境影响一般需借助现代技术手段监测。人工地貌的间接环境影响涉及对局地小气候的影响、沉积环境的影响、水文过程的影响等（张文开，1998；Mann et al，2013；Mattheus et al，2013）。

在城市区域，城市人工地貌建设，特别是自然地表的硬质化改变了下垫面性质，产生城市热岛，导致城市气温的逐渐升高及城市风速的降低，影响城市小气候（张文开，1998）。由于水库中的沉积物记录了人类活动对沉积物输送的影响，因此，水库沉积记录结合现代流域泥沙能量模型可较好地评价一定时期内区域人口变化、人类活动强度及人工地貌的阶段性特征。人工地貌的间接环境影响（Mann et al，2013）。在更加小的尺度上，利用沉积记录与侵蚀模型可用于人工地貌建设对城市林区侵蚀的影响研究。占美国城市面积近30%的城市林区，有比其他林区高得多的侵蚀速率（Mattheus et al，2013）。这种高侵蚀速率是由于城市基础设施建设形成了不透水面，使得暴雨的侵蚀力增强或者森林砍伐遗迹导致林地坡面抗侵蚀能力降低造成的。

在海岸区域，海岸人工地貌取代海岸自然地貌，改变海岸带地区地貌演化过程和规律，重塑海岸带附近地貌结构，导致物质结构和地貌特征发生改变，引起海岸环境的整体变迁，甚至恶化。相关影响包括海岸地貌淤蚀趋势的改变、滩涂湿地功能的退化、海洋污染范围的扩大、生物物种的减少等（杨世伦，2003；马龙 等，2006）。而海岸人工地貌建设的盲目性和非理性往往是人工地貌建设影响海岸环境的最主要原因。如不合理的人类围垦、筑坝可能加剧海水入侵、河口泥沙淤积的海岸环境问题（孙云华 等，2011）。特别是河口三角洲地区，人工地貌建设改变了沉积物的输送过程与趋势（王爱军 等，2004），从而影响着三角洲自然生态的发育过程（Banna et al，2009），对河口自然生态系统的干扰和影响日益突出，生态灾害日趋严重（丛宁 等，2010）。

因此，对于人工地貌的间接环境影响研究而言，定量分析显得非常重要。由于人工地貌间接环境影响的多样性，利用遥感与GIS技术，综合多学科知识进行耦合研究，不仅能较好地解释过去和当前人工地貌建设的影响，而且能预测将来日益增多的人类与地球表层之间相互作用产生的地貌形态与地貌过程（Jefferson et al，2013）。

4 海岸带人工造貌对土地与岸线资源环境的影响评价

海岸人工地貌建设是沿海国家开发利用海岸带资源的重要方式，海岸人工岸线的形成改变了自然岸线的格局，分析海岸线变迁及开发利用空间格局变化对加强岸线资源管理，推动海岸带地区可持续发展具有重要意义。同时海岸带土地开发利用强度研究对更加理性化利用海岸带土地资源，提高海岸带综合管理能力，实现海岸带资源可持续发展意义重大。以遥感影像为数据源，利用 RS 和 GIS 技术分析了浙江省大陆岸线变迁及开发利用空间格局变化，提取不同时相的浙江省大陆海岸线信息，对浙江大陆海岸线类型构成及人工岸线建设对岸线格局的影响进行了分析。在此基础上提取不同时期土地利用数据，通过计算土地利用类型动态度、土地利用转移矩阵、土地利用结构信息熵以及土地开发利用强度综合指数等指标模型，分析了甬台温地区海岸带、象山港海岸带、美国佛罗里达州坦帕湾流域等区域对土地开发利用强度时空格局进行了分析，希冀对提高土地开发利用效率和生态环境管理有所指导。

4.1 浙江大陆岸线变迁与开发利用空间格局变化分析

海岸线作为沿海地区变化迅速的要素之一，具有独特的地理形态和动态特征，是描述海陆分界的重要边界线，也是海洋强国、海洋强省的起始线（Mujabar et al，2013）。随着人类活动对海洋资源的开发深度和力度持续加大，海岸带地区成为沿海经济发展的焦点。目前，运用多学科理论，多角度探讨不同时空尺度的海岸线变化及其造成的环境效应已经成为研究的热点，研究重点集中于岸线长度变化（徐进勇 等，2013；李行 等，2014）、海陆面积变化（张晓祥 等，2014）、岸线类型转变及分形维数时空演化（马建华 等，2015；高义 等，2011）等方面。限制于相关数据收集的难度，研究时间维度大多集中在十年、百年维度（Stanica et al，2007；侯西勇 等，2016），也有学者尝试通过分析研究区岸滩及潮间带、大陆架等沉积物物质、主要成分、沉积年代和厚度，来揭示大时间跨度下岸线变迁的特征和趋势（Morton et al，2007）；研究的空间尺度大多以海湾、河口等岸线变化显著的海岸为主（侯西勇 等，2016；Ryu et al，2014）。多利用研究区域地形图结合多期遥感影像，通过相应波谱分析提取海岸线以此来分析岸线的演化（徐进勇 等，2013；孙才志 等，2010），其中人机交互目视解译法（姚晓静 等，2013）、多光谱分类法（张志龙 等，2010）、阈值分割法（朱长明等，2013）等方法运用较多。

海岸线开发利用空间格局是指人类开发利用项目在某区域海岸带的空间布局状态（徐谅慧，2015）。本节运用 RS 和 GIS 技术，提取 1990—2015 年间 6 期浙江省海岸线位置及类型等信息（本章研究的海岸线仅指大陆岸线，不包括岛屿岸线），分析人类开发活动背景下浙江省大陆岸线时空变化特征及趋势，揭示各岸区海岸线开发利用空间格局演化规律，以期为海岸线空间格局优化、海岸线资源管理建设及实现海岸带经济可持续发展提供有益的理论依据和技术参考。

浙江省位于中国东南沿海，长三角南翼，海陆位置优越。省陆域面积 10.18 万 km^2，仅占全国总陆地面积的 1.06%。全省 11 个地级市中有 7 个是沿海城市，包括嘉兴、杭州、绍兴、宁波、台州、温州及舟山，大陆岸线长达 1 805.11 km，占全国大陆岸线总长的 10.03%，海域面积广阔，海岛众多，其中陆域面积在 500 m^2以上的海岛达 3 061 个（陈桥驿，1985）。研究区自然条件优越，海洋资源优势突出，同时经济发达，城镇密集。随着城乡经济的发展，海岸线开发利用空间格局演变剧烈，岸线资源成为浙江省海岸带地区社会经济可持续发展的重要制约因素。由于个别地级市（如杭州市、绍兴市）沿海岸线过短且岸线类型单一，为分析岸线空间分异特征，本节根据浙江省海岸自然地貌的空间差异，将研究区分为七个自然岸区。

4.1.1 数据来源与研究方法

4.1.1.1 数据来源与处理

以 1990 年、1995 年、2000 年、2005 年、2010 年和 2015 年 6 期遥感影像、浙江省各地级市行政区划图、浙江省 1∶25 万地理背景资料等作为基础数据源，在 ENVI5.2 遥感软件的支持下，对遥感影像进行几何纠正、图像配准、图像拼接等预处理。根据浙江省海岸地貌特征及实地考察结果，辅以1：250000浙江省地形图、Google Earth数据，将浙江省大陆岸线分为自然海岸（包括基岩岸线、砂砾质岸线、淤泥质岸线及河口岸线）和人工海岸（包括养殖岸线、港口码头岸线、城镇与工业岸线以及防护岸线），并确定了每种岸线类型的解译标志（孙伟富 等，2011）。

在明确海岸线附近地物不同的反射波谱特征基础上，对预处理后的遥感图像先通过单波段的边缘检测，使水陆有更明显的界线，再运用ArcGIS10.2的线状构造功能，通过目视解译提取出瞬时水边线的确切位置。根据浙江沿海验潮站潮位资料、平均大潮高潮位的高度以及海岸坡度等信息计算出水边线至高潮线的水平距离，并运用ArcGIS工具设置不同的阈值消除误差，确定真正海岸线的位置及类型信息（申家双 等，2009），最后运用ArcGIS10.2的矢量数据长度计算功能自动计算出各期、各类型海岸线的长度。

4.1.1.2　研究方法

海岸线变迁分析方法为定量分析浙江省大陆岸线时空变迁，引用岸线变迁强度和岸线分形维数这两个指标。

海岸线变迁强度：采用某一段时段内各地貌岸区海岸线长度年均变化百分比来表示海岸线的变迁强度（徐进勇 等，2013），能够更客观地对比各地貌单元海岸线长度变迁的时空差异，具体计算公式如下：

$$LCI_{ij} = \frac{L_j - L_i}{L_i(j - i)} \times 100\%$$

其中，LCI_{ij}表示某一地貌单元岸区第i年至第j年海岸线长度变迁强度，L_i、L_j分别表示第i年和第j年各年的海岸线长度。LCI_{ij}值为负数表示岸线缩短，值为正数表示岸线增长，$|LCI_{ij}|$数值越大，表示海岸线变迁强度越大。

海岸线分形维数：岸线分维数能够反映岸线的弯曲度和复杂程度，计算岸线分维的方法有量规法（脚规法）（Carr et al，1991）、网络法（盒计法）（Singh et al，2013）、随机噪声法（Mandelbrot，1975）等。参考已有研究成果（朱晓华 等，2004），通过Matlab基于网格法计算各期浙江省大陆岸线的分形维数，首先运用ArcGIS中的ArcToolbox转栅格功能模块将岸线矢量数据转换为栅格数据，进行二值化处理，生成覆盖研究区岸线的全部正方形网格，并统计出不同年份的量测边长（ε）对应的网格数目（N），最后在对数坐标系中对lnN、lnε进行线性回归，得到lnN-lnε直线的斜率即为所求的分维数。

分维数越高，表明岸线弯曲度与复杂度越高，分维数的变化速率也能够反映人为改造力的强度变化或海岸的侵蚀/淤积状态（朱晓华 等，2002）。

根据国家质量技术监督局规定，对基本比例尺地形图进行数字化过程中，分辨率通常为0.3~0.5 mm地图单位，参考转换公式（高义 等，2011）及浙江省地图常用比例尺，经过换算得到网格长度ε。为使网格边长序列值间隔较为均匀，增加了序列值1 000 m、2 500 m，最终构建了分形维数计算过程中的网格边长序列（表4-1）。

表4-1 网格边长序列

网格边长，ε（m）	对应比例尺分母，Q
75	250000
150	500000
300	1000000
600	2000000
900	3000000
1000	/
1100	3500000
1200	4000000
1500	5000000
1800	6000000
2500	/
3000	10000000

海岸线开发利用空间格局指标选取：借鉴景观生态学中景观格局的相关参数作为评价指标，结合研究实际进行适当修改完善后用于海岸线空间格局的定量评价，包括人工化指数、开发利用主体度以及开发利用强度指数。

岸线人工化指数。岸线人工化是指自然海岸线在人类活动的影响下转变为人工岸线的过程，岸线人工化指数指特定区域内人工岸线所占的长度比值，表示区域内岸线人工化程度的强弱，具体公式为：

$$R = \frac{M}{L}$$

式中，R表示岸线人工化指数，M表示区域内人工岸线的长度，L表示该区域内岸线的总长度。R 越大，代表该区域内岸线的人工化程度越高，自然海岸被破坏得越多，反之亦然。

岸线开发利用主体度。岸线开发利用主体度能够表示区域内岸线的主体结构和主体岸线的重要性，借鉴了景观生态学中的景观优势度这一参数的确定思路（肖笃宁，1991），并咨询相关专家意见、考虑研究实际需求及浙江省海岸线实际情况进行参数修改，最终构建了适用于海岸线空间格局定量评价的岸线开发利用方向与主体度模型（表 4–2），岸线开发利用主体度即为主体类型海岸线所占比例。

表 4–2 岸线开发利用主体度

区域岸线主体类型	条件
单一主体结构	某一类岸线 D_i>0. 45
二元、三元结构	每一类岸线 D_i<0. 45，但存在两类或两类以上岸线 D_i>0. 2
多元结构	每一类岸线 D_i<0. 4，且只有一类岸线 D_i>0. 2
无主体结构	每一类岸线 Di<0. 2

（注：D_i代表某一区域内 i 类型岸线的长度占总岸线长度的比例。）

岸线开发利用强度。岸线开发利用强度能定量表征不同海岸类型对海岸带资源环境的影响强弱，具体公式如下（徐谅慧，2015）：

$$A = \frac{\sum_{i=1}^{n} l_i \times P_i}{L}$$

式中，A 为岸线开发利用强度，n 为岸线类型数量，l_i为研究区内第 i 种岸线类型的长度，P_i为第 i 类岸线的资源环境影响因子（$0<P_i \leqslant 1$），L 为大陆岸线总长度。

其中资源环境影响因子 P 表示不同海岸类型针对自然海岸的资源环境影响程度大小。本书采用包括自然因素和生态因素两方面的众多影响因子建立初级指标体系，选择地理学、海洋学、环境学等不同领域的 20 名专家，对初选指标进行专家咨询，并逐轮淘汰指标，最终确定评价指标体系。根据层次分析法，结合专家意见构建评价体系的判断矩阵，确定各指标的权重，最终计算得到各海岸类型的资源环境影响因子 P 的评价权重（表 4–3）。

表 4-3 各类型岸线的资源环境影响因子

岸线类型	岸线资源环境影响状况	影响因子
自然岸线	对海岸带资源及生态环境影响较小	0.1
城镇与工业岸线	对海岸带资源及生态环境有着显著的影响，且大多为不可逆的	1
防护岸线	对海岸带资源及生态环境影响较小，且具有抵御风暴潮等自然灾害及保护农田、住宅、人民财产安全等功能	0.2
港口码头岸线	对海岸带资源及生态环境影响较大，且大多为不可逆的	0.8
养殖区岸线	对海岸带资源及生态环境影响稍大，且部分为不可逆的	0.6

4.1.2 海岸线变迁分析

4.1.2.1 海岸线变迁强度分析

根据遥感监测及岸线矢量化结果，研究期间浙江省大陆岸线不断向海推进，空间位置变化显著，区域内不同地貌单元的岸线长度及其变化量差异也较大（表 4-4）。

研究期间，岸线长度呈现波动缩短趋势，25 年共缩短 99.34 km，年均减少 3.97 km，2015 年浙江省海岸线总长 1 805.11 km。其中，2000—2005 年为人类岸线开发最活跃的时期，岸线长度平均缩短速度为 9.87 km/a，年均岸线变化量最大。空间上，1990—2015 年浙江省大陆岸线长度基本保持三门湾岸区>象山港岸区>乐清湾、瓯江口-沙埕港岸区>杭州湾南岸、椒江口岸区>杭州湾北岸岸区的分布格局。象山港岸区海岸线长度变化最大，共减少 40.3 km，其次为乐清湾岸区，而杭州湾北岸区岸线长度变化量最小，仅减少了 4.42 km。

表 4-4 1990-2015 年浙江省海岸线长度变迁

	长度（km）						长度变化量（km）				
	1990	1995	2000	2005	2010	2015	1990-1995	1995-2000	2000-2005	2005-2010	2010-2015
杭州湾北岸区	104.48	103.33	105.31	111.83	100.06	99.96	-1.15	1.99	6.51	-11.77	-0.10
杭州湾南岸区	166.12	167.48	156.91	174.54	165.62	159.89	1.36	-10.57	17.63	-8.92	-5.73
象山港岸区	414.88	412.57	390.71	392.33	369.11	374.58	-2.31	-21.86	1.62	-23.22	5.46
三门湾岸区	491.81	481.28	474.87	451.93	458.71	460.41	-10.53	-6.41	-22.94	6.78	1.70
椒江口岸区	180.40	172.98	192.83	170.00	185.84	186.53	-7.42	19.85	-22.83	15.84	0.69
乐清湾岸区	275.55	304.43	286.74	259.54	226.42	236.04	28.88	-17.68	-27.20	-33.12	9.62
瓯江口-沙埕港岸区	271.22	271.40	267.87	265.73	281.99	287.71	0.18	-3.53	-2.14	16.26	5.72
总计	1 904.45	1 913.45	1 875.24	1 825.89	1 787.74	1 805.11	9.01	-38.22	-49.34	-38.15	17.37

为对比各地貌单元不同时段海岸线长度变迁的时空差异，计算出了各地貌岸区的海岸线变迁强度（图 4-1）。1990-2015 年，浙江省整体海岸线变迁强度为-0.21%。从时间上来看，1990-1995 年为岸线变迁强度相对较小时期，之后变迁强度保持在较高水平，分别达到-0.4%，-0.53%和-0.42%，近 5 年又有所减缓，仅为 0.19%。从空间上看，乐清湾和象山港海岸线长度变迁较为剧烈，强度分别为-0.57%，-0.39%，椒江口变迁强度最小，仅为 0.08%。

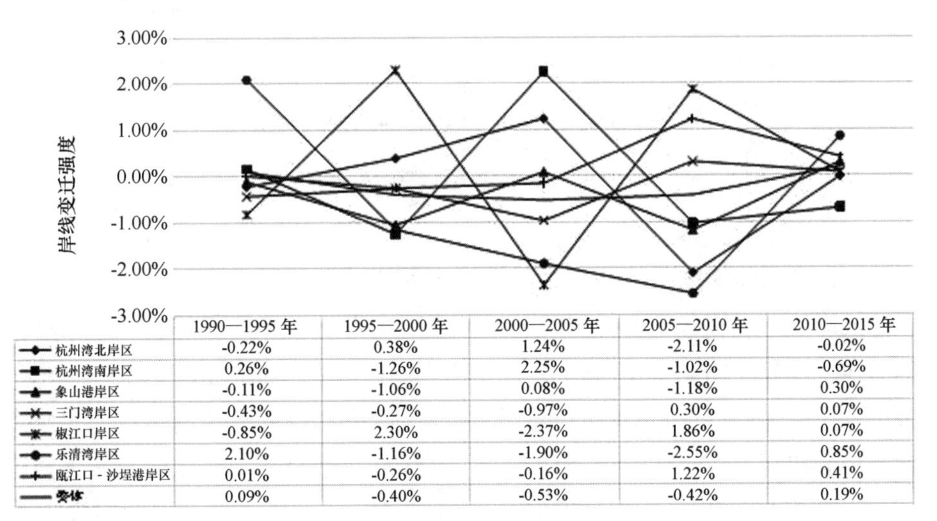

	1990—1995 年	1995—2000 年	2000—2005 年	2005—2010 年	2010—2015 年
杭州湾北岸区	-0.22%	0.38%	1.24%	-2.11%	-0.02%
杭州湾南岸区	0.26%	-1.26%	2.25%	-1.02%	-0.69%
象山港岸区	-0.11%	-1.06%	0.08%	-1.18%	0.30%
三门湾岸区	-0.43%	-0.27%	-0.97%	0.30%	0.07%
椒江口岸区	-0.85%	2.30%	-2.37%	1.86%	0.07%
乐清湾岸区	2.10%	-1.16%	-1.90%	-2.55%	0.85%
瓯江口-沙埕港岸区	0.01%	-0.26%	-0.16%	1.22%	0.41%
整体	0.09%	-0.40%	-0.53%	-0.42%	0.19%

图 4-1 1990—2015 年浙江省各岸区海岸线变迁强度

4.1.2.2 海岸线分形维数分析

海岸线分形维数是岸线空间形态的综合数学表征（马建华 等，2015），计算 1990—2015 年浙江省大陆岸线分维数（图 4-2），以描述岸线的弯曲度和复杂程度。浙江省海岸山脉走向和岸线延伸方向一致，地质构造属于华夏褶皱带（或浙闽褶皱带），断裂发育，故山地丘陵广布，基岩岸线多，强烈的海洋作用对海岸线形态起到塑造作用，港湾众多，岸线较为曲折、复杂。而 25 年间，在自然营力和人类活动的综合作用下，浙江省大陆岸线平均分形维数仅为 1.0922，略小于马建华等计算出的中国大陆岸线整体分形维数（马建华 等，2015）。从时间序列上看，2000 年之前，浙江省大陆岸线分维数总体较为稳定，之后，随着城市用地规模的日益扩大，人类对海岸带的开发利用深度和广度持续增加，自然岸线被改造为人工岸线，岸线形态和物质组成不断改变。开发过程中对大量岸段截弯取直，岸线曲折度和复杂程度不断下降，一些岸段岸线形态近于直线型，导致浙江省大陆岸线分维数呈现出持续下降趋势，至2015年降为1.086，直接反映出人类对岸线高强度的开发状态。

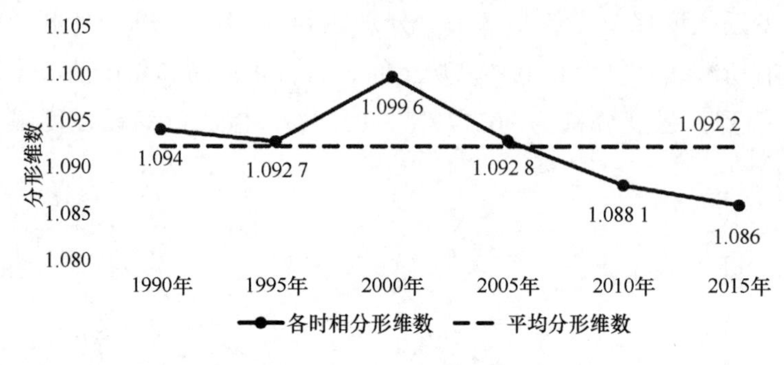

图4-2 1990—2015年浙江省大陆岸线分形维数

浙江省大陆岸线漫长，自然因素加之人为开发利用方式和强度的区域差异造成岸线形态有着显著的空间差异性，因此进一步计算了各地貌单元尺度的岸线分维数（图4-3）。其中，杭州湾南岸区（1）、杭州湾北岸区（2）和象山港岸区（3）的分形维数值始终小于整体分维值，杭州湾南岸区大片滩涂在泥沙淤积与人类围垦的综合作用下，岸线分形维数波动变化最为显著，至2015年降至最低值；三门湾岸区（4）由于东、北、西三面环山，海岸曲折度较大、地形复杂，一直是浙江省分形维数最高的岸区，岸线曲折度和复杂度也处于较为稳定的状态，各时相分维数均在1.14以上；而椒江口岸区（5）、乐清湾岸区（6）和瓯江口-沙埕港岸区（7）的分维数值在一定范围内有较小波动，但均略高于平均分维值。按照分维数高低值的空间分布，将浙江省大陆岸线分为三段：杭州湾-象山港低值岸区、三门湾高值岸区和椒江口-沙埕港中值岸区。

4.1.2.3 海岸带面积变化分析

海岸线变化不仅体现在长度及弯曲度变化上，也体现在海岸线变迁引起的海岸带区域岸滩面积的变化上。由于海岸线为非封闭的线形，需借助其与固定的内侧边界围成的区域来确定海岸线变迁所导致的岸滩面积变化。将海岸线向陆一侧的沿海乡镇边界作为内侧边界，各时期海岸线作为岸滩外侧边界，两者结合所围成的闭合多边形区域作为海岸带区域，通过计算各时期多边形区域的面积变化即可得到岸线变迁所导致的海岸带区域岸滩面积变化情

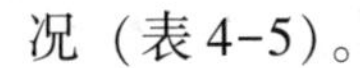
况（表 4-5）。

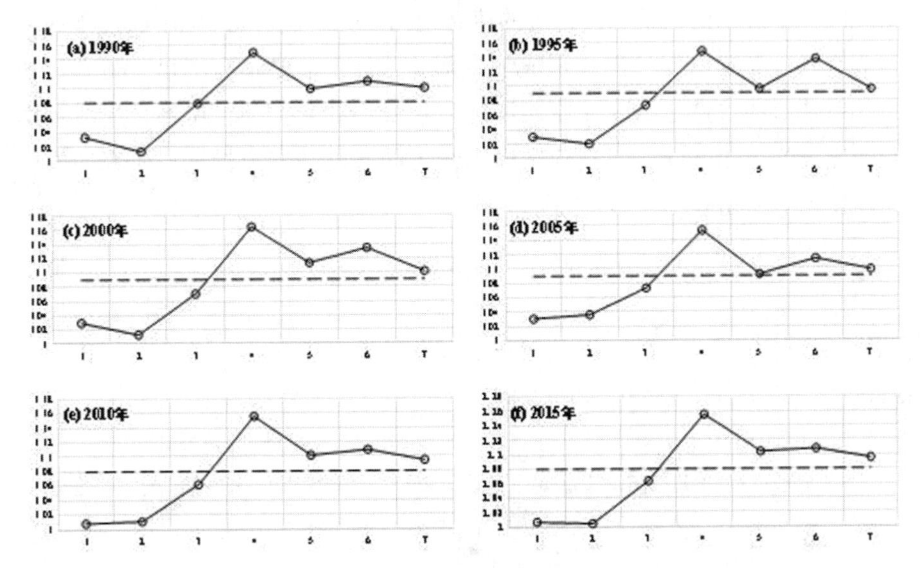

图 4-3　地貌单元尺度岸线分形维数的时空变化

（注：折线图中横坐标为地貌单元编号，纵坐标为分形维数，虚线为分形维数均值）

表 4-5　浙江省海岸带岸滩面积变化

	变迁面积（km²）					
	1990—1995 年	1995—2000 年	2000—2005 年	2005—2010 年	2010—2015 年	1990—2015 年
杭州湾北岸区	-0. 17	13. 65	65. 44	24. 55	-13. 50	89. 97
杭州湾南岸区	63. 15	134. 28	51. 07	298. 53	178. 51	725. 55
象山港岸区	14. 38	35. 91	14. 51	22. 92	4. 78	92. 51
三门湾岸区	-10. 36	83. 60	-1. 38	22. 87	-8. 25	86. 48
椒江口岸区	10. 46	35. 92	40. 99	63. 60	0. 20	151. 16
乐清湾岸区	-5. 03	65. 43	4. 79	110. 69	-32. 73	143. 15
瓯江口-沙埕港岸区	-3. 45	14. 53	7. 64	56. 48	30. 62	105. 81
总计	68. 97	383. 33	183. 06	599. 63	159. 64	1394. 64

整体而言，浙江省海岸带岸滩面积共扩大 1 394. 64 km^2，增长速度为 55. 79 km^2/a。2005—2010 年这一阶段面积增长速度最快，达到 119. 93 km^2/

a。不同岸区的岸滩面积时空变化也不尽相同（图 4-4），变化最大的是杭州湾南岸区，岸线范围向杭州湾推进的速度达到 29.02 km^2/a，此岸段位于钱塘江和曹娥江入海口，泥沙淤积形成了广阔的滩涂，非常适合围垦，是农田和水产养殖基地的首选之处。而岸滩增加面积最小的是三门湾岸区，岸线范围增长速度仅为 3.46 km^2/a，其他岸区岸线不同程度地向海推进，研究期内岸滩总面积均有所增长。

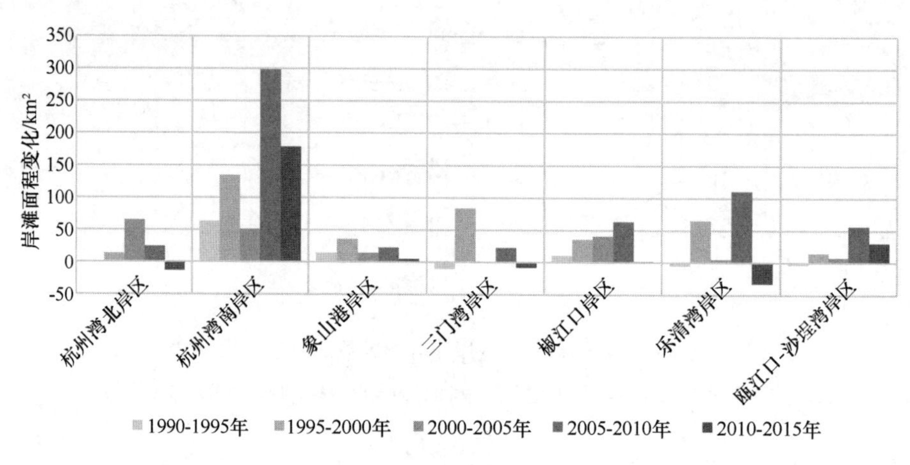

图 4-4　1990—2015 年浙江省各地貌单元区岸滩面积变化图

4.1.3　海岸线开发利用空间格局分析

4.1.3.1　海岸线人工化指数评价

计算得到浙江省各自然地貌岸区的人工化指数变化情况（图 4-5）。研究期间，浙江省海岸线人工化指数从 0.28 上升至 0.49。其中，象山港岸区、椒江口岸区、瓯江口-沙埕港岸区以基岩海岸为主，岸线受海潮的侵蚀作用明显，岸前水深较深，多被开发利用为港口，故人工化指数基本不断上升，而杭州湾南北岸区、三门湾岸区以及乐清湾岸区在自然淤积和人工围垦的综合作用下，人工化指数呈现出波动态势。各自然岸区中人工化程度较高的是杭州湾北岸区、象山港岸区和椒江口岸区，人工化指数均在 0.45 以上，其中，杭州湾北岸区以围垦养殖和耕种堤坝为主，象山港岸区主要以港口码头人工岸线为主。杭州湾南岸区和椒江口-沙埕港岸区的人工岸线所占比例在 20%～40%之间，三门湾岸区和乐清湾岸区自然海岸保护较好，人工化程度最低，

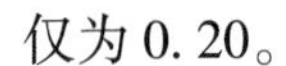
仅为 0.20。

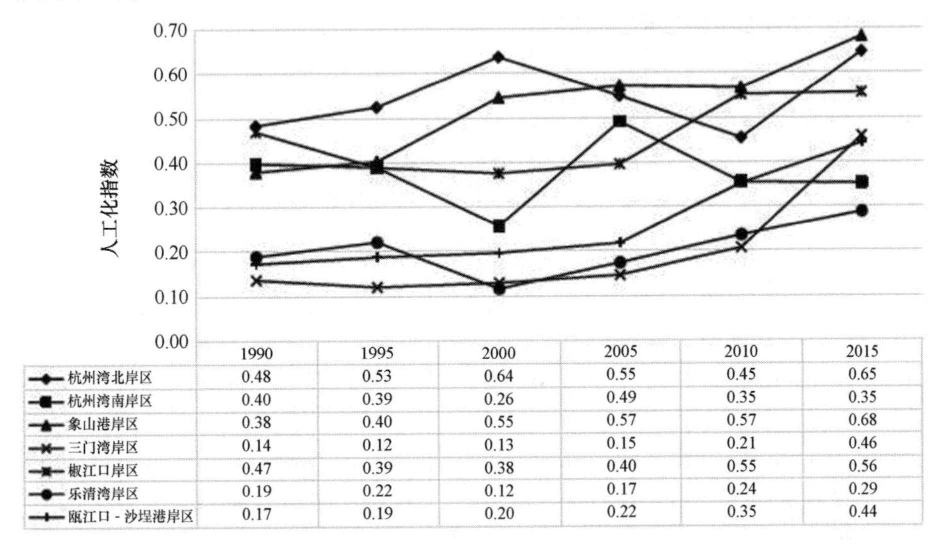

	1990	1995	2000	2005	2010	2015
杭州湾北岸区	0.48	0.53	0.64	0.55	0.45	0.65
杭州湾南岸区	0.40	0.39	0.26	0.49	0.35	0.35
象山港岸区	0.38	0.40	0.55	0.57	0.57	0.68
三门湾岸区	0.14	0.12	0.13	0.15	0.21	0.46
椒江口岸区	0.47	0.39	0.38	0.40	0.55	0.56
乐清湾岸区	0.19	0.22	0.12	0.17	0.24	0.29
瓯江口－沙埕港岸区	0.17	0.19	0.20	0.22	0.35	0.44

图 4-5　1990—2015 年浙江省各岸区人工化指数变化图

4.1.3.2　海岸线开发利用主体度评价

选取 1990 年、2000 年、2010 年和 2015 年 4 期数据，比较分析了近 25 年来浙江省岸线开发利用主体类型及主体度变化（表 4-6）。

各自然岸区中，杭州湾南岸区、三门湾岸区及瓯江口-沙埕港岸区岸线开发利用结构均为单一主体结构，其中杭州湾南岸区和三门湾岸区岸滩泥沙淤积明显，以淤泥质岸线为主体类型，主体度均呈现波动态势。杭州湾南岸广阔的滩涂资源为填海造地创造了良好条件，该区域工程用海规模大、开发速度快，多为农业造地工程。三门湾地区滩涂资源丰富，生态环境保护较好，是重要的养殖基地和生态基地，农业填海造地在湾内呈现出连片开发及填湾式建设特点。瓯江口-沙埕港岸区处于雁荡山山脚，岸线主体类型为基岩海岸，其主体度随着人类活动加剧而不断下降。

象山港岸区是狭长半封闭型海湾，水体交换能力弱，海洋生态系统较为脆弱，主要海洋开发活动为渔业养殖，是浙江省重要生态保护区，其岸线利用结构保持着主体类型为基岩岸线和养殖岸线的二元结构，但主体度随时间有所变化。

表 4-6 浙江省各岸区岸线主体类型及主体度

	1990年			2000年			2010年			2015年		
	岸线结构	主体类型	主体度	岸线结构	主体类型	主体度	岸线结构	主体类型	主体度	岸线结构	主体类型	主体度
杭州湾北岸区	三元	养殖岸线	0.38	二元	养殖岸线	0.43	单一	淤泥质岸线	0.48	三元	城镇与工业岸线	0.33
		淤泥质岸线	0.25		淤泥质岸线	0.23					淤泥质岸线	0.28
		基岩岸线	0.24								养殖区岸线	0.22
杭州湾南岸区	单一	淤泥质岸线	0.57	单一	淤泥质岸线	0.72	单一	淤泥质岸线	0.63	单一	淤泥质岸线	0.62
象山港岸区	二元	基岩岸线	0.42	二元	养殖岸线	0.29	二元	基岩岸线	0.24	二元	基岩岸线	0.29
		养殖岸线	0.30		基岩岸线	0.26		养殖岸线	0.23		养殖岸线	0.22
三门湾岸区	单一	淤泥质岸线	0.51	单一	淤泥质岸线	0.57	单一	淤泥质岸线	0.53	单一	淤泥质岸线	0.50
椒江口岸区	二元	养殖岸线	0.41	三元	基岩岸线	0.35	二元	基岩岸线	0.39	二元	基岩岸线	0.39
		基岩岸线	0.36		淤泥质岸线	0.27		养殖岸线	0.28		养殖区岸线	0.27
					养殖岸线	0.21						
乐清湾岸区	二元	基岩岸线	0.41	单一	淤泥质岸线	0.54	二元	淤泥质岸线	0.41	二元	淤泥质岸线	0.37
		淤泥质岸线	0.40					基岩岸线	0.35		基岩岸线	0.34
瓯江口-沙埕港岸区	单一	基岩岸线	0.56	单一	基岩岸线	0.51	单一	基岩岸线	0.47	单一	基岩岸线	0.46

椒江口岸区岸线开发利用结构呈现出二元→三元→二元的演化趋势，渔业养殖为此岸区的主要海洋开发活动，且具有规模大、连片发展趋势。1990年养殖岸线为岸区第一主体类型，基岩岸线为第二主体类型。之后由于河口泥沙不断淤积，淤泥质岸线成为其第二主体类型，到2015年，该海域主体类型又恢复为基岩岸线与养殖岸线。

杭州湾北岸区岸线开发利用结构呈现出三元→单一主体→三元演化的趋势。1990年，第一主体类型为养殖岸线，主体度为0.38，淤泥质岸线及基岩岸线分别为第二、第三主体类型。之后，人工匡围岸线外泥沙重新淤积，发育出淤泥质岸滩，故淤泥质岸线成为其单一的主体类型。然而随着人类开发利用强度增大，高强度围填海导致城镇与工业岸线占据了主导地位，主体度为0.33。

乐清湾岸区岸线利用结构呈现出二元→单一主体→二元的演化趋势，该区渔业资源丰富，渔业养殖主要以滩涂养殖和围海养殖为主。1990年，岸线开发利用的主体类型为基岩岸线和淤泥质岸线，而到2000年，主要呈现出淤泥质岸线为单一主体的结构，且主体度达到0.54，之后随着人工岸线比例的增长，又呈现出淤泥质岸线与基岩岸线相并存的二元结构。

4.1.4 海岸线开发利用强度评价

根据岸线开发利用强度指数公式，计算了浙江省及各岸区大陆岸线开发利用强度（图4-6）。

浙江省岸线开发强度不断上升，由1990年的0.25上升至2015年的0.38，人类活动对岸线的影响程度不断提高。近年来，象山港岸区内各类规模较大的用海工业（船舶工业及电力工业）纷纷兴起，开发利用强度随之不断上升，2015年建设用海岸线所占比例高达18.0%，开发利用强度指数达到了0.53，为所有岸区中最大。椒江口岸区和杭州湾北岸区的岸线开发利用强度一直高于浙江省整体水平，2015年两个岸区的岸线开发利用强度指数分别达到0.42和0.39，属于高强度开发岸区。其中椒江口岸区是由于围海养殖以及工业和交通运输港口用线的增加，杭州湾北岸区主要是因嘉兴港为主体的港口码头用线以及各类临港工业用线提高了其开发利用强度。杭州湾南岸区岸滩受泥沙淤泥与围垦开发的综合作用，开发利用强度波动较为显著，呈现出不稳定状态。其余三个岸区开发利用强度均低于浙江省整体水平，属于低强度开发岸区。

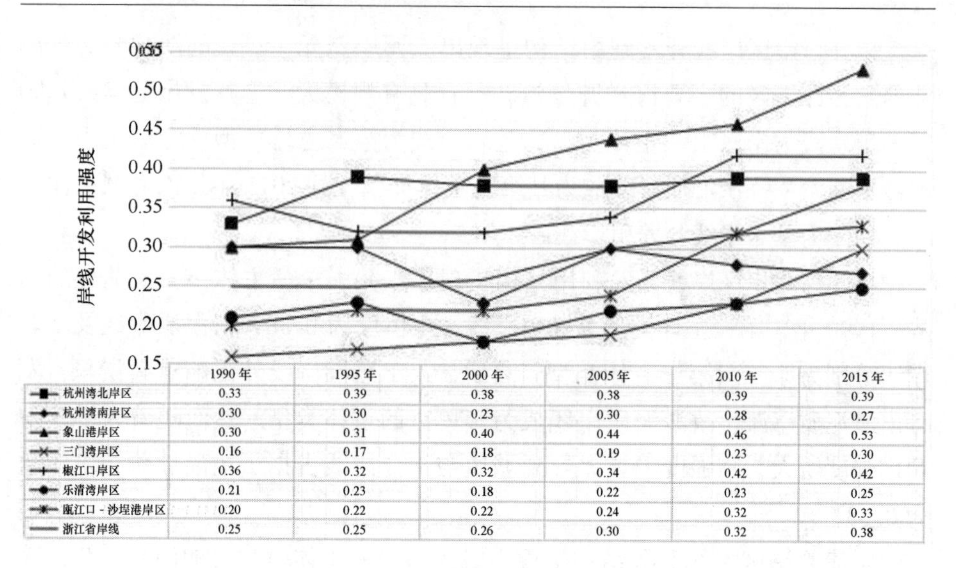

	1990 年	1995 年	2000 年	2005 年	2010 年	2015 年
杭州湾北岸区	0.33	0.39	0.38	0.38	0.39	0.39
杭州湾南岸区	0.30	0.30	0.23	0.30	0.28	0.27
象山港岸区	0.30	0.31	0.40	0.44	0.46	0.53
三门湾岸区	0.16	0.17	0.18	0.19	0.23	0.30
椒江口岸区	0.36	0.32	0.32	0.34	0.42	0.42
乐清湾岸区	0.21	0.23	0.18	0.22	0.23	0.25
瓯江口－沙埕港岸区	0.20	0.22	0.22	0.24	0.32	0.33
浙江省岸线	0.25	0.25	0.26	0.30	0.32	0.38

图 4-6　1990—2015 年浙江省大陆岸线开发利用强度指数

4.1.5　结论

利用 RS 和 GIS 技术分析了浙江省 1990-2015 年大陆岸线长度、分维数及岸滩范围时空变化特征，引入人工化指数、开发利用主体度及开发强度指数探索了浙江省大陆岸线开发利用强度空间格局演变规律，综合反映了浙江省大陆岸线的长度、曲折度、空间范围及开发利用状况等综合特征。根据研究结果，浙江省大陆岸线时空演化特征明显，总体不断向海推进，长度不断缩减，变化强度为-0.21%；平均分形维数为 1.092 2，近几年呈下降趋势；人工化指数不断上升，以基岩海岸被开发利用为港口码头最为典型；各自然岸区岸线开发利用结构呈现多样化特征及变化趋势；开发利用总强度呈现上升趋势，由 1990 年的 0.25 上升至 2015 年的 0.38。

近年来，浙江省沿海地区经济快速发展，围海造地、港口建设等海岸人类开发活动作为“第三营力”，成为浙江海岸带地区拓展生产和生活空间的重要手段，但其对大陆岸线格局也产生了深刻影响。对沿岸滩涂资源和近海资源的不合理开发不仅改变了浙江省大陆岸线的基本形态及空间格局，且引起沿海地区的资源短缺、环境恶化等生态问题，对海岸带生态环境造成了极大的冲击。因此，有必要对浙江省大陆岸线开发利用格局现状进行研究，解决现存的问题，以科学指导海岸带的利用与保护，实现沿海地区经济可持续发展。

4.2 人工岸线建设对浙江大陆海岸线格局的影响

在海岸带开发的热潮下，人类活动对自然岸线及海岸自然地貌的影响已远远超过自然营力的作用。其中，海岸人工地貌建设作为最直接的一种人类活动方式，其对自然岸线造成的影响逐渐成为研究的重点和焦点。国内外学者对此进行了大量的研究，相关研究主要包括三个方面，一是基于不同时间维度和不同分辨率的遥感影像对海岸线变迁的监测分析（朱小鸽，2002；李学杰，2007；Sheik et al，2011；Vinayaraj et al，2011），其中较多对海岸线变迁特征进行了详细的分析（徐进勇 等，2013；高义 等，2013），二是海岸线变迁的影响因素分析，特别是围填海、养殖及盐田等人工岸线建设对自然岸线演化的影响（Dewidar，2011；Saranathan et al，2011；Dallas et al，2011；孙云华 等，2011），三是岸线变迁的规律及变化趋势模拟研究（吕京福 等，2003；Maiti et al，2008；李行 等，2010；Santra et al，2011）。尽管关于人工岸线的相关研究已取得了比较丰富的成果，但需要指出的是现有研究大多将人为活动作为岸线变迁的主要驱动因素进行分析，而采用定量化指标来系统分析人工岸线的变迁过程，及其对海岸线格局的影响研究较少（杨磊 等，2014；徐谅慧 等，2015）。

浙江省位于中国大陆岸线东南沿海，大陆岸线漫长而曲折，总长度近1 840 km，占全国的1/10。浙江省海岸带开发历史悠久，新中国成立后，浙江省有4次大规模的海岸带开发高潮（楼东等，2012）。海岸带开发为浙江省提供了广阔的生存空间和发展空间，但也对海岸线及自然岸线地貌产生深刻影响。本研究拟基于多时相TM影像，提取浙江省大陆海岸线，分析其类型构成及变迁，并探讨人工岸线建设对海岸线长度、岸线曲折度、类型多样性等格局特征的影响，为海岸带的可持续利用与有效管理提供科学借鉴。

4.2.1 研究方法

4.2.1.1 数据来源及处理

海岸线一般是指平均大潮高潮位的海陆分界线。因此，本研究以浙江省海岸线1990年、2000年、2010年3个时期的高潮位TM遥感影像为数据源(由于各地区涨落潮时间不尽相同，本书以大部分岸段高潮位时的TM影像为准)，同时利用了研究区行政区划图、地形图以及谷歌地球等辅助参考资料，并通过实地调查获取研究区地貌类型资料，便于对目视解译提取的岸线信息进行修正，以提高岸线信息的精度。

利用ENVI5.0，对遥感影像进行辐射校正、几何纠正、假彩色拼接及图像剪裁等预处理工作，参照已有的不同类型海岸线解译标志和提取方法（孙丽娥，2013)，对3期遥感影像进行人机交互解译，得到不同时相的浙江省大陆岸线信息，最后并利用ArcGIS10.2对岸线信息进行分析处理以及绘制专题图。

4.2.1.2 海岸线分类

根据浙江省大陆岸线类型特征并参考国家海岸基本功能区划的类型，将浙江省的大陆岸线划分为自然岸线和人工岸线两大类，并分别对两大岸线类型进行了具体分类（表4-7)。

表4-7 浙江省海岸线分类表

一级分类	二级分类	分类说明
自然岸线	基岩岸线	基岩海岸的陆海分界线
	砂砾质岸线	沙滩、砾石滩的海岸线
	淤泥粉砂质岸线	淤泥或粉砂质泥滩的海岸线
	河口岸线	入海河口与海洋的分界线
	生物岸线	分布大米草、芦苇、海三棱草等植被的海岸线
人工岸线	养殖岸线	滩涂养殖场海侧岸线
	盐田岸线	盐场海侧岸线
	耕地岸线	农业生产用地的海侧岸线
	建设岸线	城镇建设用地的海侧岸线
	防护岸线	用于防浪、防潮的岸线
	港口岸线	修筑港口码头形成的岸线

利用上述的数据和方法，本节提取了1990年、2000年、2010年三个时期的大陆岸线及其类型分布信息。

4.2.2 海岸线类型分布特征变化

浙江省的自然海岸以基岩海岸为主，主要分布于宁波市、台州市以及温州市。砂砾质岸线由基岩海岸侵蚀和崩塌下来的物质堆积而成，浙江省的砂砾质海岸所占比例不大，长度一般也较短，约占岸线总长的1%~2%，主要伴随基岩岸线分布。淤泥质岸线是由众多入海河流带来的泥沙等陆源物质堆积而成的，浙江位于长江南部，长江入海的泥沙沿浙江省近岸向南移动，形成了丰富的淤泥质岸滩，主要分布于杭州湾南岸、三门湾、椒江口等岸段。而河口岸线主要分布在各河流入海处。

人工岸线建设的范围极为广泛，在海岸带上围海进行的养殖、盐田、耕地、工业建设等项目均属于人工海岸建设的范围。浙江省养殖岸线遍布于浙江海岸，丰富的滩涂资源为近海养殖的发展提供了良好的基础，至 2010 年，养殖海岸所占的比例已达到近 20%。而盐田岸线主要分布在宁波市和温州市，所占比例总体不大。另外，浙江省的港口岸线主要分布于杭州湾以南沿岸地区，港口岸线建设也不断向沿海各岸段延伸，至 2010 年，岸线所占比例也逼近 10%。由于经济的快速发展，便利的交通成为带动海岸带发展的有利条件，城镇、工业等建设工程也有向海岸发展的趋势，建设岸线所占比例由 1990 年的 10.90%，已逐渐增加为 2010 年的 19.87%。

4.2.3 海岸线长度变迁

通过对海岸线类型数据信息的处理和计算，得到浙江省 1900 年至 2010 年的海岸线变迁数据（表 4-8）。

表 4-8 1990 年、2000 年、2010 年浙江省各类型岸线长度及其比重

类型		不同年份岸线长度（km）			所占比例（%）		
		1990 年	2000 年	2010 年	1990 年	2000 年	2010 年
自然岸线	基岩岸线	768.04	614.78	398.65	36.81	30.20	21.58
	砂砾质岸线	47.68	33.74	16.64	2.28	1.66	0.90
	淤泥质岸线	60.53	90.90	110.14	2.90	4.47	5.96
	生物岸线	19.62	16.62	14.27	0.94	0.82	0.77
	河口岸线	18.38	17.16	16.47	0.88	0.84	0.89
	小计	914.25	773.20	556.17	43.81	37.98	30.11

续表

类型		不同年份岸线长度（km）			所占比例（%）		
		1990 年	2000 年	2010 年	1990 年	2000 年	2010 年
人工岸线	养殖岸线	260.67	345.07	356.98	12.49	16.95	19.32
	盐田岸线	33.62	42.33	48.22	1.61	2.08	2.61
	耕地岸线	525.00	394.00	292.38	25.16	19.35	15.83
	建设岸线	227.46	302.93	366.98	10.90	14.88	19.87
	港口岸线	95.4	139.81	176.46	4.57	6.87	9.55
	防护岸线	30.3	38.33	50.02	1.45	1.88	2.71
	小计	1 172.45	1 262.47	1291.04	56.19	62.02	69.89
总计		2 086.7	2 035.67	1 847.21	100	100	100

由表 4-8 可知，浙江省自然岸线以基岩岸线和淤泥质岸线为主，河口岸线分布在浙江省各河流入海口处，砂砾质岸线常有分布于沙滩；人工岸线以建设岸线和养殖岸线为主，多分布于人口密集且经济发达的河口地区或者易于开发的平原海岸地区。在 20 年中，浙江省的自然海岸线有不断向人工岸线转化的趋势。

在 20 年间，浙江省的海岸人工化比例明显上升，1990 年浙江省的人工岸线长度为 1 172.45 km，占整体岸线长度的 56.19%，经过 20 年的不断开发，截至 2010 年，浙江省人工岸线的总长度达到了 1 291.04 km，比例上升至 69.89%。从浙江省的岸线长度变化来看，在 1990—2000 年、2000—2010 年这两个阶段，岸线的总长度逐渐减少；1990—2000 年人工岸线的增加速度为 9.00 km/a，超过了 20 年的平均速度 5.93 km/a，到了 2000—2010 年，人工岸线增加速度变慢并且渐渐趋缓，增加速度为 2.86 km/a；而浙江省的自然岸线长度则在不断地减少，平均减少速度为 - 17.9 km/a，1990—2000 年、2000—2010 年两个阶段的变化速度分别为 14.11 km/a、21.70 km/a。

在人工岸线类型中，养殖岸线在 20 年中长度有所变化，1990—2000 年，由于海岸开发浪潮的兴起，在前期以养殖围堤的开发为主，养殖岸线呈现不断增加的趋势，而在后期由于海岸线开发资源的减少，养殖岸线的开发速度有所减缓；盐田岸线呈现出缓慢上升的趋势，但其在海岸线总长度中的比例不大；耕地岸线呈现出不断减少的趋势，但后期减少速度减缓，主要是由于大量的耕地岸线被开发为经济价值较高的人工海岸类型；建设岸线虽然在人工岸线中的比例不是最高，但其平均增长速度为 8.63 km/a，为所有人工岸线类型中增长速度是最快的，建设岸线的快速增长是由于一些近岸城镇的扩张以及工业企业等在近海岸不断发展；港口岸线急剧增加，体现了浙江省海洋运输和进出口贸易的不断发展；而防护岸线则体现为稳步增长。

在自然岸线类型中，基岩岸线和砂砾质岸线所占比例均有所减少，基岩质岸线减少的比例较多，开发速度较快；而淤泥质岸线在 20 年中所占比例有所上升，这是由于在浙江省内，淤泥质岸滩自然发育速度略大于淤泥质岸滩的开发速度；生物岸线和和河口岸线的长度均略有减少，但总体上变化不是很大。

4.2.4　海岸线空间范围变化

海岸线的变迁不仅仅体现在岸线长度的变化上，更体现在岸线范围（即岸线所包含区域）的变化。在 1990-2010 年之间，浙江省各个县市区岸线所包含的区域面积的增减不尽相同，大陆岸线范围变化较为剧烈的岸段主要为杭州湾岸段、三门湾岸段以及台州湾岸段。在 1990-2000 年、2000-2010 年两个阶段，运用 ArcGIS10.2 分别计算推进或退蚀的面积可得 1990 年到 2000 年间海岸带面积增加了 322.50 km^2，减少了 2.35 km^2，净增加 320.15 km^2；而 2000 年至 2010 年这十年间，增加的海岸带面积则为 903.56 km^2，减少了 3.53 km^2，净增加 900.03 km^2。可知，浙江省海岸线整体上均是向海推进的，仅部分岸段发生了海岸的退蚀，因此浙江省的海岸线空间范围呈现出逐渐增加的趋势。

浙江省大陆岸线发生显著变化的区域主要包括钱塘江口、慈溪滩涂、三门湾、台州湾。钱塘江口的岸线在这 20 年中发生了剧烈的变迁，在萧山、绍兴以及上虞岸段变化尤为明显。这一岸段的变迁主要发生在钱塘江以及曹娥江的入海口附近岸段，岸线呈现出不断从陆地向海楔形推进的变化状态。新增岸线大部分被围垦利用，多用于养殖及沿江工业建设，形成了新的人工海岸线，造成了这一岸段岸线的不断推进。

慈溪滩涂位于杭州湾南岸，1990-2010 年间，慈溪滩涂岸线不断地弓形向海推进，由于慈溪岸滩较为平缓，易于开发利用，海岸滩涂区的养殖岸线得到迅速发展，丰富的滩涂使得慈溪岸滩的围垦面积不断增加。在人工海岸线类型所占比例最大的为建设岸线以及养殖岸线，并呈现加速增长趋势；而耕地岸线及淤泥质岸线长度有所减小。

三门湾位于浙江省宁海县东部，为半封闭的海湾，经过多年的自然演变，湾内形成了6个良好的深水港汊和舌状淤泥岸滩交替分布，形状似手掌伸入浙东大陆，构成了独特的港湾淤泥质地貌。三门湾海涂广阔，岸线不断向岸延伸，新增的海岸带多开发为养殖和盐田。又由于滩面较高，围垦后的盐碱地也多用于种橘，使得近些年三门湾成为浙江省的新兴柑橘生产基地。

椒江入海口位于台州市椒江区，在椒江口汇入台州湾，由于入海口形状如同辣椒以此得名。椒江口岸线变迁剧烈的岸段主要为东部和西北部岸段，从遥感影像中可以明显观察到1990年至2000年，岸线均较为平直，并且以平行状态向海推进，而到了2010年，出现了明显块状的新增海岸带，岸线变迁的速度明显增大。这些新增海岸带大部分用于建设养殖以及耕地。

4.2.5 人工岸线建设对自然海岸地貌的影响

4.2.5.1 对海岸线长度的影响

通过对岸线类型变化的分析以及对浙江省岸线长度变化的计算可以发现，人工岸线的建设直接或间接改变了浙江省海岸线的总长度。在开发过程中，自然岸线整体或部分转化为人工岸线，这一过程称为海岸的人工化。人工海岸的建设代替了原有的自然岸线，直接缩短了浙江省自然岸线的长度，从上述数据可以直观地发现，浙江省的自然岸线长度由1990年的914.25 km、2000年的773.20 km逐渐地缩短成2010年的556.17 km，在总岸线长度中所占的长度比例也由1990年的43.81%、2000年的37.98%减小为2010年的30.11%。人工岸线建设总体上也使得海岸线总长度逐渐减少，由于人工岸线建设过程中常对自然岸线进行截弯取直，导致了岸线长度的缩短；另外由于一些连接岛屿的堤坝被拆除后使得原来的大陆岸线重新变为了岛屿岸线，也在一定程度上缩短了岸线的长度。

4.2.5.2 对海岸线曲折度的影响

海岸线的曲折度是海岸线的曲线长度与海岸线的直线长度，可以描述海岸线的弯曲程度：

$$R = \frac{L_1}{L_2}$$

式中 R 为海岸线曲折度，L_1 为海岸线的曲线长度，L_2 为海岸线的直线长度。

由于海岸线是任意分布的曲线，故本研究以地级市为单位，选取了不同岸段对海岸线曲折度进行计算（表 4-9）。

表 4-9　1990 年、2000 年、2010 年浙江省不同岸段曲折度变化

	不同岸段曲折度		
	1990 年	2000 年	2010 年
嘉兴市	1.64	1.62	1.55
杭州市	1.34	1.25	1.17
绍兴市	1.73	1.46	1.23
宁波市	6.84	6.54	5.40
台州市	7.35	7.24	6.84
温州市	2.55	2.51	2.36

从表 4-9 可以看出，在海洋经济快速发展的背景下，岸线的开发力度不断加大，由于开发过程中对大量海岸线进行截弯取直，导致 1990-2010 年这 20 年来，浙江省海岸线的曲折度不断减小。从图 4-7 可以看出，所有岸段的岸线曲折度在 20 年间呈现出减小的趋势；从岸段来看，不同岸段的曲折度减小的程度却不尽相同，宁波市岸线的曲折度在 20 年内的减小程度最大，并且有加快的趋势，其他岸段的曲折度减小的速度则较为平缓。可以看到人工岸线建设的力度和海岸线曲折度的变化速度有着十分密切的关系，在人工岸线建设较为密集的岸段，岸线的曲折度减小的较快。

4.2.5.3　对海岸类型多样性的影响

对于不同的自然海岸类型，由于自然地理状况的差异，开发利用的难度也不同。其中基岩海岸所在地区由于地形起伏较大，交通不便，所以开发难度和成本较大；而淤泥质海岸等位于地势低平区，交通便利，开发难度相对较小。在开发难度较大的岸段较少出现较大规模的人工开发建设项目，使得岸线类型仍保持着较为原始的状态；而在一些易于开发的岸段，如杭州湾南部、三门湾等岸段，由于大量人工岸线的建设，人工岸线类型相继增多。而自然岸线由于逐渐被人工岸线所代替，人工化程度越来越高，自然岸线的类型多样性不断减少。同时，随着开发方向的转变，前期的人工岸线主要以养

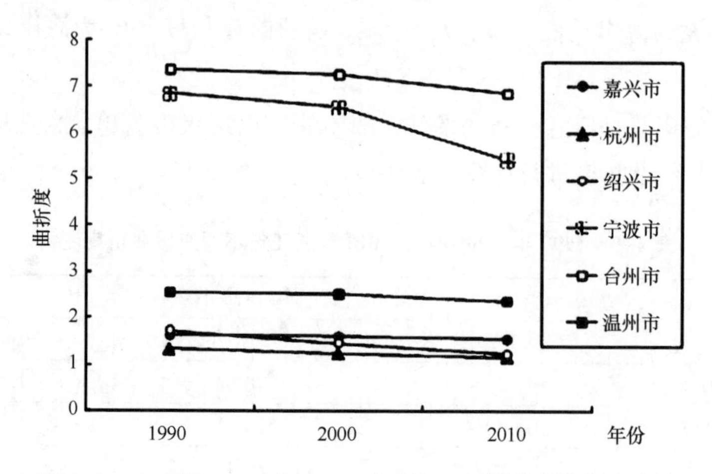

图 4-7　1990 年、2000 年、2010 年浙江省不同岸段曲折度变化

殖围堤为主要方式，而后期随着经济的不断发展，人工岸线又大量增加了建设岸线和港口岸线，人工岸线开发类型的转变也导致了人工岸线的类型多样性增加。

4.2.6　结论

1990-2010 年间，浙江省海岸线长度不断缩短且海岸类型变化十分显著，人工岸线所占比例由 1990 年的 56.19%上升至 2010 年的 69.89%，这一过程中人工岸线的增加速度由快减慢，后又逐渐趋缓；自然岸线总长度也不断减小，所占比例下降，浙江省的自然海岸有不断向人工岸线转化的趋势。

在人工岸线类型中，养殖岸线、港口岸线呈现不断增加的趋势，而在后期养殖岸线的开发速度有所减缓；盐田岸线、防护岸线呈现缓慢上升的趋势；而耕地岸线呈现出不断减少的趋势，但后期减少速度减小；建设岸线虽然在人工岸线中的比例不是最高，但其平均增长速度为 8.63 km/a，为所有人工岸线类型中最快的。

不同岸段的人工岸线建设速度有明显差异，在杭州湾、三门湾、椒江口这些岸段岸线的开发强度和速度较大，故海岸线空间范围变化较为剧烈。1990-2010 年间，浙江省海岸线仅仅少数岸线发生了海岸蚀退，整体上海岸是向海推进的，海岸带面积逐渐增加。

人工岸线的建设缩短了浙江省自然岸线的长度，在截弯取直的建设过程中减小了海岸线的曲折度，同时也使得自然海岸线的多样性指数不断减小。

4.3　甬台温地区海岸带土地开发利用强度变化研究

海岸带是陆地和海洋协同作用的地带，作为人类生存、居住和发展最重要的区域之一，具有自然资源丰富、人类经济开发利用强度大的区域特点（徐谅慧 等，2014）。土地开发利用强度是土地利用现状的综合反映，是未来土地可持续利用的出发点（周炳中 等，2000）。随着海岸带经济的快速发展，人类活动不断改变着海岸带土地利用类型及属性，海岸带地区的土地开发利用强度日益增大，如何更加合理地利用土地资源并实现其可持续发展的问题引起了人们的关注。21 世纪以来，土地开发强度（周炳中 等，2000）、土地利用属性空间（孙晓宇，2008）等概念的内涵被相继提出，多维向量模型原理（孙晓宇，2008）等相应的量度方法也被提出并运用于土地利用开发强度的实证研究。GIS 与 RS 技术的发展应用使得海岸带土地开发利用强度的评价与分析更具真实性和实效性，在此基础上，运用单因子适宜性评价（刘国霞 等，2013；俞腾 等，2015）分段分带法和不平等度指数（张君珏 等，2015）等可以实现土地利用强度评价。目前关于甬台温地区海岸带的研究主要有浙江省海岸带岸线及景观变化（李加林 等，2016；叶梦姚 等，2016；徐谅慧，2015）、杭州湾南岸（俞腾 等，2015；田博，2010；李伟芳 等，2016）和象山港（刘永超 等，2016；郭意新 等，2015）等区域的岸线变化、土地发展潜力、景观生态风险格局演变等，尚未见对甬台温地区海岸带土地利用强度研究的报道。

本节基于 RS 和 GIS 技术，在 1990 年、2000 年和 2010 年甬台温地区海岸带土地开发利用信息提取基础上，分析了该地区土地利用强度的时空特征，以期为更加理性化利用海岸带土地资源，提高海岸带综合管理能力，实现海岸带资源可持续发展提供科学依据。

宁波、台州、温州（简称甬台温地区）地处长江三角洲南翼，是浙江省的 3 个沿海地级市。地理位置介于 27°03′-30°33′N 和 119°37′-122°16′E 之间，陆域面积 3. 13×105 km，岸线长度 1 639 km。考虑到行政区划的完整性，本书所指甬台温地区海岸带界定向陆一侧主要以浙江省沿海的乡镇边界为界，向海一侧主要以 1990 年、2000 年、2010 年的岸线叠加后最外沿作为其边界。共涉及 22 个县（市），141 个乡镇，总面积约 8 941. 45 km^2。甬台温地区海岸带海陆空交通便利，地理位置优越，是浙江省重要的经济增长区域。

4.3.1 数据来源与研究方法

4.3.1.1 数据来源与处理

以1990年、2000年、2010年甬台温地区TM遥感影像（30m分辨率）为数据源，采用的Landsat影像数据均来源于美国地质调查局网站（http：//glovis. usgs. gov/）。每年影像共3景，轨道号118-39、118-40和118-41。并以浙江省县级、乡镇级行政边界矢量图为基础数据进行几何纠正与配准、假彩色合成、图像拼接和研究区裁剪等过程对遥感影像进行预处理，在此基础上利用eCognition Developer 8.7对研究区土地利用类型进行初步分类后再利用ArcGIS 10对其进行修正制作出甬台温地区海岸带3个时期的土地利用类型分布图。结合研究目的，将甬台温地区海岸带土地利用类型分为林地、耕地、未利用地、建设用地、滩涂、水域、养殖用地七大类，将1990年、2000年其他部分标注为海域。

4.3.1.2 研究方法

利用马尔可夫转移矩阵、土地利用单一动态度、土地利用综合动态度、土地利用程度指数和土地利用程度变化指数来研究甬台温地区海岸带土地利用强度变化。

马尔可夫土地利用类型转移矩阵可以计算出各地类面积之间相互转化的动态过程信息，由此反映土地的开发利用状态及过程（王秀兰 等，1999；左丽君 等，2011；李忠峰 等，2003）。以此为基础，采用土地利用单一动态度指数描述区域内某种土地利用类型面积变化的速率，用来比较不同土地利用类型变化的差异（宋开山 等，2008），具体指标参见文献（张丽 等，2014；高义 等，2011）。参照朱会义等（朱会义 等，2003）的研究，采用土地利用综合动态度指数分析研究区土地利用的综合变化速度。为了表现出研究区土地利用动态变化在空间上的差异，对其进行网格化。将甬台温地区海岸带划分为5 km×5 km网格，共567个。利用ArcGIS计算出不同时期每个网格的土地利用综合动态度作为网格中心质点，并用克里金插值法对其进行插值计算。

土地利用程度指数可以综合反映出研究区土地利用现状的集约程度（王思远等，2001）。根据研究需要和庄大方等（庄大方 等，1997）的研究，按照土地利用类型设定土地利用类型分级指数：1为未利用地、滩涂；2为林地、水体；3为耕地、养殖用地；4为建设用地。土地利用程度变化指数表示一定时间段内土地开发利用程度的变化，值的正负可反映研究区土地利用是否向集约化发展（刘纪远 等，1996）。运用 ArcGIS 软件中的空间分析功能，对甬台温地区海岸带的矢量数据地图转栅格后进行空间分析，并利用栅格计算器计算出土地综合利用程度和土地利用程度变化指数。

4.3.2　甬台温地区海岸带土地利用类型空间分布及转移特征

1990 年、2000 年、2010 年 3 个时期，甬台温地区海岸带土地利用类型中占主导地位的是林地、耕地和建设用地，3 种土地利用类型占研究区总面积的 4/5 以上。其中，林地主要分布于研究区中部、西部的山区，如宁波市的北仑、奉化、宁海、象山，台州市的三门、临海至椒江口以北、玉环以及温州市乐清、平阳、苍南，且林地分布集中连片，破碎度较小；耕地主要分布于杭州湾地区、椒江口沿岸、鳌江口两岸；建设用地分布于地势较平缓区域，分布相对广泛、破碎度较大，且在研究时间段内于杭州湾地区、椒江口沿岸、温州市乐清南部至鳌江口两岸呈现不断增长的趋势。未利用地主要分布于山顶及沿岸；滩涂和养殖用地分布于岸线附近，如杭州湾南岸、象山港、三门湾、乐清湾沿岸；水域主要包括河流、湖泊和水库，其中河流分布最为广泛且面积较大。20 年间甬台温地区海岸带土地利用类型破碎度逐年增加且增速加快。

通过分析不同时期土地利用类型转移矩阵可以看出（表 4-10、表 4-11、表 4-12），1990-2010 年间，林地面积持续减少了 369. 05 km^2，其中前 10 年间减少幅度较大，主要转为建设用地和耕地。耕地面积持续减少了 599. 03 km^2，在 2000-2010 年期间减少幅度较大，为 522. 52 km^2，主要转为建设用地，还有一部分与林地相互转化。未利用地面积持续增加，共增加了 253. 77 km^2，在 2000—2010 年增幅较大，主要由海域转向滩涂，再由滩涂转移而来。建设用地增幅明显且增加速度加快，主要由林地、耕地转移而来。滩涂面积先增后减，以减少为主，主要转向养殖用地。水域面积逐渐增加，增加了 21. 08 km^2。养殖用地持续增加，主要由滩涂、耕地、海域转移而来。

表 4-10　甬台温地区海岸带 1990—2000 年土地利用类型转移矩阵　（km^2）

土地类型	林地	海域	耕地	未利用地	建设用地	滩涂	水域	养殖用地	总计
林地	3 332. 70	3. 55	325. 60	16. 19	38. 81	18. 50	11. 25	6. 58	3 753. 17
海域	1. 97	465. 43	16. 41	10. 31	1. 62	210. 75	11. 60	21. 60	739. 70

续表

土地类型	林地	海域	耕地	未利用地	建设用地	滩涂	水域	养殖用地	总计
耕地	170.70	3.67	2 724.50	26.10	248.14	35.42	29.32	52.87	3 290.72
未利用地	10.72	0.07	12.21	13.09	8.68	2.39	1.62	6.42	55.19
建设用地	9.39	0.21	41.77	0.60	165.55	0.84	2.47	0.38	221.22
滩涂	9.30	29.59	50.35	18.44	3.83	345.91	8.81	76.02	542.26
水域	3.36	1.72	26.47	7.24	6.91	4.13	142.23	5.73	197.78
养殖用地	1.03	0.22	16.91	17.17	2.25	5.82	1.48	83.44	128.31
总计	3 539.16	504.47	3 214.21	109.14	475.79	623.76	208.78	253.05	8 928.34

表 4-11 甬台温地区海岸带 2000—2010 年土地利用类型转移矩阵 (km^2)

土地类型	林地	耕地	未利用地	建设用地	滩涂	水域	养殖用地	总计
林地	3 087.72	281.71	18.50	116.54	8.27	11.91	14.50	3 539.16
海域	2.59	13.25	147.63	15.33	248.51	21.98	55.18	504.47
耕地	229.59	2 155.05	34.50	613.57	11.72	35.09	134.68	3 214.21
未利用地	17.70	12.02	12.96	33.24	3.61	0.55	29.08	109.14
建设用地	21.51	70.11	1.43	375.39	0.89	4.99	1.47	475.79
滩涂	14.64	79.94	72.36	62.56	200.74	13.65	179.88	623.76
水域	6.71	28.36	3.91	17.23	7.02	127.51	18.03	208.78
养殖用地	4.42	51.51	17.54	36.02	7.46	3.63	132.46	253.05
总计	3 384.87	2 691.96	308.83	1 269.89	488.21	219.31	565.28	8 928.34

表 4-12 甬台温地区海岸带 1990—2010 年土地利用类型转移矩阵 (km^2)

土地类型	林地	耕地	未利用地	建设用地	滩涂	水域	养殖用地	总计
林地	3 152.56	370.87	19.78	155.23	11.84	19.34	23.54	3 753.17
海域	3.97	54.90	188.92	44.87	277.19	30.18	139.68	739.70
耕地	188.36	2 111.63	13.40	767.54	17.93	34.73	157.13	3 290.72
未利用地	13.17	6.55	7.66	17.52	1.13	0.51	8.65	55.19
建设用地	8.85	29.68	0.77	177.78	0.22	3.07	0.84	221.22
滩涂	12.50	65.52	60.79	47.71	174.50	7.43	173.82	542.26
水域	3.84	28.62	0.34	24.18	4.16	121.47	15.16	197.78
养殖用地	0.88	23.92	17.29	35.31	2.59	2.13	46.19	128.31
总计	3 384.12	2 691.69	308.96	1 270.14	489.56	218.86	565.01	8 928.34

4.3.3 甬台温地区土地开发利用动态变化

4.3.3.1 土地利用单一动态度

在土地利用类型转移矩阵的基础上计算得出甬台温地区海岸带土地利用单一动态度（表4-13）。1990—2000年土地利用单一动态度最大的是建设用地，达11.51%；其次为未利用地和养殖用地，分别为9.78%和9.72%；最小是耕地，为-0.23%。2000—2010年土地利用单一动态度最大的是未利用地，达18.31%；其次为建设用地和养殖用地，分别为16.70%和12.33%；林地最小，为-0.44%. 1990—2010年土地利用单一动态度最大为建设用地和未利用地，分别为47.42%和45.98%；林地和滩涂动态度最小，分别为-0.98%和-0.97%。

表4-13 不同时间段甬台温地区海岸带土地利用单一动态度指数

类型	1990—2000年		2000—2010年		1990—2010年	
	变化幅度（km^2）	动态度（%）	变化幅度（km^2）	动态度（%）	变化幅度（km^2）	动态度（%）
林地	-214.01	-0.57	-155.04	-0.44	-369.05	-0.98
海域	-235.23	-3.18	-504.47	-10.00	-739.70	-10.00
耕地	-76.51	-0.23	-522.52	-1.63	-599.03	-1.82
未利用地	53.95	9.78	199.82	18.31	253.77	45.98
建设用地	254.58	11.51	794.35	16.70	1048.92	47.42
滩涂	81.49	1.50	-134.20	-2.15	-52.70	-0.97
水域	11.00	0.56	10.08	0.48	21.08	1.07
养殖用地	124.74	9.72	311.96	12.33	436.70	34.03

20年间，土地利用面积变化最大的为建设用地，共增加1 048.92 km^2，其中在1990-2000年增加254.58 km^2，在2000-2010年增加794.35 km^2。面积变化最小的为水域，共增加21.08 km^2。林地与耕地土地利用面积变化幅度大，但由于总面积较大，土地利用单一动态度较小。从总体上看，林地、海域、耕地、滩涂转移为未利用地、建设用地、水域和养殖用地。

4.3.3.2 土地利用综合动态度

在不同时期甬台温地区海岸带土地利用分类的基础上计算出了整个研究

区 1990-2000 年、2000-2010 年的土地利用综合动态度。1990-2000 年，甬台温地区海岸带土地利用综合动态度为 0. 59%，2000-2010 年该值则为 1. 47%，是前者的 2. 5 倍。总体来看，研究时间段的后 10 年土地动态变化明显大于前 10 年。

利用 SPSS 软件分别统计了基于网格的甬台温地区海岸带 1990-2000 年、2000-2010 年土地利用综合动态度的统计特征值（表 4-14）。并利用 ArcGIS 统计分析模块制作出 2 个时间段土地利用综合动态度的空间分布图。从 567 个网格样本的统计结果可以看出，2000-2010 年甬台温地区海岸带土地利用综合动态度的均值和标准差均大于 1990- 2000 年，但其变异系数小于 1990-2000 年。1990- 2000 年偏度系数和峰度系数均大于 2000-2010 年，其中峰度系数差异更加明显。表明 2000-2010 年甬台温地区海岸带土地利用变化较大，而 1990-2000 年的土地利用空间差异较大。

表 4-14　1990-2010 年甬台温地区土地利用综合动态度统计特征值

时期	样本数/个	极小值	极大值	均值	标准差	变异系数	偏度	峰度
1990-2000 年	567	0. 00	10. 00	1. 37	1. 73	1. 26	2. 79	9. 55
2000-2010 年	567	0. 00	10. 00	2. 55	2. 61	1. 02	1. 52	1. 63

1990—2000 年土地利用综合动态度较大的地方位于杭州湾南岸的慈溪龙山至镇海（甬江口）岸段和北仑岸段、台州市温岭岸段、玉环岸段以及温州市龙湾岸段。在这些岸段中，变化的主要土地类型为海域、未利用地、滩涂。集中连片的林地外缘地区发生变化较小。连片的林地、耕地中心部分综合动态度较小。2000-2010 年土地利用综合动态度较大的地方位于杭州湾南岸岸区，宁波市宁海岸段、台州市椒江岸段、温岭岸段、玉环岸段以及温州市龙湾岸段。在这些岸段中，发生变化的主要土地利用类型为海域、滩涂、耕地，转移为建设用地、养殖用地、未利用地。两个时间段沿海一侧的土地利用综合动态度均大于向陆一侧。表明沿海、沿江地区的土地利用类型变化程度更加剧烈。

4. 3. 4　甬台温地区土地利用程度及其动态变化

利用 ArcGIS 空间分析功能计算不同时期甬台温地区海岸带土地利用程度，对其进行相等间隔分类形成土地利用程度分布图。研究区土地利用程度的强弱总体上分岸段分布。杭州湾南岸岸区、椒江口岸区、瓯江口岸区和鳌江口岸区的土地利用程度在研究时间段内总体较强，其他地区总体较弱。除杭州湾南岸外，其他地区土地利用程度沿海一侧向内陆一侧呈现出由强到弱的趋势。1990 年土地主要集中在 160-220、220- 280、280-340 三个级别，利用程度为 340-400 的土地面积所占比例最小，土地利用程度中等偏弱，从整个研究区来看空间差异较小。2000 年利用程度为 220-280、280-340 的土地面积增加，340-400 的土地面积增加但增幅较小，土地利用程度弱和较弱的土地面积减小，与 1990 年相比甬台温地区海岸带土地利用程度有所增强。2010 年土地利用程度更加集中在 220-280、280-340 两个类别，中等以上利用程度的土地面积明显增加，与 2000 年相比土地利用程度明显增强，整个研究区空间差异增大。

为了更好地体现出甬台温地区海岸带土地利用程度的变化，制作土地利用程度变化指数分布。1990—2000 年土地利用程度变化除椒江口岸区外总体较小，2000—2010 年比 1990—2000 年变化程度大，其中杭州湾南岸岸区、乐清湾岸区、瓯江口岸区和鳌江口岸区变化最为明显。20 年间，甬台温地区海岸带土地利用变化指数小于 0 的土地面积总体较少，土地利用程度增强趋势明显，总体向土地利用更加集约化的方向发展。

总体而言，甬台温地区海岸带土地利用程度呈增强趋势，空间差异呈增大趋势，2000-2010 年比 1990-2000 年增幅明显加大，空间差异也明显增大，沿海一侧的土地利用程度发展变化大于向陆一侧。

4.3.5 结论

1990—2010 年甬台温地区海岸带主要土地利用类型为林地、耕地、建设用地，在不同时相均占研究区总面积的 80%以上。林地主要分布在研究区中、西部山区；耕地主要分布在江岸平原地区；建设用地、水域分布广泛；未利用地多位于沿岸和山顶；滩涂、养殖用地沿岸线分布。

1990—2010 年甬台温地区海岸带林地面积逐渐减少，主要转向耕地和建设用地。耕地面积持续减少且减少速度加快，主要转移为建设用地；未利用地面积持续增加且增加速度加快，主要由滩涂转移而来；建设用地增幅明显且增加速度加快，主要由林地、耕地转移而来；滩涂面积前期增加后期减少，以减少为主，主要转向养殖用地；水域面积逐渐增加；养殖用地持续增加，主要由滩涂、耕地、海域转移而来。

1990—2000年和2000—2010年2个时期的土地利用单一动态度表现出较大的差异。后10年整个研究区的土地利用综合动态度是前10年的2.5倍，2000—2010年甬台温地区海岸带土地利用变化较大，而1990—2000年的土地利用空间差异较大。2000—2010年土地利用综合动态度大的面积比1990—2000年分布更加广泛。两个时间段沿海一侧的土地利用综合动态度均大于向陆一侧。由此可以看出甬台温地区海岸的土地开发利用活动强度逐渐增大，范围逐渐扩张。

杭州湾南岸岸区、椒江口岸区、瓯江口岸区和鳌江口岸区的土地利用程度在研究时间段内总体较强，其他地区总体较弱。1990年土地利用程度中等偏弱，空间差异较小。2000土地利用程度弱和较弱的土地面积减小。2010年土地利用程度中等以上的土地面积明显增加。由此说明土地类型分级指数较大的养殖用地、建设用地增幅明显。2000—2010年比1990—2000年土地利用变化程度大。20年间，甬台温地区海岸带土地利用更加集约化，土地利用程度增强趋势明显。

4.4 象山港海岸带土地开发利用强度时空变化分析

土地利用变化是全球变化的重要组成部分，也是国际地圈生物圈计划（IGBP）的研究热点（刘纪远等，2014）。海岸带地区因交通便利、资源丰富而成为全球社会经济发展水平最高和人口最密集的区域，也是土地利用变化最剧烈和开发利用强度最大的区域之一。海岸带地区土地利用变化已成为海岸带陆海相互作用（LOICZ）研究的重点之一，并取得了大量研究成果。相关成果主要涉及海岸带土地利用信息提取（Price，1990；王彩艳 等，2014）、海岸带土地利用特征（海岸带土地，2013；吴泉源 等，2006）、海岸带土地利用/覆被变化（许艳 等，2012；Jean et al，2011）、海岸带土地利用空间格局演变及驱动机制（王德智等，2014；侯西勇 等，2011；欧维新 等，2004）、海岸带土地资源管理（Volkan et al，2016）等方面。但是，当前对于海岸带土地开发利用强度的分析研究相对较少（俞腾 等，2015），难以满足海岸带土地利用持续利用的需要。因此，在海洋开发已成为沿海国家与地区发展战略的今天，加强海岸带土地利用及其开发强度研究，对促进海岸带土地资源的合理利用和海洋经济的持续发展具有重要的现实意义。本研究拟选择开发历史悠久的浙江象山港海岸带（刘永超 等，2016），分析土地开发利用强度时空变化特征，以期为预测土地利用变化趋势、优化海岸带地区土地利用结构提供科学依据。

象山港位于浙江省宁波市东南部沿海，介于29°24′-30°07′N，121°43′-122°23′E之间，跨越象山、宁海、奉化、鄞州、北仑五县（市、区），北面紧靠杭州湾，南邻三门湾，东侧为舟山群岛，是一个NE-SW走向的狭长形潮汐通道海湾。象山港潮汐汊道内有西沪港、铁港和黄墩港三个次级汊道。从港口到港底全长约60 km，港内多数地区宽度5~6 km，平均水深10 m，入港河川溪流众多，水域总面积为630 km^2（刘永超 等，2015）。多年平均降水量约为1 500 mm，沿岸有大小溪流95条注入港湾，多年平均径流量为12.9×10^8 m^3。

本节所指的象山港海岸带，是以象山港周边的象山、宁海、奉化、鄞州和北仑5个县（市、区）最终地表水汇入港湾的陆域部分（袁麒翔等，2014），即采用水平精度为30 m的ASRTER GDEM V2数字高程模型，提取并获得象山港流域边界，来确定本书象山港海岸带研究范围，其中不包含海湾海域部分，面积为1 476 km^2。

4.4.1 数据来源与研究方法

4.4.1.1 数据来源与处理

本研究所采用的基本遥感数据为象山港流域1985年、1995年、2005年和2015年四个时期的Landsat影像，每个时期遥感数据包括轨道号为118-39、118-40的2景影像，其他研究数据还包括1∶50 000象山港地形图等。

本研究首先通过采用ENVI4.7遥感影像处理软件对所分析遥感数据进行大气校正、几何精校正、假彩色合成和图像拼接等数据预处理（郭意新 等，2015），然后运用象山港流域边界进行影像裁剪，得到研究区影像数据。再利用ArcGIS10.2软件，对研究区4期遥感影像进行目视解译，提取不同时期的土地利用数据。本研究的土地分类系统根据我国常用的土地分类标准，并结合研究区实际确定。本研究的土地利用类型共包括建设用地、养殖用地及盐田、未利用地、耕地、河流湖泊、林地、海域和滩涂等8大类。

4.4.1.2 研究方法

（1）土地开发利用数量动态模型

土地利用类型总量变化。土地利用类型总量变化可以描述研究期始末海岸带各土地类型面积的变化特征，包括数量和比例变化，还可以通过分析各类土地的面积增减来了解海岸带土地利用结构的变化特征（朱忠显，2014）。其表达式为：

$$U_t = U_b - U_a$$

其中，U_t、U_a、U_b 分别表示研究期间海岸带某一类土地利用类型的面积变化量、研究初期和研究末期海岸带某一土地利用类型的面积。

单一土地利用类型动态度。研究各类型土地面积的数量和速度变化，可以得到研究时段内不同土地类型的总量变化、变化态势以及结构变化趋势等（张安定 等，2007）。本研究采用单一土地利用类型动态度来研究各土地利用类型数量的变化，刘纪远（刘纪元 等，2000）、王思远（王思远 等，2001）等提出了可行性的土地利用动态度模型，其表达式为：

$$K = (U_b - U_a)/U_a \times 1/T \times 100\%$$

式中：K 为研究时段内某一土地利用类型动态度；U_a、U_b 分别是研究期初和研究期末某一土地利用类型的数量；T 为研究时段长。

综合土地利用类型动态度。综合土地利用类型动态度具有刻画区域土地利用变化程度的效用，可以用来研究区域在一定时段内综合的土地利用类型的数量变化情况，是分析与描述热点区域的一条捷径（刘艳芬，2007）。其表达式为：

$$LU = \left[\frac{\sum_{i=1}^{n} \Delta LU_{i-j}}{2\sum_{i=1}^{n} LU_i}\right] \times \frac{1}{T} \times 100\%$$

式中：LC 表示研究区综合土地利用动态度，LU_i 为研究初期 i 类土地利用类型面积；ΔLU_{i-j}为研究时段内 i 类土地利用类型转为非 i 类（j 类）土地利用类型的面积；T 为研究时段，当时段 T 设定为年时，LC 的值就表示研究区土地利用类型的年变化率。

（2）土地利用类型相互转化模型

土地利用转换矩阵可以反映研究时段始末各土地类型面积之间的相互转化关系，不仅具有详实的各时段静态土地利用类型面积，还隐含着不同时段的动态变化信息（王德智 等，2014），便于了解各类型土地面积增加和减少的来源出处（刘艳芬，2007）。其表达式为：

	T_2				
T_1	S_{11}	S_{12}	S_{13}	…	S_{1n}
	S_{21}	S_{22}	S_{23}	…	S_{2n}
	S_{31}	S_{32}	S_{33}	…	S_{3n}
	…	…	…	…	…
	S_{n1}	S_{n2}	S_{n3}	…	S_{nn}

式中，T_1为研究初期各土地类型的流失方向；T_2为研究末期各土地类型的来源与构成；S 表示转移的面积；n 表示土地的类型；S_{ij}表示土地利用类型从转移前的 i 地类转成转移后的 j 地类的面积。

（3）土地利用结构模型

信息熵。信息熵是用来表征信息源总体特征的一个量，是不确定性的量度，可以对土地系统的有序度进行量度与评价（谭永忠 等，2003）。土地作为一个独立的自然历史综合体在结构和功能上均具有有序性特征（周子英等，2012）。通常情况下，土地利用结构不同，信息熵也有所不同，一般是信息熵越小，所研究系统就越有序；反之系统就越无序。在有关信息熵的研究中，多采用 Shannon 公式来定义土地利用结构的信息熵模型（张群 等，2013），公式为：

$$H = -\sum_{i=1}^{n} P_i \ln P_i$$

式中，P_i 为 i 类土地类型占总土地面积的百分比。

均衡度。信息熵虽然可以对土地利用结构进行初步的评价，但是不具备绝对性，因此为了更完整的评价与分析海岸带土地系统的结构性在此引入其补充手段，均衡度。在现有信息熵公式的前提下，可构建区域土地利用结构的均衡度（J）（陈彦光等，2001）：

$$J = H/H_{max} = -\sum_{i=1}^{n} P_i \ln P_i / \ln N$$

式中，H 为信息熵，H_{max}为最大信息熵；由于 $H \leqslant H_{max}$，故 J 的变化范围在 0 到 1 之间，均衡度越大，系统结构的均质性越强，此时，土地类型复杂多样，各类型之间面积差异较小。优势度（I）的构建基于前两者，信息熵和均衡度，模型如下：

$$I = 1 - J$$

式中，I 意义与均衡度相反，它主要可以反映区域中占据支配地位的土地类型的程度，范围同样处于 0 到 1 之间。

（4）土地开发利用强度时空动态模型

土地利用强度主要反映土地利用的广度和深度，它不仅反映了土地利用中土地本身的自然属性，同时也反映了人类因素与自然环境因素的综合效应（王秀兰 等，1999）。本书根据刘纪远等提出的土地利用程度的综合分析方法（攀玉山 等，1994），将土地利用强度按照土地自然综合体在社会因素影响下的自然平衡状态分为若干级，并赋予分级指数，从而给出了土地利用强度综合指数及土地利用强度变化模型的定量化表达式（梁治平 等，2006）。

土地利用强度综合指数模型。土地利用强度综合指数表达式为：

$$L = 100 \times \sum_{i=1}^{n} A_i \times C_i$$

式中，L 为土地利用强度综合指数；A_i 为第 i 级土地利用强度分级指数；C_i 为第 i 级土地利用强度的面积百分比；n 为土地利用强度分级数。

土地利用强度变化分析。变化量：

$$\Delta L_{b-a} = L_b - L_a = 100 \times \left(\sum_{i=1}^{n} (A_i \times C_{ib}) - \sum_{i=1}^{n} (A_i \times C_{ia}) \right)$$

式中：L_b 和 L_a 分别为 b 时间和 a 时间的土地利用强度综合指数；A_i 为第 i 级的土地利用强度分级指数；C_{ib}和 C_{ia}为某区域 b 时间和 a 时间第 i 级土地利用强度面积百分比。如 $\Delta L_{b-a}>0$ 则该区域土地利用处于发展时期，否则处于调整期或衰退期。

本书针对研究区域内 8 类土地所担负的功能作用，参考庄大方（庄大方 等，1997）等对土地利用程度的分级标准，并结合本书实际研究情况，将各类土地进行利用强度赋值，最终得到 5 种土地利用强度的分级指数（表 4-15）。表 4-15 所列为理想状态的土地利用分级，与实际情况虽然略有不同，现实中各类型土地会按照相关权重来对区域开发程度进行贡献（朱忠显，2014），但在进行理论和实际的结合分析时此模型仍可适用。

表 4-15 土地利用强度分等分级表

类型	水域	未利用地	农用地		城镇居民用地
土地利用类型	海域、湖泊河流	未利用地、滩涂	林地	耕地、养殖用地及盐田	建设用地
分级指数	1	2	3	4	5

4.4.2 土地利用总量变化分析

1985-2015 年，象山港各土地利用类型面积发生了显著变化（表 4-16）。1985-1995 年期间，建设用地面积增加显著，为 35.369 9 km^2，面积变化率为 2.40%，养殖用地及盐田面积增加也较为明显，增加面积 9.968 8 km^2，变化比例为 0.68%；耕地面积减少显著，减少了 40.652 1 km^2，变化比例为 2.75%，且本时期中其面积变化率为最大；其余类型土地面积也有变化，但是变化相对较小。1995-2005 年，象山港各类型土地中，建设用地和养殖用地及盐田面积增加仍较为明显，增加面积分别 20.532 1 km^2 和 25.709 1 km^2，变化比例分别为 1.39%和 1.74%；耕地面积减少显著，减少了 39.615 2 km^2，比例变化为 2.68%。2005-2015 年期间，土地利用面积变化明显的只有建设用地，面积增加了 18.954 1 km^2，变化比例为 1.28%，而养殖用地及盐田面积几乎无变化；前两个时期面积减少较为明显的耕地面积变化变得相当小，仅为 0.56%，林地变化有所增加，面积减少比例为增至 0.66%。

表 4-16 象山港海岸带各年份各间段土地利用类型面积及其变化 （km^2）

土地利用类型	统计	1985	1995	2005	2015	1985-1995	1995-2005	2005-2015
建设用地	面积（km^2）	75.253 5	110.623 4	131.155 5	150.109 6	35.369 9	20.532 1	18.954 1
	比例（%）	5.1	7.49	8.88	10.17	2.4	1.39	1.28
养殖用地及盐田	面积（km^2）	11.516 6	21.485 4	47.194 5	47.252 2	9.968 8	25.709 1	0.057 8
	比例（%）	0.78	1.46	3.2	3.2	0.68	1.74	0
未利用地	面积（km^2）	6.960 8	8.015 1	9.332 8	10.138 1	1.054 4	1.317 6	0.805 3
	比例（%）	0.47	0.54	0.63	0.69	0.07	0.09	0.05
耕地	面积（km^2）	350.759 5	310.107 4	270.492 2	262.283	-40.652 1	-39.615 2	-8.209 1
	比例（%）	23.76	21	18.32	17.76	-2.75	-2.68	-0.56
河流湖泊	面积（km^2）	20.705 2	22.878	21.325 7	20.803 9	2.172 8	-1.552 3	-0.521 8
	比例（%）	1.4	1.55	1.44	1.41	0.15	-0.11	-0.04
林地	面积（km^2）	995.383 8	991.293 9	988.706 6	978.963	-4.089 8	-2.587 3	-9.743 6
	比例（%）	67.41	67.14	66.96	66.3	-0.28	-0.18	-0.66
海域	面积（km^2）	1.002 2	0.786 9	0.901 8	0.760 5	-0.215 3	0.114 9	-0.141 3
	比例（%）	0.07	0.05	0.06	0.05	-0.01	0.01	-0.01
滩涂	面积（km^2）	14.955 3	11.346 6	7.427 8	6.226 4	-3.608 7	-3.918 9	-1.201 4
	比例（%）	1.01	0.77	0.5	0.42	-0.24	-0.27	-0.08

从30年各土地利用类型总体变化趋势来看：建设用地和养殖用地及盐田面积增加显著，至研究期末增长比例分别99.47%、310.30%，未利用地面积缓慢增加，其增长率为45.65%；耕地面积则在逐年减少，且减幅较大，为25.22%，林地和滩涂面积也在逐年减少，滩涂面积较少幅度较大，为58.37%；而湖泊河流则呈先增加后减少的变化趋势，海域面积变化趋势为先减少后增加再减少。

4.4.3 土地利用类型相互转化分析

通过对象山港海岸带1985-1995年、1995-2005年和2005-2015年三个时间段8类土地面积转移矩阵的分析（表4-17、表4-18和表4-19），发现研究期间象山港海岸带各土地类型之间的转移有以下特征：①建设用地面积增加显著，主要由耕地、养殖用地及盐田和林地转变而来，其中主要来源为耕地。这是因为随着城镇化水平的提高，区域对于建设用地的需求在逐渐加大，而村镇的扩张一般从居民点向外辐射；村镇养殖中心一般距居民点较近，在建设有关建筑时考虑到就近选址的原因，这些用地也会被用来进行城镇建设。②养殖用地及盐田面积增加仅次于建设用地，且其30年间变化率最高，主要来源于耕地和滩涂的转化，尤其是耕地。养殖用地及盐田面积增加的主要原因是随着交通发达程度的加大和海水养殖的高效益，促使其面积增加；而耕地为优势土地，进行渔业养殖较为方便，不用做较大的整理；渔业养殖除需要适宜的水环境外，还需要充足的养分，滩涂富含养分，温度适宜，有利于鱼虾类的繁殖生长。③耕地面积减少数量最大，主要转移为建设用地、养殖用地及盐田和林地，其中转为建设用地的面积最多。耕地转为建设用地是耕地的非农化，是城镇进程推进的必然结果，耕地转为养殖用地及盐田主要受经济效益的驱动；耕地转为林地的主要驱动因素在于政府退耕还林等政策的强制性要求。④林地面积减少也较为明显，主要转变为耕地和建设用地，林地转为耕地主要是出于耕地占补平衡而实施异地置换的结果。

表4-17 1985-1995年象山港海岸带8类土地面积转移矩阵 （km^2）

1995 1985	建设用地	养殖用地及盐田	未利用地	耕地	湖泊河流	林地	海域	滩涂	总计
建设用地	72.466 8	0.002 3	0.703 5	1.287 4	0.067 0	0.651 6	0.006 1	0.068 9	75.253 5

续表

1995 1985	建设用地	养殖用地及盐田	未利用地	耕地	湖泊河流	林地	海域	滩涂	总计
养殖用地及盐田	0.086 1	9.553 9	0.017 9	1.547 9	0.034 7	0.141 3	0.008 5	0.126 2	11.516 6
未利用地	0.396 4	—	6.183 3	0.136 5	0.236 1	0.001 2	—	0.007 2	6.960 8
耕地	35.121 6	8.600 4	0.282 9	296.252 2	1.538 1	8.437 0	0.001 0	0.526 3	350.759 5
湖泊河流	0.298 7	0.388 7	0.112 8	0.362 3	19.322 6	0.213 2	—	0.006 9	20.705 2
林地	2.027 7	0.029 2	0.435 8	9.897 2	1.500 6	981.459 0	0.002 4	0.031 7	995.383 8
海域	—	0.044 2	—	—	—	0.002 4	0.733 4	0.222 2	1.002 2
滩涂	0.226 1	2.866 7	0.279 0	0.623 8	0.178 9	0.388 2	0.035 6	10.357 2	14.955 3
总计	110.623 4	21.485 4	8.015 1	310.107 4	22.878 0	991.293 9	0.786 9	11.346 6	1 476.536 8

（“-”表示两类土地类型之间无转换或转换较小可以忽略不计，以下相同）

表 4-18 1995—2005 年象山港海岸带 8 类土地面积转移矩阵 （km^2）

2005 1995	建设用地	养殖用地及盐田	未利用地	耕地	湖泊河流	林地	海域	滩涂	总计
建设用地	103.120 4	0.313 3	0.286 7	5.475 4	0.219 5	1.149 5	0.006 1	0.052 5	110.623 4
养殖用地及盐田	3.275 2	15.728 4	0.371 1	1.412 5	0.114 0	0.171 9	0.012 3	0.399 9	21.485 4
未利用地	0.211 3	0.891 3	6.356 5	0.037 6	0.112 8	0.391 4	—	0.014 3	8.015 1
耕地	21.250 3	25.523 6	1.325 4	254.369 1	0.381 5	7.137 4	—	0.120 1	310.107 4
湖泊河流	0.392 3	0.496 7	0.219 8	0.601 9	20.131 0	0.896 6	—	0.139 6	22.878 0
林地	2.384 7	0.551 4	0.610 2	8.307 9	0.364 1	978.927 3	0.002 5	0.145 8	991.293 9
海域	0.011 8	0.007 0	0.026 9	0.026 2	—	—	0.695 1	0.019 8	0.786 9
滩涂	0.509 4	3.682 7	0.136 3	0.261 4	0.002 8	0.032 5	0.185 7	6.535 7	11.346 6
总计	131.155 5	47.194 5	9.332 8	270.492 2	21.325 7	988.706 6	0.901 8	7.427 8	1 476.536 8

表 4-19 2005—2015 年象山港海岸带 8 类土地面积转移矩阵 （km^2）

2015 2005	建设用地	养殖用地及盐田	未利用地	耕地	湖泊河流	林地	海域	滩涂	总计
建设用地	125. 722 4	3. 485 5	0. 293 4	0. 712 6	0. 240 9	0. 653 1	—	0. 047 6	131. 155 5
养殖用地及盐田	5. 935 0	36. 369 4	1. 309 5	2. 472 0	0. 055 7	0. 159 2	—	0. 893 8	47. 194 5
未利用地	0. 958 7	1. 105 0	6. 811 1	0. 426 6		0. 028 6	—	0. 002 7	9. 332 8
耕地	14. 072 8	4. 317 1	0. 337 2	249. 661 3	0. 367 3	1. 639 8	—	0. 096 7	270. 492 2
湖泊河流	0. 167 3	0. 755 7	0. 112 6	0. 283 0	19. 504 0	0. 498 8	—	0. 004 2	21. 325 7
林地	2. 543 3	0. 061 3	0. 857 3	8. 640 6	0. 625 9	975. 963 4	—	0. 014 6	988. 706 6
海域	0. 061 1	—	—	—	—	—	0. 656 4	0. 184 3	0. 901 8
滩涂	0. 648 9	1. 158 2	0. 417 0	0. 086 8	0. 010 1	0. 020 1	0. 104 1	4. 982 5	7. 427 8
总计	150. 109 6	47. 252 2	10. 138 1	262. 283 0	20. 803 9	978. 963 0	0. 760 5	6. 226 4	1 476. 536 8

4. 4. 4 土地利用结构与动态度分析

信息熵。由表 4-20 可知，随着时间的推移象山港海岸带土地利用结构信息熵和均衡度四个时期均呈现逐渐上升的变化趋势，这表明象山港海岸带土地系统的结构性和有序性在逐渐变差，各类型土地面积之间的差异在逐步缩减，土地利用结构的均质性在逐渐增强。其中 1985 年信息熵值最低，为 0. 933 4，说明此时海岸带土地结构的有序度较高，系统稳定性较强，各类型面积分布的均匀程度较低，土地受人类活动的干扰较小，属于经济发展弱、城市化水平低情况下一种或几种优势土地类型主导下与其他用地类型各自均衡带来的相对有序；1995 年信息熵相对于 1985 年增加了 0. 051 9，各土地利用类型仍存在较大的面积之差，系统的均衡度增加了 0. 024 9，土地结构的有序性在缓慢地变小；2005 年土地利用结构信息熵仍在小幅度增加，增加了 0. 043 6，土地稳定性在缓慢变弱；2015 年信息熵增幅变小，仅增加了 0. 014 3，但是却达到了研究时段的最高值，为 1. 043 2，这就说明随着人类对于海岸带土地的开发利用，研究区土地的结构性变的较为微弱，各职能土地在不断走向有序化，土地利用趋于复杂化。

表 4-20　象山港海岸带 1985 年、1995 年、2005 年和 2015 年土地利用结构信息熵、均衡度及优势度

年份	信息熵	均衡度	优势度
1985	0.933 4	0.448 9	0.551 1
1995	0.985 3	0.473 8	0.526 2
2005	1.028 9	0.484 8	0.505 2
2015	1.043 2	0.501 7	0.498 3

单一土地利用类型动态度。由图 4-8 可知，近 30 年间，养殖用地及盐田年变化率最大，为 10.34%，其次为建设用地，为 3.32%，未利用地和滩涂年变化率也相对较高，其余类型间年变化率则差异较小。各时期分析可得：1985-1995 年养殖用地及盐田（8.66%）和建设用地（4.70%）年变化率远大于其他类型，此外年变化率较为明显的还有海域（2.15%）和滩涂（2.41%）；1995-2005 时期，各类土地面积的年变化率相比其他时期起伏较大，基本处于极值水平，如养殖用地及盐田，这一时期其年变化率为 11.97%，为三个时间段年变化率最大值，其他土地类型亦如此，年变化率绝对值均处于最大水平；2005-2015 年期间，各土地类型年变化率相当，且差异较小。

可以看出，象山港海岸带 1985-1995 年期间，各类型土地的开发利用处于一个较高的起步水平，而在 1995-2005 年期间土地开发利用高速加快，各土地类型间年变化率起伏较为剧烈，在 2005-2015 年阶段内，各类型土地的发展又变得比较平缓。

综合土地利用类型动态度。计算象山港海岸带综合土地利用类型动态度，得到 1985-1995 年、1995-2005 年以及 2005-2015 年三个时段的区域综合土地利用动态度分别为 0.54%，0.31% 和 0.21%。总体来看，随时间推移象山港海岸带综合土地利用动态度呈现逐时期递减的状态，土地利用类型间的转换程度由大到小。其中 1985-1995 年时间段综合土地利用动态度最高，说明该时期土地利用变化较大，区域土地利用类型间的相互转化幅度较大，土地开发利用速度较快；2005-2015 年时间段综合土地利用动态度最小，区域间土地类型间的相互转化趋于平缓，各类型间转化幅度较小。

4.4.5　土地开发利用强度时空变化分析

本节通过土地利用强度综合指数模型计算了象山港海岸 1985 年、1995

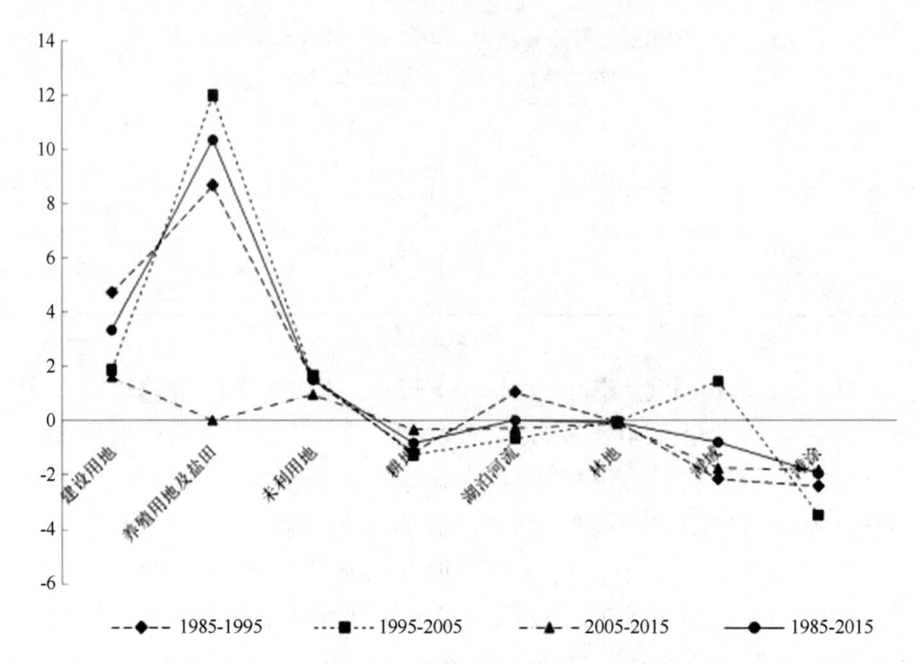

图 4-8　1985-1995 年，1995-2005 年，2005-2015 年和 1985-2015 年四个时期单一土地利用类型动态度

年、2005 年和 2015 年四个年份的强度指数，并通过分等分级统计了各强度等级土地所占比例（表 4-21），进而分析其强度结构的发展变化。此外，还利用强度分级和土地利用强度综合指数模型及其变化量直观清晰地分析象山港海岸带土地开发利用强度的时空变化特征。

表 4-21　各时期强度水平划分、面积及比例

值域范围	强度水平	1985 年		1995 年		2005 年		2015 年	
		面积（km^2）	比例（%）	面积（km^2）	比例（%）	面积（km^2）	比例（%）	面积（km^2）	比例（%）
100-250	低	36.605 4	2.48	34.591 5	2.34	27.542 9	1.87	27.839 1	1.89
250-316	较低	787.964 1	53.37	775.170 0	52.50	770.076 0	52.15	747.390 1	50.62
316-362	中	289.407 8	19.60	275.962 2	18.69	276.909 9	18.75	279.101 5	18.90
362-416	较高	303.801 2	20.58	299.181 1	20.26	283.188 5	19.18	285.557 8	19.34
416-500	高	58.758 2	3.98	91.632 0	6.21	118.819 5	8.05	136.648 4	9.25

通过统计各期的土地利用综合指数（表 4-21），可以得到：总体来看，

1985年象山港海岸带土地的开发利用处于中等偏上水平，中等强度及以上的土地所占比例为44.16%，其中较强水平的土地所占比例最大，为20.58%，其次为开发利用程度中等的土地，所占比例为19.60%。1995年，与1985年相比较而言，高强度水平的土地面积比例显著增加，增加比例为2.23%，增长率为四期间最高，为56.03%，其他强度如弱、较弱、中、较强等四个强度等级的土地面积比例均在下降，其中下降比例较大的为中等水平的土地，这一时期土地开发利用强度相对于1985出现了短暂的衰退，但是其总体发展水平仍为中等偏上。2005年，强度水平为最高级别的土地所占面积比例仍在继续提高，比例增加了1.84%，此外，除中等强度的土地比例略有增加外，比其强度次级的土地比例均在下降，但比之1995年，下降比例速度变缓变慢。2015年，强开发指数的土地面积比例增速仍较为剧烈，比例增加1.20%，增速为14.91%。比之1995年和2005年，水平较强级的土地面积比例开始增加，为0.16%，中等强度水平的土地面积比例也有所增加，增加了0.15个百分点。

分析各期综合指数分级图，可以看出：象山港海岸带土地开发利用强度受地形地貌影响较为重大。低山和丘陵地带，地势起伏较小，交通便利，土地易于被开发利用，因此土地开发利用强度较大；沿岸地段，资源较为丰富，人类活动频繁，且宜于生产生活，土地开发利用强度也较大；此外，各级行政中心对于象山港海岸带土地开发利用强度的影响也不可忽略。宁海县周边是整个象山港海岸带地区开发强度等级最高的聚集地，由于其距海岸带较近，区位条件优越，人类经济活动与海岸带土地的开发利用二者联系更为密切，且两者发展相互促进，使得强度随时间的推移越来越深入。强度为强和较强等级的地段多存于县或村级行政单位，这些地区人口相对稠密，对土地资源的需求较大，使得海岸带土地的开发利用处于一个较高的水平。

从土地开发利用综合指数的时间变化来看，30年间象山港海岸带土地开发利用综合指数变化值有正有负，其中土地利用综合指数变化量处于零值以上的面积高达19.83%，说明象山港海岸带土地开发利用活动较为活跃、剧烈，这与地区城镇化水平的提高密切相关，城镇的扩张，使得其周边的土地被开发利用，其原有城区的土地开发利用加强。单个时间段分析其综合指数变化量可以看出，1985—1995年期间象山港海岸带处于发展期的土地面积比例达到12.87%，1995—2005年和2005—2015年比例分别为10.43%和9.71%。可以看出，对于每个时期而言，期末与期初相比，都有10%左右的土地开发利用强度在进入发展期，尽管对于不同的十年，进入发展期的土地面积比例存在差异，但是各阶段其开发利用强度比之初期都有所增加和深入，这与人类活动对海岸带土地开发利用更为频繁的干预息息相关，其中经济利益驱动是引起这种变化最为直接的原因，区域发展对于土地的依托在此也显得尤为明显和重要。

从研究总体来看，象山港海岸带土地开发利用强度逐时期增加，城镇周边的土地开发利用速度最快，这体现了象山港地区城镇扩张迅速；乡镇居民点周边土地开发利用强度也较大，建设用地的大量需求使区域土地开发利用的强度远远高于其他地区。象山港海岸带在所研究的30年间的各土地利用类型间面积差别逐渐在减小，区域土地利用结构也正在向均衡状态发展，速度稳中有进，具有良好的发展前景和趋势。

1985—2015年象山港海岸带各土地利用类型面积变化显著。近30年间，建设用地面积显著增加，增幅为35.369 9 km^2，变化率为2.40%；耕地明显减少，减少面积为40.652 1 km^2，变化比例为2.75%；养殖用地及盐田面积增长率最高，为310.30%，滩涂面积减少速度最快，变化率为58.37%。分阶段来看，1985—1995年、1995—2005年和2005—2015年三个阶段中建设用地面积均增长明显，而养殖用地及盐田和耕地只有前两期面积变化较为突出。30年间象山港海岸带的主要土地类型保持为建设用地、耕地和林地，养殖用地及盐田独具发展为主要土地利用类型的潜力。

土地的主要转移类型为耕地转为建设用地、林地转为耕地，且这四种土地类型间的转移面积在逐时期减少。1985－1995年、1995－2005年和2005－2015年三个时期中，耕地转为建设用地的面积分别为35.121 6 km^2，21.250 3 km^2和14.0728 km^2，林地转为耕地的面积分别为9.897 2 km^2，8.307 9 km^2和8.640 6 km^2，四种土地类型间的转移在逐步缩减，象山港各土地类型的开发利用比例正在趋于协调。

象山港海岸带四个时期土地利用结构信息熵和均衡度呈现逐渐上升的变化趋势，表明本书所研究的象山港8大类土地面积之间的差别在逐渐缩小，海岸带土地利用结构在不断走向均衡状态。就单一土地利用类型动态度而言，除养殖用地及盐田动态度变化水平较高外，其他类型的土地动态度变化水平较为一般，1995-2005年各类型土地动态度变化最为明显，此时期不同类型土地在寻求、匹配各自最合适职能的转换与进步最大；象山港海岸带综合土地利用动态度在逐时期递减，土地利用类型间的转换程度由大到小。

象山港海岸带土地开发利用在不断地深入和加强，较低水平为主体，中等和较高强度水平为辅是其 1985-2005 年主要的变化趋势，而其中又交织着强等级水平土地扩张和低强度水平土地缩减。30 年间分阶段研究，1985-1995 年、1995-2005 年和 2005-2015 年象山港海岸带土地的开发利用均处于发展期，土地开发利用水平在逐渐提高，但区域土地开发利用发展不平衡，尽管不断地有土地进入发展期，但是处于调整期的土地比例仍较大，区域土地发展需要进一步的统筹和协调。此外，象山港海岸带土地开发利用强度受地形地貌和行政中心影响较为明显，在此后的土地开发利用规划和调整中应积极考虑这些因素的影响，以期更好地进行海岸带土地的开发利用。

4.5 坦帕湾流域土地开发利用强度时空变化分析

作为国际地圈生物圈计划（IGBP）和全球变化人文计划（IHDP）两大国际合作项目共同支撑的核心研究计划，土地利用变化一直是地球科学研究的热点（李秀彬，1996）。土地利用变化既是全球变化的重要组成部分和主要原因，也能反映自然格局、过程与人类社会之间最直接的相互关系，进而成为人口、资源、环境可持续发展的基本问题（刘彦随 等，2002），其涵盖土覆被变化和土地利用强度变化等内容（Erb et al，2014）。21 世纪以来，以城市化和智能化战略为诱导条件的全球范围内人地关系演化、地表格局—过程出现新态势，人类活动开始主导地球环境的演化（李加林 等，2016）。

海岸带位于海陆交汇地带，具有脆弱性和敏感性（Bhandari et al，2007），人地关系矛盾较为突出。同时又是经济活动较为活跃的区域，特别是快速城市化过程中人口密度增大、土地利用强度增大、生态破坏等环境问题，海岸带土地利用有关研究逐渐受到重视，主要包括海岸带生态安全（刘锬 等，2013）、海岸带土地开发利用适宜性（车冰清 等，2017）、海岸带土地利用变化驱动力（苏大鹏 等，2011）、海岸带岸线变迁（叶梦姚 等，2017；刘永超 等，2016）和海岸带生态服务价值（姜忆湄 等，2017）等内容。港湾作为海岸带开发的前沿与热点区域，由于独特的区位优势成为国家的战略要地、对外交通枢纽和海岸带经济中心，已有研究集中在水文生态（李艳 等，2013；史培军 等，2011）、土地覆被变化（谢芳 等，2009；张晓明 等，2007）、环境影响（王思远 等，2005）、景观格局（杜清 等，2014）等，研究角度侧重于土地利用变化动态描述（李帅 等，2016）。土地开发利用强度是土地利用现状的综合体现，是未来土地可持续发展利用的出发点（周炳中 等，2000），而对海岸带港湾流域土地利用强度研究甚少，过去几十年未作为主流课题开展研究（Erb et al，2014），有关理论还未成熟。土地利用强度小区域以问卷调查为主，大区域高分辨率时空表达尚处在探索阶段（刘芳 等，2016）。因此，迫切需要参考已有的陆地土地利用研究成果开展港湾流域土地开发利用强度研究。

美国全球变化研究委员会将土地利用变化与气候变化列为全球变化研究的主要领域之一。20 世纪以来城市郊区化已成为美国城市发展的主要模式，在此发展模式影响下一系列的经济社会环境问题产生，如低密度的城市无序扩张、土地资源浪费严重、生态环境遭到破坏等。佛罗里达州是美国第四大州，旅游业收入第一大州，坦帕湾作为佛罗里达州最大的开放型河口以及全美第十大港口，近几十年城市化进程较快，港口经济发展迅速，依托交通枢纽地位和南佛罗里达大学形成了高科技产业园区，其人工/自然景观发生了显著变化，同时也带来了生态环境恶化。1940 年至今，城市化、航道疏浚和填充、运河建设、空气污染物和海岸线改造威胁到了海湾的健康。为此，于 1991 年美国环境保护署推行了“坦帕湾河口保护计划（The Tampa Bay National Estuary Program，TBNEP）”。本书借助遥感和地理信息手段建立土地空间变化模型，对美国坦帕湾土地开发利用强度从空间格局、时间尺度、景观变化、生态效应等方面进行分析，以期为国内外港湾合理开发提供依据，促进海岸带地区可持续发展。同时结合土地利用变化建立驱动因子-土地利用变化诊断模型，为未来 5~20 年土地利用提供经验性预测。

坦帕湾（Tampa Bay）地处墨西哥湾东岸，介于 27°30′-28°15′N 和 83°00′-81°445′W，由旧、中、低坦帕湾和希尔斯堡湾组成，是佛罗里达州最大的开放型河口，也是美国佛罗里达州的一个大型天然 Y 型海湾；坦帕湾流域面积约为 5 700 km^2，岸线绵长曲折，包括希尔斯伯勒河、阿拉斐亚河，马纳提河和小马纳提河在内的 100 多条大小河流汇入海湾，是该区域淡水资源的重要来源；流域以平原为主，地形地势平坦，海拔变化幅度较小，港湾西部地势较低的区域有山谷发育，将坦帕湾东部高地与坦帕湾沿海低地切分开来。属于亚热带季风气候，植物种类繁多，分布有硬木松、沙松、橡木和草原等植被类型，海湾沿岸红树林茂盛，有皮内拉斯和埃格蒙特基野生动物保护区。行政上，坦帕湾分属希尔斯伯勒县、马纳提县和皮拉尼斯县，海湾贸易、旅游、渔业是坦帕湾经济的主要贡献业态。本书以美国坦帕湾水图网中的流域矢量数据为分水岭提取研究区，包含了坦帕、圣彼得斯堡、克利尔沃特等城市群，人口约300万。

4.5.1　数据来源与处理

以1985年、1995年、2005年、2015年Landsat TM/OLI遥感影像为基础数据（表4-22），在美国地质调查局（USGS）网站（https：//www. usgs. gov/）和地理空间数据云（http：//www. gscloud. cn/）获取。借助ENVI 4.7，以坦帕湾1：50 000地形图为基准并结合GPS野外调查控制点对四期Landsat TM/OLI遥感影像数据进行几何校正与配准、假彩色合成、图像拼接等预处理，在此基础上，以坦帕湾流域边界为参考进行影像裁剪，得到研究范围。参考坦帕湾河口保护计划官方网站提供的佛罗里达州土地利用/土地覆被矢量数据，利用eCognition Developer 8.7基于样本的分类方式进行初步分类，再目视解译，将研究区土地利用类型分为林地、娱乐休闲用地、耕地与牧场、建设用地、未利用地、河流与湖泊、海域和滩涂与沼泽7大类，借助ArcGIS10.2对分类结果进行校对、更正，在此基础上，对4期遥感图像的分类结果进行精度检验，解译精度为0.87，达到研究需求。

本研究所需的人口经济数据来自美国统计局官网（http：//www. census. gov/）。

表4-22　遥感影像传感器和拍摄日期

卫星	传感器	行列号	日期	卫星	传感器	行列号	日期
Landsat 5	TM	16-41	1985. 7. 3	Landsat 5	TM	16-41	2005. 4. 20
Landsat 5	TM	17-41	1985. 7. 3	Landsat 5	TM	17-41	2005. 4. 20
Landsat 5	TM	16-41	1995. 6. 2	Landsat 8	OLI	16-41	2015. 2. 20
Landsat 5	TM	17-41	1995. 6. 2	Landsat 8	OLI	17-41	2015. 2. 20

4.5.2　研究方法

4.5.2.1　土地开发利用数量变化与综合土地利用动态度

土地动态度模型分析土地利用类型动态变化，可以反映区域土地利用中土地利用类型的变化剧烈程度（王秀兰 等，1999），其值越低表明土地利用状态更稳定。

$$K = \frac{U_b - U_a}{U_a} \times \frac{1}{T} \times 100\% \quad LU = \left[\frac{\sum_{i=1}^{n} \Delta LUi - j}{2\sum_{i=1}^{n} LUi} \right] \times \frac{1}{T} \times 100\%$$

式中: K 为研究时段内某一土地利用类型动态度; Ua 、Ub 分别是研究期初和研究期末某一土地利用类型的数量; T 为研究时段长。当 T 的时段是年时, K 的值就是该研究区某种土地利用的类型的年变化率。LU 表示研究区综合土地利用动态度, LUi 为研究初期 i 类土地利用类型面积; $\Delta LUi - j$ 为研究时段内 i 类土地利用类型转为非 i 类土地利用类型的面积绝对值; T 为研究时段, 当 T 设定为年时, LU 值表示研究区土地利用年变化率。

土地开发利用相对变化率可以反映研究区某种土地类型某个区域较整个研究区的数量变化差异（朱会义 等, 2001）, 体现的是相对变化。

$$R = \frac{|K_b - K_a| \times C_a}{K_a \times |C_b - C_a|}$$

式中, K_a、K_b分别为区域某一特定土地利用类型研究初期及与研究期末的面积; C_a、C_b分别代表整个研究区某一特定土地利用类型研究初期及期末的面积。$R>1$, 则表示该区域这种土地利用类型变化较全区域大。

4.5.2.2 土地开发利用强度变化

土地利用强度指数可以反映研究区土地利用现状的集约程度, 数量化的土地利用综合指数是一个微弗（Weaver）指数, 其大小反映了土地利用程度的高低（刘纪远 等, 1996）。土地利用开发强度指数与王秀兰等（王秀兰 等, 1999）建立的土地利用生态背景质量指数具有相似性, 因此, 土地开发强度也可以描述土地开发的生态环境效应。

$$L = 100 \times \sum_{i=1}^{n} Ai \times Ci$$

$$L \in [100, 500]$$

式中, L 为土地利用强度综合指数; Ai 为第 i 级土地利用强度分级指数; Ci 为第 i 级土地利用强度的面积百分比; n 为土地利用强度分级数。利用土地利用程度上下限对 4 种土地利用的理想状态定为 4 种土地利用级并赋值, 参考已有成果（庄大方 等, 1997; 许艳 等, 2014; 叶梦姚 等, 2017）并根据本研究实际情况, 得到分级指数（表 4-23）。

表 4-23　土地利用强度分等分级表

类型	未利用土地级	林、草、水用地级		农业用地级	城镇聚落用地级
土地利用类型	未利用地、滩涂与沼泽	湖泊和河流	林地	耕地及牧场	建设用地
分级指数	1	2	3	4	5

土地利用程度变化量和变化率可定量揭示流域内土地开发利用的综合水平和变化趋势（谢芳 等，2009）。

$$\Delta Lb - a = Lb - La = 100 \times \left\{ \sum_{i=1}^{n} (Ai \times Cib) - \sum_{i=1}^{n} (Ai \times Cia) \right\}$$

式中：Lb 和 La 分别为 b 时间和 a 时间的土地利用强度综合指数；Ai 为第 i 级的土地利用强度分级指数；Cib 和 Cia 为某区域 b 时间和 a 时间第 i 级土地利用强度面积百分比。如 $\Delta Lb - a > 0$，则该区域土地利用处于发展时期，否则处于调整期或衰退期。

4.5.2.3　土地利用结构模型

土地利用的结构特征可以通过信息熵、均衡度、优势度来定量分析。信息熵是土地利用类型演替的有序程度度量。利用土地用地变化均衡度和优势度来描述区域土地用地类型之间面积大小的差异及各类型的结构格局（陈彦光 等，2001）。

$$H = -\sum_{i=1}^{n} (P_i) \ln(P_i) \quad I = \frac{H}{H_{\max}} = -\sum_{i=1}^{n} (P_i) \ln(P_i) / \ln(n) \quad J = 1 - I$$

式中，P_i 为某一土地利用类型面积与该区域土地面积的百分比；H 表示土地利用结构信息熵，信息熵高低可以反映城市用地结构均衡程度，熵值越大，说明不同职能的用地类型数越多，各职能类型的面积比例相差越小，土地分布越均衡（杨晓娟 等，2008），同时也说明土地的有序程度在降低。I 为均衡度，$H_{\max}$ 为最大信息熵，$I \in [0, 1]$，I 值越高则用地变化的均衡程度就越高。当 $I=0$ 时，土地利用变化处于最不均衡状态；$I=1$ 时，建设用地变化达到均衡的理想状态。J 为优势度体现了研究区域内一个或者多个建设用地结构主导该区域建设用地类型的均衡度，与均衡度成反比。

4.5.2.4　网格样方法

网格样方法是在研究区布置大小均一的网格单元，每个单元用来反映土地利用变化的空间基本单元。由于研究区各个区块是不同土地类型镶嵌而成，以往研究中用单一的地类计算出的空间度量指数在空间表达中无法均匀精细化。本书将研究区划分为 4 km×4 km 和 3 km×3 km 的网格单元，应用于坦帕湾土地利用动态度和土地开发利用强度在不同时段内的空间特征可视化表达，每一网格由 100 个栅格构成。

4.5.3 土地利用变化特征

4.5.3.1 流域土地利用分布及面积变化

坦帕湾流域 1985-2015 年 7 类土地利用类型空间分布差异明显，具有集聚效应。建设用地主要分布在坦帕湾沿岸，“圣彼得堡斯-克利尔沃特-坦帕”城市群建设用地全局覆盖，城市化城区最高，且建设用地在希尔斯伯勒县南部和萨拉索塔县北部明显增加，主要是坦帕湾城市群房地产兴起，导致周边配套基础设施增加；林地主要分布在北部的帕斯科县；耕地及牧场在流域各处都有分布；滩涂与沼泽主要分布在坦帕湾海岸带靠海一侧；河流与湖泊主要分布在波尔克县的温特黑文，马纳提县的帕里什湖和马纳提湖；未利用地主要分布在流域东部，并与大量建设用地相连接呈现增加的趋势。可见，城市开发与未利用地增加有直接关系。

30 年来坦帕湾土地利用扩展呈明显差异，结构无太大变化（表 4-24）。1985-2015 年坦帕湾流域起主导地位的土地利用类型是建设用地和林地，二者面积之和近 70%。根据面积比例发现基本结构为建设用地>林地>耕地与牧场>河流与湖泊>滩涂与沼泽>未利用地，其中建设用地、未利用地对流域面积的贡献率持续增加。从面积数量变化来看，1985-2015 年建设用地和未利用地面积呈增长态势，其他土地类型呈减少态势。建设用地面积由 1985 年的 237 857.17 hm^2 到 2015 年的 259 306.15 hm^2，增加了 21 448.98 hm^2，增加比例为 9.02%；未利用地由 1985 年的 9 218.36 hm^2 至 2015 年的 12 301.84 hm^2，增加了 3 083.48 hm^2，增加比例为 33.45%，由于建设用地基数较大增长比例偏小；1985-2015 年耕地与牧场、河流与湖泊、林地、滩涂与沼泽面积分别减少 13 821.75 hm^2、502.68 hm^2、9 770.65 hm^2、517.78 hm^2，减少比例分别为 9.02%、1.68%、5.23%、4.75%。可见，耕地及牧场减少幅度最大。近几十年来坦帕湾流域港口经济、沙滩旅游、房地产等企业开发强度加强，遥感解译过程中将娱乐休闲用地划分为建设用地，因此，人类活动为主的人工地类迅速发展。

表 4-24 坦帕湾流域土地利用类型面积及贡献率

(hm^2)

土地利用类型		1985 年	1995 年	2005 年	2015 年	1985-1995	1995-2005	2005-2015
建设用地	面积	237 857. 169 2	245 623. 283 1	251 806. 850 8	259 306. 150 6	7 766. 113 9	6 183. 567 7	7 499. 299 8
	贡献率（%）	37. 88	39. 11	40. 10	41. 30	3. 27	2. 52	2. 98
未利用地	面积	9 218. 359 4	8 981. 241 7	10 883. 239 8	12 301. 839 5	-237. 117 7	1 901. 998 1	1 418. 599 7
	贡献率（%）	1. 47	1. 43	1. 73	1. 96	-2. 57	21. 18	13. 03
耕地与牧场	面积	153 185. 959 5	149 288. 671 8	144 117. 692 8	139 364. 208 9	-3 897. 287 7	-5 170. 979 0	-4 753. 483 9
	贡献率（%）	24. 39	23. 77	22. 95	22. 19	-2. 54	-3. 46	-3. 30
河流与湖泊	面积	29 858. 126 6	29 092. 600 1	29 760. 420 3	29 355. 443 4	-765. 526 5	667. 820 3	-404. 976 9
	贡献率（%）	4. 75	4. 63	4. 74	4. 68	-2. 56	2. 30	-1. 36
林地	面积	186 982. 399 1	184 270. 516 3	180 626. 431 0	177 211. 747 1	-2 711. 882 8	-3 644. 085 3	-3 414. 683 9
	贡献率（%）	29. 77	29. 34	28. 77	28. 22	-1. 45	-1. 98	-1. 89
滩涂与沼泽	面积	10 895. 177 4	10 743. 712 3	10 722. 874 0	10 377. 401 9	-151. 465 1	-20. 838 3	-345. 472 1
	贡献率（%）	1. 73	1. 71	1. 71	1. 65	-1. 39	-0. 19	-3. 22

分阶段来看，1985-1995 年建设用地增加的同时其他用地呈减少趋势，建设用地面积增加了 7 766. 12 hm^2，变化比例为 3. 27%；耕地与牧场减少最为显著，面积减少 3 897. 29 hm^2，变化比例为 2. 54%。1995-2005 年建设用地、未利用地和河流与湖泊增长的同时其他用地呈减少趋势，其中未利用地变化增长最为显著，面积增加 1 902. 00 hm^2，变化比例为 21. 18%；建设用地增长较为显著，增加 6 183. 5 hm^2，变化比例为 2. 52%；河流与湖泊增加最少，为 667. 82 hm^2；耕地与牧场减少最为显著，减少了 5 170. 98 hm^2，变化比例为 3. 46%；林地减少幅度大于滩涂与沼泽。2005-2015 年建设用地和未利用地增长的同时其他用地呈减少趋势，其中建设用地增长最为显著，增加了 7 499. 30 hm^2，变化比例为 2. 98%；耕地与牧场较少最为显著，减少了 4 753. 48 hm^2，变化比例为 3. 30%。可见，不同阶段坦帕流域的土地面积变化与总体趋势相一致。

4. 5. 3. 2 流域土地利用转移特征分析

通过对 1985 年、1995 年、2005 年和 2015 年的土地利用矢量数据叠加得到不同时期的马尔科夫转移矩阵（表 4-25），坦帕湾流域岸线曲折蜿蜒，海洋资源开发较强，存在围填海和淤积现象，因此，本书在转移分析时加入坦帕湾海域部分。由上文可得研究期间建设用地面积持续增加，主要由耕地及牧场、林地、河流与湖泊的转化而来，分别为 11525. 80 hm^2、11986. 50 hm^2、3278. 94 hm^2，其中耕地转化占绝对优势。佛罗里达是人口大州，各市人口数量为坦帕市>皮尼拉斯县的克利尔沃特>圣彼得堡斯>马纳提县的布雷登顿，快速城市化过程中城市人口激增增加了对居住、消费、娱乐等空间的需求，近郊的耕地林地用于城市扩建，水利设施也会相应增加，此外，随着人口活动的向海移动，少量海域也发展成建设用地，而且许多居民区是在旧坦帕湾沿岸希尔斯伯勒河开发起来的，人类活动对生态系统的影响显而易见；未利用地面积增加仅次于建设用地，主要由林地、耕地与牧场转换而来，林地与耕地主要集中在农村郊区，不合理的生产管理使较高等级的土地转为较低等级的土地，说明农村的生态环境受到一定的破坏；耕地及牧场面积减少最多且减少比例最大，耕地主要转换为建设用地、林地和河流与湖泊，其中转换为建设用地最多，同时耕地也主要由建设用地转换而来，耕地是人类生活的食物来源，分布范围最广，耕地进行城市开发易获得，这是城市化选择的必然结果，退耕还林以及自然气候的变化是耕地转为林地和河流的主要原因；林地面积减少较为显著，主要转换为建设用地，较少转换为未利用地和河流。

表 4-25 1985—2015 年坦帕湾流域土地利用转移矩阵 (hm^2)

年份	转移前 转移后	建设用地	未利用地	耕地与牧场	河流与湖泊	林地	海域	滩涂与沼泽
1985-1995	建设用地	233 494.00	488.45	1 918.69	416.87	1 522.70	—	16.27
	未利用地	625.20	6 972.38	1.82	39.48	1 579.48	—	—
	耕地与牧场	4 217.22	161.01	145 959.00	233.24	2 605.41	9.59	—
	河流与湖泊	419.51	501.26	285.15	28 169.60	482.57	—	—
	林地	6 787.83	806.53	1 100.24	226.56	178 051.00	1.59	8.83
	海域	4.37	0.33	—	—	—	109 689.00	10.91
	滩涂与沼泽	74.96	51.28	23.32	6.81	29.49	1.61	10 707.70
1995-2005	建设用地	238 495.00	717.01	2 542.15	853.53	3 003.57	3.95	8.24
	未利用地	68.25	8 469.57	25.63	244.91	89.31	83.57	—
	耕地与牧场	6 427.37	293.88	140 759.00	899.64	896.88	—	12.28
	河流与湖泊	2 316.86	95.19	43.23	26 574.80	62.00	—	0.50
	林地	4 471.58	1 307.59	744.33	1 147.12	176 572.00	10.45	17.08
	海域	14.74	—	—	—	0.27	109 686.00	0.45
	滩涂与沼泽	13.21	—	3.72	40.40	2.05	—	10 684.30

续表

年份	转移前 转移后	建设用地	未利用地	耕地与牧场	河流与湖泊	林地	海域	滩涂与沼泽
2005-2015	建设用地	251 087.00	54.07	163.86	475.74	26.29	—	—
	未利用地	28.62	10 784.00	43.90	16.85	9.84	—	—
	耕地与牧场	3 799.00	810.04	138 516.00	165.73	827.26	—	—
	河流与湖泊	824.94	122.06	315.65	28 466.00	31.74	—	—
	林地	3 472.09	363.71	325.13	226.24	176 233.00	0.27	6.10
	海域	—	—	—	—	—	109 784.00	—
	滩涂与沼泽	94.60	167.94	—	4.86	83.72	0.45	10 371.30
1985-2015	建设用地	232 250.00	635.18	1 757.57	1 412.61	1 797.09	3.95	0.67
	未利用地	61.05	7 605.71	20.11	97.42	1 411.67	22.39	—
	耕地与牧场	11 525.80	1 200.20	136 138.00	1 296.67	3015.62	9.59	—
	河流与湖泊	3 278.94	452.50	554.98	25 016.70	515.38	39.63	—
	林地	11 986.50	2204.96	878.72	1 480.46	170 380.00	33.59	18.21
	海域	19.12	0.33	—	—	—	109 674.00	10.91
	滩涂与沼泽	184.71	202.96	14.77	51.57	91.95	1.61	10 347.60

—表示未发生转化

4.5.3.3　流域土地利用区域差异

土地利用相对变化率可以更为直观地反映土地利用变化的空间差异。由图 4-9 各县相对变化率可得，土地利用变化具有明显的差异性。建设用地以马纳提县（海牛县）变化最剧烈，相对变化率为 1.76%，帕斯科县和波尔克县较高，其他区域都低于全流域平均水平；未利用地以帕斯科县变化最为剧烈，相对变化率为 10.60%，希尔伯勒县和马纳提县次之，分别为 2.53%、1.19%，其他各县变化率低于全区平均水平；耕地与牧场以萨拉索塔县变化最为剧烈，相对变化率为 4.10%，皮拉尼斯县次之，为 3.02%；河流与湖泊整个区域变化都较剧烈，达到所有用地变化中最大，为 28.40，依托海湾而发展起来的城市水域是最易发生动态变化的用地，坦帕湾水域资源丰富，由西向东有 LakeTarpon、White Trout Lake、特温莱克、Egypt Lake、Lake Parrish、Lake Manatee 等大小湖泊；林地中同样以皮拉尼斯县变化最为剧烈，滩涂与沼泽中以帕斯科县和波尔克县变化最为剧烈，相对变化率分别为 5.93% 和 4.92%，可见内陆地区沼泽逐渐增多。

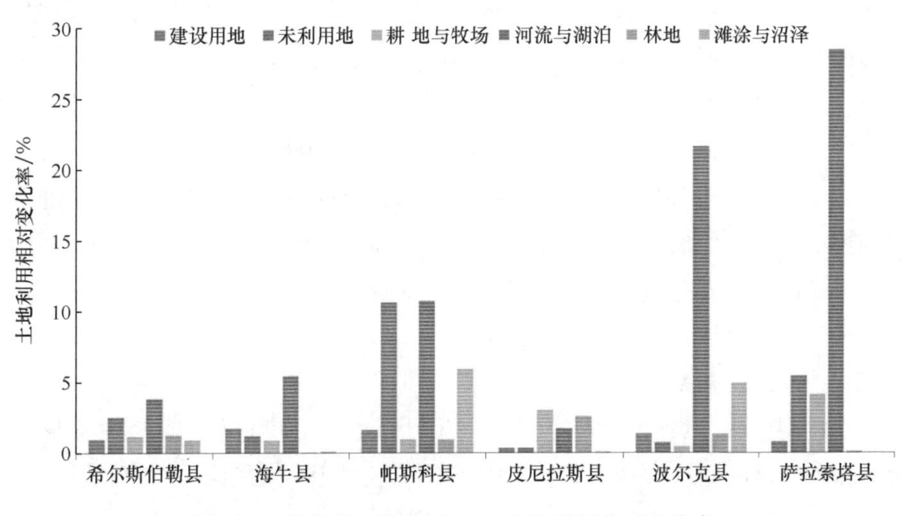

图 4-9　坦帕湾 1985—2015 年土地利用相对变化率

4.5.4　流域土地利用变化动态度时空分析

土地利用动态度可表示不同土地类型的变化的差异，在转移矩阵基础上，计算出不同时段的土地利用动态度。由表 4-26 可得，不同阶段的土地利用动态度有明显差异。整个研究阶段土地利用综合动态度为 0.246%，介于最小值和最大值之间，其中未利用地变化最快，为1.11%，坦帕湾流域未利用地主要类型是盐碱地，水溶性盐从高海拔地区流向低海拔盆地积聚，以及沿海地区海水浸渍都可以形成盐碱地，面对未利用地快速增加的现状，政府在积极调控城市淡水供给的同时应加大对盐碱地水分的增加，优化土壤成分种植适应盐度高的植物，带动地区农作物经济。

分阶段来看，土地利用综合动态度最大为1995—2005年的0.92%，最小的是2005—2015年的0.83%，1985—1995年土地利用综合动态度为0.91%，说明1995—2005年流域土地类型面积相对于其他阶段发生了较大变化，主要是1991年《坦帕湾河口保护计划》、1996年《渔业保护和管理法》的提出使海域管理得到加强，动态变化较明显。1985—1995年土地利用变化最为稳定。近30年流域不同阶段不同地类的单一动态度也有明显差异。1985—1995年各类土地变化较为缓慢，建设用地变化最快，年均增长率为0.33%；未利用地和河流与湖泊次之，为-0.26%；滩涂与沼泽变化最慢，为-0.14%。1995—2005年未利用地变化最快，年均增长率为2.12%；建设用地和耕地次之，年均增长率分别为0.25%、0.35%；滩涂与沼泽变化最慢，为-0.02%，说明未利用地变化最为活跃，其他用地较为稳定，这与海域管理加强直接相关。2005—2015年与前一阶段变化一致，未利用地变化最活跃，年均增长率为1.30%，建设用地和耕地次之，年均增长率为0.30%、-0.33%。可以看出，整个阶段建设用地都保持一定的增长率，城市建设在有规划和理性地进行，未利用地变化起伏最大，说明郊区的生态有恶化趋势。作为重要的土地后备资源滩涂面积一直在减少，减少速率在后期达到最大，且滩涂主要转换为建设用地和未利用地，说明坦帕湾流域滩涂资源的利用不断加强，需要加强管理以保护滩涂生态系统。

通过网格法，对流域的各网格土地利用综合动态度进行空间克里金插值，得到流域土地利用综合动态度空间分布图。土地利用动态度由高到低形成集聚区向外辐射，不同阶段极核中心分布不同。建设用地越集中的地区土地利用动态度越低，耕地分布越集中的地区土地利用动态度越高，说明土地利用动态度的变化与土地类型有直接相关性。1985—1995年土地利用动态变化较明显的地区主要在北部帕斯科县和南部马纳提县，其中韦斯利礼拜堂达到0.78%以上；1995—2005年土地利用较为明显的是希尔斯伯勒县和帕斯科县交界区、萨拉索塔县以及波尔克县的温特黑文，较前一阶段高动态度极核中心一直向南移动；2005—2015年土地利用动态变化大的地区主要集中在希尔斯伯勒县东南部，且其他地区变化都较小，相较于前一段阶段高动态度区域面积在减少，可见坦帕湾流域土地动态变化逐渐趋于稳定。

表 4-26　1985—2015 年坦帕湾流域土地利用动态度

时段	单一动态度（%）						综合动态度（%）
	建设用地	未利用地	耕地与牧场	河流与湖泊	林地	滩涂与沼泽	
1985-1995	0. 33	−0. 26	−0. 25	−0. 26	−0. 15	−0. 14	0. 392
1995-2005	0. 25	2. 12	−0. 35	0. 23	−0. 20	−0. 02	0. 421
2005-2015	0. 30	1. 30	−0. 33	−0. 14	−0. 19	−0. 32	0. 198
1985-2015	0. 30	1. 11	−0. 30	−0. 06	−0. 17	−0. 16	0. 246

4. 5. 5　流域土地利用结构分析

由表 4-27 可得，坦帕湾流域土地利用信息熵、均衡度呈小幅下降趋势，说明土地结构越来越有序化，不同职能的土地类型面积相差越来越大，土地均衡性在下降。流域土地结构信息熵由 1985 年的 1. 349 5 到 2015 年的 1. 344，相对于标准信息熵 1. 791 8 熵值整体偏中上，说明流域整体土地利用程度较高，结构较合理。均衡度与信息熵变化趋势一致，由 1985 年的 0. 753 2 下降到 2015 年的 0. 750 3。在保持整体下降趋势的同时，2005 年土地结构信息熵反增大了 0. 005 9，同时均衡度也随之增加 0. 003 3，主要是 2005 年美国佛罗里达州连续受到飓风威尔玛、伊玛的连续袭击，飓风由墨西哥沿岸侵入引起坦帕湾流域景观发生变化，建设用地扩张减缓，土地均衡性提高。与信息熵均衡度变化相反，优势度呈增加趋势，由上文可得，建设用地和林地在整个流域中贡献率最大，且建设用地在整个研究期间面积直线增加，说明建设用地开始主导坦帕湾流域土地的均衡性，1995 年的优势度达到最大为 0. 2516，主要是 1985-1995 年期间流域东部房地产兴起，导致建设用地地位提高，城市职能明显，预测城市化是流域发展的主要方向。

表 4-27　坦帕湾流域 1985-2015 年土地利用结构信息熵、均衡度及优势度

年份	信息熵	均衡度	优势度
1985	1. 349 5	0. 753 2	0. 246 8
1995	1. 341 0	0. 748 4	0. 251 6
2005	1. 346 9	0. 751 7	0. 248 3
2015	1. 344 4	0. 750 3	0. 249 7

4.5.6 土地开发利用强度时空变化分析

由于土地利用/土地覆被的变化涉及因素繁多，过程错综复杂，因而以简化和抽象化为特征的各种模型对于理解和预测土地利用的格局有不可替代的作用（史培军 等，2000）。根据研究区范围将流域划分为859个4 km×4 km的网格小单元，并结合土地利用程度模型计算出每个单元的土地利用程度指数，利用ArcGIS空间克里金插值纠正以后得到坦帕湾流域土地利用强度空间分布图。由强至弱划分五个等级，低（Ⅰ≤300）、较低（300<Ⅱ≤350）、中（350<Ⅲ≤400）、较高（400<Ⅳ≤450）、高（450<Ⅴ≤500）。

对各等级栅格数据进行汇总得到面积及比例，由表4-28可得，整个过程中强度等级的土地利用面积最大，高强度土地次之，低强度所占的面积最少，较高强度的面积比例保持稳定。可见坦帕湾土地利用水平中等偏上。

表4-28　各时期强度水平划分、面积及比例　（hm^2,%）

强度等级	1985年		1995年		2005年		2015年	
	面积	比例	面积	比例	面积	比例	面积	比例
低强度	8 656.00	1.38	7 515.00	6.67	6 898.00	1.10	7 155.00	1.14
较低强度	88 007.00	14.06	76 614.00	13.33	86 155.00	13.77	82 996.00	13.26
中强度	317 553.00	50.74	331 053.00	20.00	313 524.00	50.09	303 466.00	49.49
较高强度	147 816.00	23.62	145 546.00	26.67	152 140.00	24.31	162 526.00	25.97
高强度	63 787.80	10.19	65 219.00	33.33	67 151.00	10.73	69 724.00	11.14

从宏观角度分析土地利用空间变化，四期土地利用强度分布具有相似性，土地利用强度等级呈区域化集聚分布，高强度土地利用的主要集中在墨西哥湾、旧坦帕湾向陆一侧，主要因为沿岸地区处于海陆交错区，土地资源丰富，人类开发利用活动较大，人类活动密度大，以建设用地为主的土地利用程度本身已经达到最高。希尔斯伯勒县的首府坦帕临近坦帕湾，由于良好的气候、物价，加上坦帕湾是全美首选的度假活动场所，这一区域土地利用强度最高，可见行政中心以及自然资源对土地强度变化有直接影响。沿着4号州际公路周边的区域土地利用强度较强，交通带动沿线经济的发展。土地利用较低的区域主要分布在马纳提县东南部，此区域以林地和耕地为主。土地利用强度低的地区主要集中在流域南部沿岸坦帕湾河口生态系统的岩池区、克鲁克德湖和马纳提下湖流域，其中克鲁克德湖的土地利用强度在逐渐增强。随着时

间的推移希尔伯勒县的布莱登土地利用强度在逐渐增强且高强度面积增加，布莱登远离海岸，被称为坦帕的后花园，有许多世纪特色建筑，20 世纪 80 年代迅速起飞，大量人口移居到这里，交通的快速发展使社区经济直线上升。在土地利用演变过程中自然环境因素对土地利用的区域分布有强烈影响作用（张丽 等，2014），然而坦帕湾流域处在沿海平原，整体海拔都低于 35 m，因此，影响流域土地利用强度分布主要因素是地理区位、人口迁移、行政中心以及自然保护区。

通过对四期每个格网单元的土地利用强度变化指数进行空间插值可视化来更清晰的体现流域土地利用程度的变化趋势。任何时候坦帕湾流域土地开发利用处于发展期的面积大于调整期的面积，且发展期比例在大幅增加，说明坦帕湾流域土地利用一直处于快速开发状态，土地利用程度增强趋势明显。其中坦帕湾城市群土地利用变化指数几乎都大于零，加上本身经济水平较高，城市化处于领先水平。在土地利用变化指数小于零的地区主要集中在北部野生动植物保护区、自然保护区以及国家公园缓冲区内，说明佛罗里达州对生态保护措施到位。

分阶段来看，1985-1995 年土地利用程度增强的地区主要集中于墨西哥湾一侧，由沿海一侧向陆地递减，这与城市化发展一般以资源较为丰富的区域先开始相对应。1995-2005 年流域北部发展期面积增大，土地利用程度增强，南部调整期面积增大，土地利用程度下降，南部城市分布较少，主要以林地和耕地为主，农业发展水平高，农业相对于其他用地相对稳定，土地利用动态变化较弱。2005-2015 年流域土地利用强度整体达到最高，发展期面积增加达到最大，只有南部 Fort Lonesome 农业区和北部动植物保护区少量区域处于调整期，主要因为这个阶段马纳提河流域沿岸旅游、商业、娱乐休闲开发基本完成，房地产开发也基本竣工 。

4.5.7 流域土地开发利用强度驱动力分析

4.5.7.1 人口因素

城市化和城市扩张已成为整个美国都担心的问题，城市化强度包括土地利用强度和人口分布（George et al，2007），由上文得出土地开发利用强度和城市化强度呈正相关性。由表 4-29 可得，坦帕湾流域各地级县人口直线增长，希尔斯伯勒县和皮尼拉斯县人口最多，其中希尔斯伯勒县变化速度最快，沿海地区圣比斯德堡和坦帕市土地利用开发强度最高，土地集约化程度较高，相应人口密度较高，向外辐射人口逐渐减少，马纳提县人口密度分布最低。人口的快速增加，导致流域对建设用地的需求增加，土地结构优化以后土地利用程度也提高。全球化背景下城市发展的推动力在于人力资本的积累，大量的劳动力有向便利性高的城市集中的趋势，因此人口变化和土地开发利用强度具有一致性。

表 4-29 坦帕湾流域 1980—2016 年人口变化 (%)

分区	1980 年		1990 年		2000 年		2010 年		2016 年	
	人口	增长率	人口	增长率	人口	增长率	人口	增长率	人口	增长率
皮尼拉斯县	728 531	39.5	851 659	16.9	921 482	8.2	960 732	-0.5	916 542	4.8
马纳提县	148 442	52.9	211 707	42.6	264 002	24.7	322 833	22.3	375 888	16.4
帕斯科县	193 643	154.9	281 131	45.2	344 765	22.6	464 697	34.8	512 368	10.3
波尔克县	321 652	41.6	405 382	26.0	483 924	19.4	602 095	24.4	666 149	10.6
萨拉索塔县	202 251	68.0	277 776	37.3	325 957	17.3	379 448	16.4	412 569	8.7
希尔斯伯勒县	646 960	32.0	834 054	28.9	998 948	19.8	1 229 226	23.1	1 376 238	12.0

4.5.7.2 政策因素

从政策层面上看，随着坦帕湾河口保护计划上升到国家战略，20 世纪 70 年代海湾环境受到严重侵害的困境得到了改善，在以生态保护为前提的坦帕湾流域城市化进程逐渐变缓。联邦政府和各州相互协作，严格执行一系列管理法律法规，如禁止公众在生态保护区捕捞鱼类、控制污染物的排放等。为实现以科学为基础综合保护和管理，佛罗里达大学与佛罗里达规划与发展实验室进行飓风、洪涝、地震等自然灾害评估，萨拉索塔县等海滩沿岸设立专门的评估区，对护岸工程支付费用，进行生态补偿。保护生物多样性，对国家公园、国家自然保护区实行缓冲区管理，在保护区周边就开始限制人工开发。佛罗里达社区事务部鼓励公众参与网上培训，普及环境保护观念。2013 年佛罗里达西南部生态系统恢复计划发布，由坦帕湾河口计划、萨拉索塔湾计划、夏洛特港国家河口规划等组成，集中在大规模海岸生境恢复、土地征用和水质改善以及环境监测、评估和教育项目等领域。坦帕湾科学家和管理人员以打造更为理想的栖息地为目标，在其他河口失去很多栖息地的同时，1990—2010 年间获得了超过 3.72 hm^2 的有价值栖息地（Lotze et al，2006），带来了可观的收益。可见建立海湾开发管理制度尤为重要。

4.5.8 结论

本节利用坦帕湾流域1985—2015年遥感数据，结合已有陆地土地利用研究成果，构建土地利用动态度、土地利用结构、土地利用强度等模型，通过GIS网格空间可视化对坦帕湾流域土地开发利用强度时空格局进行了分析，主要结论包括：

近30年坦帕湾流域土地利用时空分异特征明显，建设用地和林地是主要用地类型，面积贡献率达70%，且建设用地和未利用地规模增大的同时其他用地减少，分别增加了9.02%，33.45%。耕地及牧场减少幅度最大为9.02%。土地利用分布与自然地理环境息息相关，建设用地主要分布在坦帕湾流域海岸带坦帕湾城市群，皮内拉斯县和坦帕全局覆盖。河流与湖泊主要分布在波尔克县温特黑文附近。坦帕湾流域转移以建设用地为主，城市扩展有序进行。建设用地大量增加主要由耕地、林地转换而来，大量农业用地转为非农业地。未利用地的大量增加主要由林地、耕地转换而来，坦帕湾农村的生态环境恶化。滩涂是海港城市主要的后备资源，却主要转换为建设用地和未利用地，为了人类可持续发展快速城市化过程中应该增加滩涂对耕地的补给。土地利用相对变化率，建设用地主要表现为马纳提县、未利用地为帕斯科县、耕地为萨拉索塔县、林地为皮拉尼斯县、滩涂为帕斯科县，整个河流与湖泊土地利用相对变化处于区域最大。

土地利用综合动态度先增大后减少，整体呈减少趋势，空间由高到低形成极核分布，且随着时间极核中心向南移动，大量高动态度区转换为较低动态度区，土地变化逐渐平稳化。坦帕湾流域土地信息熵、均衡度逐渐下降的同时与优势度上升，各土地类型之间的面积在增大，土地结构有序性提高、均衡性下降，建设用地逐渐主导流域的均衡性，土地利用结构趋向稳定。坦帕湾流域土地开发以中高强度为主，高强度土地主要集中在墨西哥湾、坦帕湾包围的区域，以及行政中心坦帕。州际公路沿线以较高强度土地为主，土地利用较低的主要集中在生态系统保护区。坦帕湾流域发展期规模与调整期比例一直增大，土地利用程度增强趋势明显，除了生态保护区以及农业区，几乎整个流域都处在发展期，坦帕湾流域城市化进程快速发展。此外，人口的快速增加以及流域土地管理对土地开发利用强度变化有积极影响，在未来海岸带开发建设过程中应遵循土地可持续发展政策合理控制人口迁移分布。

5　海岸带人工地貌分类研究

地貌类型划分原则、方法多是基于地貌的自然属性，很少涉及地貌的人为属性，对于人类活动的因素或者人工地貌的社会功能缺乏认识。随着人类活动的趋强，海岸带管理面临的新挑战是如何协调海岸生态环境与人类活动之间的关系，如何解决人与环境的矛盾问题。因此，人工地貌的社会功能将是海岸带管理必须考虑的新元素。虽然地貌分类原则、方案等多是针对自然地貌的研究成果，关于人工地貌研究比较少，但地貌类型的划分具有一定的共性特征，自然地貌分类的原理同样可以推广到人工地貌分类研究领域，既是对地貌分类体系的拓展，也是对地貌分类体系研究的补充与完善。人工建设地貌研究的首要任务是对各种已有的建筑集合体进行类别划分，这项工作牵涉到人工建设地貌领域划分原则和具体的分类类别，事关人工建设地貌，乃至整个人工地貌分类系统研究的成效，对一系列的相应研究项目起着基础性的作用。人地关系的发展与人类经济社会活动强度息息相关，再叠加全球变化影响作用基础上改变着地球表层的水文循环过程，特别是在开发历史悠久的港湾流域地区和人类活动行为一起影响着整个流域系统的结构与功能，在某种程度上给海岸带地区的生态环境科学管理是种挑战。随着现代科技革命与新型城镇化进程的加快，人类活动行为越来越多地改变和干扰着所依赖的自然地理生存环境。人工地貌作为人类活动的结果形式，以自然地理环境综合禀赋为基础，以人工-自然复合体为属性特征的实体满足人类日常生产生活需要，在海岸带流域地区，其改变了港湾流域系统内部的生态系统循环结构，有必要了解人工地貌营造的内外因子和人工地貌布局原则，以便进一步研究所需。

5.1　象山港海岸带人工建设地貌分类系统研究

人工地貌分类是人工地貌演化过程和发育规律及人工地貌学体系创建等

问题研究的前提。鉴于我国乃至世界范围内人工地貌种类繁多、分布广泛而分类系统研究远远滞后于理论和实践需要的现实，本书从地貌分类的意义、分类原则、分类方案等角度出发，对人工地貌的分类研究成果进行梳理，并对国内外地貌分类系统进行评述。在此基础上，适时提出人工建设地貌分类方案，尝试创建人工建设地貌分类体系，力图形成人工地貌学中的地貌分类理论，也是对人工地貌学理论研究的一次探索。

地貌分类是按照一定的原则和指标，利用某种方法，根据地貌的相似性和差异性特征，对地貌体进行筛选、分组或归类的过程，实现对地貌的有序排列，以利于观察与描述，成为科学研究工作深入推进的基础（李炳元 等，2008）。然而，地貌分类体系不仅仅是一个简单的分类过程，它理应涵盖各个层面、各种类型的地貌集合体，这些地貌集合体能够充分反映不同地域单元的地貌情况，形成一个具有一定普适性的地貌分类方案（孙云华 等，2011）。

5.1.1　地貌分类意义

随着人类对地球生态系统环境意义认识的加深，人类活动的手段日渐多样化，改造环境的能力不断提升，以及多尺度、多维度、多渠道信息获取的实现，使得具有综合性、区域性、层次性、差异性分类方案的提出成为可能。同时，人工地貌分类体系的前瞻性、普适性优势得以体现，其预测和指导意义日趋重要。故此，人工地貌分类体系的研究有着深刻的理论和现实意义，其研究的必要性、紧迫性将加速本学科的发展，在一定程度上促使相关领域的协作研究向更深层次推进。

海岸带区域人工地貌的物质组成、格局特征、变化过程与海岸带的自然条件和人类活动形式及强度等密切相关（孙云华 等，2011）。因此，深刻认识海岸带区域人工地貌的基本特征，是进行海岸带区域人工地貌分类研究的前提和基础。科学合理的构建人工地貌分类体系对于认识人工地貌的基本属性和内在特点有着重要的意义，而且有助于人工地貌演化过程及其发育规律的把握，最终可将理论成果运用到海岸带资源开发与保护的实践中，为海洋经济的未来发展提供参考。人工地貌分类是进行人工地貌研究的基础性工作和人工地貌学发展必须首先解决的前提问题，故此，地貌分类工作在人工地貌学的深入研究中居于首要地位。

人工地貌的分类研究不同于自然地貌，从其海拔、分布、成因等方面考虑，有其特殊性，不能与自然地貌一概而论。但自然地貌分类研究的经验、成果对于人工地貌的研究有一定的借鉴意义，尤其是地貌类型划分的原则在人工地貌的划分中具有高度的一致性。因此，梳理自然地貌分类研究的理论成果和实践方案，对人工地貌的研究有着重要的指导意义。地貌分类研究存在一个普遍性的问题：分类原则和分类指标的选取无法达成统一，导致分类结果花样繁多，没有共识性的标准体系，以至于出现地貌类型划分不明，不同学者或单位推出的地貌分类结果存在交叉、互斥现象，严重影响了地貌学知识体系的发展，甚至阻碍了全局性的地貌规划和生产、生活活动（高玄彧等，2006）。

5.1.2 地貌分类原则

地貌分类是地貌学研究的基础，而地貌分类原则的选择事关地貌的具体类型划分。故此，地貌分类原则的选择是地貌分类成败的关键所在。从地貌分类原则方面看，地貌分类遵循的原则众说不一，形成多种代表性的学说（周成虎 等，2009），这里着重介绍以下两大原则以示地貌分类研究的进展状况。

5.1.2.1 形态和成因相结合原则

地貌形态与成因原则在地貌类型划分研究中时间最久远、应用最为广泛。国际上，Penck 的形态分类方法（彭克，1964）、Davis 的成因分类方法（苏时雨 等，1999）是早期最具代表性的研究成果，以及 Luopei Ke 与 Spiridonov 先后提出了形态与成因相结合的原则（苏时雨 等，1999；德梅克，1984），一定程度上丰富了地貌分类的研究指标，进一步推动了地貌分类研究的发展。在国内，沈玉昌按照地貌的成因原则将我国地貌划分为五类，并依此提出了我国陆地和海岸地貌分类体系（沈玉昌，1958）；潘德扬综合形态和成因原则，并增加了分级的概念，将地貌形态划分为九个等级（沈玉昌 等，1982）。但是，形态与成因原则也存在一定的问题，不能简单地从某些固定的指标角度考察地貌分类与地貌形态和成因之间的关系。

5.1.2.2 分类指标的刚柔性原则

综合考虑影响地貌分类指标的关联度，将指标划分为刚性和柔性两个方面，明晰了地貌分类的概念，也增加了地貌分类过程中的灵活性，分类结果对于生产实践和科学普及都有一定的促进作用（高玄彧 等，2006）。同时，约束性与自由性相结合，改变了过去地貌分类中全盘刚性指标所导致的分类体系呆板的现象，也解决了分类过程中事实上的随意性，使得二者互为补充，形成了特点鲜明、适应性较强的分类原则，得到了广泛的认可（高玄彧 等，2006）。

此外，周成虎指出，在分类研究中还涉及主导因素原则、分类指标定量化原则、分类体系的逻辑性原则、分类体系的完备性原则等方面的内容，是对国内外地貌分类研究的综合考量和评述，在地貌分类研究中有着承前启后的作用（周成虎 等，2009）。

5.1.3 地貌分类方案

就目前的研究情况看，地貌分类研究已取得一定的成果。就国内研究来说，地貌的分类体系有全国性的、各省区的、区域性的，还进一步扩展到某一个部门地貌的研究（沈玉昌 等，1982）。此外，专门地貌分类体系的研究也取得了重大的进展。但是，地貌分类体系多样化导致分类结果多样，不能达成共识，其结果是形成多标准、多方案的划分指标，最终结果必然存在明显的差异性，使得实践应用的指导与评价的随意性突出，不同方案间的对比性较大，无法区分优劣，难以达成分类研究的共识，对于生产实践的指导存在理论混乱的情况。从国内的研究成果看，中国科学院地理研究所提出的《中国地貌区划》（中国科学院自然区划委员会，1959）、以柴宗新为代表的中国科学院成都地理研究所提出的《四川省地貌区划》（柴宗新，1986）是关于地貌类型划分最为主流的分类方案，对其他地貌类型的研究有着重要的指导意义，也被广泛认可。但两种分类方案之间存在非此即彼的互斥现象，对地貌分类研究的评价造成了一定的困难，如何实现二者之间的统一，将是未来研究的重要问题。此外，苏联地貌学家斯瓦里采夫什卡娅提出的地貌分类法在西方地理学界产生重要的影响，而且对中国的地貌学发展也有一定的借鉴意义，促进了中国地貌学分类研究的发展。

5.1.4 人工地貌分类研究成果

人工地貌在前人的研究中经常以“人为地貌”的说法出现（裘善文 等，1982），人为地貌的分类研究在地貌分类研究中也有体现。裘善文等在陆地地貌分类方案中将人为地貌列入十二大地貌类型之一，进一步细分为桑基鱼塘、盐田、人造平原（包括海涂围垦）三种类型；在海岸地貌中提出了“人工海岸”的说法，主要分为盐田和海塘两类（裘善文 等，1982）。高玄彧曾在总结前人的研究成果基础上，指出人为地貌主要存在正负地貌两种地貌类型，这是根据地貌成因分类指标进行的地貌分类方案（高玄彧 等，2006）。

最早的地貌分类研究出现在自然地貌领域，而人工地貌分类研究的热点聚焦于土地利用类型的探讨，从土地利用方式角度出发，以土地利用的功能、用途为依据，对土地利用类型进行划分。具体到海岸带区域人工地貌的分类研究，海岸带土地利用类型的研究成为海岸带区域人工地貌分类研究的典型代表，其研究的时空跨度比较大，涵盖了古今、国内外的海岸带土地利用类型（邸向红等，2014），研究成果日臻成熟，对于不同视角的海岸带区域人工建设地貌类型的进一步划分有着重要的借鉴意义。此外，海岸带区域的工程地貌类型多样，但研究的视角在于运用不同的技术方法进行工程的选址（宋立松，1999；姚炎明 等，2005；李加林 等，2006），也涉及了工程地貌的结构及应用价值的研究（季小强 等，2011；Dean et al，2004），未能将海岸工程地貌上升到地貌学的高度，从地貌学的角度对海岸工程地貌进行分析。

综上所述，地貌类型划分原则、方法多是基于地貌的自然属性，很少涉及地貌的人为属性，对于人类活动的因素或者人工地貌的社会功能缺乏认识。但随着人类活动的趋强，海岸带管理面临的新挑战是如何协调海岸生态环境与人类活动之间的关系，如何解决人与环境的矛盾问题。因此，人工地貌的社会功能将是海岸带管理必须考虑的新元素。虽然地貌分类原则、方案等多是针对自然地貌的研究成果，对于人工地貌的研究比较少，但地貌类型的划分具有一定的共性特征，自然地貌分类的原理同样可以推广到人工地貌分类研究领域，既是对地貌分类体系的拓展，也是对地貌分类体系研究的补充与完善。

5.1.5 人工建设地貌分类系统研究

人工建设地貌研究的首要任务是对各种已有的建筑集合体进行类别划分，这项工作牵涉到人工建设地貌领域划分原则和具体的分类类别，事关人工建设地貌，乃至整个人工地貌分类系统研究的成效，对一系列的相应研究项目起着基础性的作用。

在人工建设地貌划分的过程中，分类原则的选择是首要问题。理应把握人工建设地貌分类研究的方向和目的，凸显其特殊性，以体现与自然地貌分类的差异性。人工建设地貌分类是指按照一定的分类原则，依据相关研究指标，将人工建设地貌进行归类整理，使得各类型的人工建设地貌在特定指标下具有一定的相似性，不同指标下又具有较大的差异性（表 5-1）。

表 5-1 人工建设地貌分类系统

一级（地形起伏）	二级（地貌过程）	三级（形状特征）	四级（相对高度）
人工正地貌	人工堆积地貌	点状人工地貌	人工山脉
人工负地貌	人工侵蚀地貌	线状人工地貌	人工高原
		面状人工地貌	人工平原
		三维人工地貌	人工盆地
		复合人工地貌	人工丘陵
			人工沟谷

借鉴地貌学原理，参照自然地貌类型划分理论，融合相关学科分类体系建设经验，结合人工建设地貌特征，根据综合性、区域性、层次性及差异性四大原则，选取人工建设地貌的地形起伏状况、地貌演变过程、几何形状特征以及地貌单元相对海拔高度四大指标，采用四级分类法对人工建设地貌进行划分，最终形成人工建设地貌分类系统。

5.1.5.1 地形起伏指标

所谓地形起伏，是指相邻的地理单元呈“凸起”或“凹陷”的地貌形态。从地貌学的意义出发，其中“凸起”的部分即为“正地貌”，“凹陷”的部分则为“负地貌”。结合人工建设地貌的概念，将正、负地貌赋予人文要素特征，形成人工建设地貌领域的正、负地貌概念，即“人工正地貌”和“人工负地貌”。人工正地貌是在第三造貌力作用下，使得物质不断堆积，形成高于附近原有地貌的过程，诸如楼房、堤坝等的建设；人工负地貌是在第三造貌力作用下，使得物质不断迁移，导致原有地表物质被剥离，或者由于周边人工正地貌的建设，在视觉上形成相应的低洼区域，形成凹陷地貌的过程，诸如人工河、道路等的建设。

值得指出的是，人工正、负地貌最大的特点在于相对性，例如中低层小区相对于高楼大厦而言是人工负地貌，但相对于广场、草坪而言是正地貌。故此，判断人工正、负地貌的关键是辨别相邻人工地貌的高低、起伏关系。

5.1.5.2 地貌过程指标

地貌过程是指各地貌单元及其地貌集合体随着时空的转换，引起的地貌演化、变迁等过程，在演变过程中要维持动态的平衡，分化出侵蚀和堆积两种相对的地貌过程。在内、外力作用下，对原有自然地貌的破坏、改造过程，即侵蚀地貌过程；在原有自然地貌基础上，通过多种内、外力作用形式，将他处的各种物质搬运至此，利用各种条件使得物质堆积下来的过程，则是堆积地貌过程。将自然地貌过程引入人工建设地貌领域，在地貌的演变过程中赋予人文要素，形成具有人文特征的现代人工建设地貌过程，结合研究的需要，即形成人工建设的侵蚀地貌过程和堆积地貌过程。诸如高楼大厦、桥梁、堤坝等是典型的人工堆积地貌体，人工河、采矿区、水池等多是人工侵蚀地貌体。

人工侵蚀地貌过程与人工堆积地貌过程是现代人工建设地貌过程的两个重要方面，二者相互依存、相互联系、相互区别。从人工建设地貌的发展过程看，在某一阶段可能以某一种地貌过程为主，从而占据主导地位；在另一阶段可能以另外一种地貌过程为主，主次颠倒，产生一种新的演化过程。但是，为了维持人工建设地貌演变过程中的动态平衡，人工侵蚀与人工堆积过程始终处于此消彼长的过程中，以此维持了人工建设地貌与自然地貌的动态平衡。

5.1.5.3 形状特征指标

地貌几何形状是指特定地貌单元或地貌集合体在多维空间中呈现的形式，诸如点状、线状、面状、三维以及复合结构等形状特征。在人工建设地貌研究范围内，亦可以几何形态特征为标准，将人工建设地貌分为点状人工地貌、线状人工地貌、面状人工地貌、三维人工地貌以及复合结构人工地貌。在生产实践中，通过人类活动，形成了多形态的地貌单元和地貌集合体，诸如灯塔、堤坝、广场、楼房等皆可从几何形态角度出发，归为不同的人工建设地貌类型。这五种地貌形态基本涵盖人工建设地貌体的几何形态特征，有利于人工建设地貌集合体的定性描述，可以明确其具体的空间分布及分布特征。亦可从形态演化趋势中把握人工建设地貌的发育规律，对人工建设地貌的认识更为形象、具体（表 5-2）。

表 5-2 基于几何形态定义人工建设地貌体

几何形态	人工建设地貌体基本特征	建筑类型	地貌类型
点状	孤立、分散布局的建筑地貌集合体	灯塔、岗亭、行政中心	点状人工地貌
线状	呈条带状延伸的建筑地貌集合体	道路、河流、堤坝	线状人工地貌
面状	集聚成片、规模较大的建筑地貌集合体	广场、居住区、码头	面状人工地貌
三维	具有简单立体结构的建筑地貌集合体	灯塔、堤坝、厂房	三维人工地貌
复合	多几何形态构建的复杂建筑地貌集合体	高楼大厦	复合人工地貌

5.1.5.4 相对高度指标

地貌单元的相对海拔高度，是指以两个或多个特定地貌单元为比较对象，以相对高度的落差为依据，判定地貌的高低、起伏状况。将五大自然地形和自然地貌中重要的山谷地貌引入人工建设地貌领域，形成基于地貌相对高度落差的人工建设地貌集合体。在人工建设地貌研究中，不同的人工建设地貌体之间的相对高度差异显著，以此划分人工建设地貌类型。借鉴地貌学原理，依据人工建设地貌的现状，从各种人工建筑集合体的集群状况、相对高度出发，将人工建设地貌划分为“人工山脉”“人工高原”“人工平原”“人工盆地”“人工丘陵”“人工沟谷”六大基本地貌类型（表 5-3）。

表 5-3 借鉴地貌学原理定义人工建设地貌体

类别	人工建设地貌体基本特征	建筑类型	地貌类型
人工建设地貌体“山脉”	呈线状延伸的连绵建筑集合体	道路两侧高楼、堤坝	人工山脉
人工建设地貌体“高原”	表面平坦、海拔较高的建筑集合体	高层小区	人工高原
人工建设地貌体“平原”	表面平坦、海拔较低的建筑集合体	中低层小区、港区	人工平原
人工建设地貌体“盆地”	周高中底的低矮建筑集合体	草坪、运动场、广场	人工盆地
人工建设地貌体“丘陵”	起伏和缓、呈点状孤立的建筑集合体	民宅	人工丘陵
人工建设地貌体“山谷”	两侧高于中间的建筑集合体形态	道路、河流	人工沟谷

此分类方法和分类类别是结合地貌学原理和人工建设地貌集合体的实际情况的划分结果，在一定意义上，将普通的人工建筑及其集合体上升到地貌学的高度，从地貌学的角度重新认识人类活动所引发的地貌效应，对于把握人类活动的作用形式、强度以及影响，具有重要的地貌学意义。同时，也是

真正意义上人工建筑与地貌的结合，这种人工建设地貌类型的确立，对于其他方面的研究有着极为深刻的影响。

综上所述，人工建设地貌分类系统采用四级分类法，按照不同指标对人工建设地貌集合体进行了相应的划分，最终建立以各自相似特征为基础的地貌单元所组成的地貌分类系统，是人工建设地貌研究的基础。该地貌分类系统可以满足不同区域、目的、角度的研究需要，体现了分类系统的综合性、区域性、层次性、差异性特征。弥补了自然地貌划分中，宏观层次划分所表现的分类类别宽泛、概略性等缺陷，当研究区适当缩小，应用于中观及微观层次的研究时，其第三、四级分类的优势将会更加明显。因此，本分类系统的应用级别跨度较大，一定程度上可以满足不同要求的研究需要。

5.1.6 基于形态特征的人工建设地貌分类方案

根据港湾式海岸地区人工建设地貌的实际情况和生产实践的需要，以及人工建设地貌自身的内在特点等，以象山港沿岸地区为例，并以其沿岸地区的乡镇街道为单位，对象山港沿岸地区人工建设地貌进行研究。结合自然地貌和人工地貌研究的规律，对人工建设地貌进行类别划分，是进行人工建设地貌深入研究的必要前提。在此，将人工建设地貌分类研究成果引入象山港沿岸地区人工建设地貌研究当中，形成具有鲜明特色的象山港沿岸地区人工建设地貌分类体系。

结合自然地貌分类研究成果与人工地貌的特殊性，采用四级分类法，对人工建设地貌进行类别的划分。其中，基于形态特征的地貌分类与实地的人工建设用地状况的吻合度较高。故此，结合定量与定性方法，对第三级分类进行深入研究，并得出基于形态特征的象山港沿岸地区人工建设地貌类型分布图。

从几何形态角度出发，利用定性研究方法，可将各类型的地理事物划分为点状、线状、面状、三维等多种类型。但是，如何区分各种形态的地貌，尚未形成统一的观点，尤其是定性研究的结果难以进行比较分析，不能体现地理事物的特殊性及其发展动态。故此，本书尝试采用定量研究的方法，通过测量和统计各种类型人工建设地貌集合体在地球表面上所占面积、长度来表征各种形态的人工建设地貌体属性。

通过对人工建设用地面积加权，得出人工建设地貌平均斑块指数。人工建设地貌平均斑块指数在一定程度上可以反映出一个区域范围内的人类活动强度，对于人工建设地貌类型的划分具有一定的参照价值；但这种指标的选择对于点状和面状地貌的划分过于粗略，分类标准的依据缺乏理论支撑，不仅不易被广泛认知，而且应用的价值不大。结合实际研究需要，本研究的目的在于表征基于几何形态的人工建设地貌分类状况及其格局演变特征的分析，不在于相对意义上的点、面划分；故此，利用人工建设地貌平均斑块指数对点状、面状人工建设地貌进行划分具有很好的实际应用价值。

由统计数据可得，1990—2015 年象山港沿岸地区人工建设用地总斑块数为 3 637 个，总面积达到 576 615 032.6 m^2，平均斑块面积为 158 541.389 2 m^2。从地貌学角度出发，各种类型的人工建设用地，可被看作各种类型的人工建设地貌单元集合体。结合定量和定性研究的特点，运用定量方法定义点状与面状地貌，并以定性研究视角区分线状地貌。而且，由各种点、面、线状地貌集合体构建的人工建设地貌单元即为三维人工地貌，更为复杂状态下的多种三维人工地貌的有机组合，形成了复合人工地貌。现以平均斑块面积为参照标准，用定量的方法定义点状与面状地貌，凡是斑块面积不大于平均斑块面积的均为点状地貌，其余的则为面状地貌，根据人工地貌集合体的几何形态特征，具有一定延展方向、线性特征明显的地貌结构即为线状地貌。由此得出 1990—2015 年象山港沿岸地区人工建设用地的点状地貌和面状地貌斑块数量信息（见表 5-4），以及线状地貌分布示意图（见图 5-1）。

基于 1990—2015 年四个时期象山港区域遥感影像数据资料和实地的考察与测量验证，借助 ArcGIS10.0 和 ENVI5.0 软件平台对获取的数据进行解译和分析，最终得到象山港沿岸地区人工建设用地分布图。象山港沿岸共有 23 个乡镇街道，1990—2015 年四个时期的总斑块数为 3 637 个。按照点状和面状形态的定量概念，得到四个时期点状斑块分别是 249 个、711 个、1 042 个、1 014 个，即得到相应的点状地貌分布区；面状斑块分别是 102 个、135 个、173 个、211 个，即得到相应的面状地貌分布区。此外，铁路线、公路线等线性特征比较明显，故将沿港的铁路、高等级公路等定义为线状地貌，通过解译，得到线状地貌分布图。综上，由 1990—2015 年四个时期象山港沿岸地区人工建设用地所形成的点状地貌、线状地貌、面状地貌构成了象山港沿岸地区人工建设地貌有机整体。

表 5-4 1990—2015 年象山港沿岸地区人工建设地貌统计信息

（个、m^2）

	1990 年			2000 年			2010 年			2015 年		
	点状	面状	总面积	点状	面状	总面积	点状	面状	总面积	点状	面状	总面积
梅山街道	7	1	774 382. 3	24	3	1 898 181. 425	37	5	4 280 190. 85	40	12	8 228 006. 402
白峰镇	15	5	3 083 930	36	6	9 102 603. 819	89	11	13 468 813. 7	88	16	18 824 591. 77
春晓街道	0	3	1 259 670	22	3	1 829 895. 33	36	5	4 762 788. 9	28	5	3 018 892. 411
瞻岐镇	3	4	2 550 844	26	7	5 523 783. 129	50	8	9 422 289. 11	54	7	11 644 187. 22
咸祥镇	7	6	2 903 425	39	5	4 302 199. 869	67	7	5 499 230. 21	82	6	6 261 619. 227
塘溪镇	15	4	2 846 107	37	6	5 005 659. 061	46	6	5 623 764. 05	36	10	8 661 839. 99
莼湖镇	14	5	4 831 957	28	9	8 801 930. 565	45	15	11 725 518. 7	45	17	13 272 847. 64
裘村镇	0	5	2 476 273	43	6	3 420 115. 039	60	6	4 421 589. 41	57	9	6 642 430. 972
松岙镇	5	1	1 703 764	12	2	2 448 157. 749	15	4	4 025 127. 62	23	1	5 154 442. 339
梅林街道	13	3	2 062 390	22	7	6 655 271. 318	31	11	7 721 255. 34	32	14	12 272 915. 11
桥头胡街道	4	4	1 848 797	29	3	3 493 139. 652	43	3	4 242 272. 13	43	5	6 927 708. 434
跃龙街道	34	10	8 078 420	52	11	16 425 487. 05	58	9	17 097 104. 9	37	12	23 111 996. 42
桃源街道	12	4	2 474 112	19	6	12 154 816. 71	13	8	13 815 199. 1	13	7	16 824 670. 36
强蛟镇	4	2	1 171 741	16	3	4 773 284. 602	16	7	5272494. 38	15	8	6 828 939. 581
西店镇	10	11	4 872 547	27	10	12 206 226. 64	24	11	13 739 890	25	11	16 319 420. 73
深甽镇	6	4	1 543 459	29	7	3 271 669. 918	67	8	4 391 461. 62	42	9	5 310 259. 373
大佳何镇	8	3	1 500 412	22	4	2 412 143. 903	26	4	3 000 302. 05	30	6	3 940 877. 888
西周镇	5	8	3 649 001	23	9	9 821 418. 563	42	11	10 832 532. 6	48	15	12 743 611. 37
墙头镇	22	3	2 363 344	36	6	2 880 823. 283	49	6	3 417 559. 43	51	7	4 817 263. 551
大徐镇	22	2	1 911 396	49	3	3 241 558. 422	69	3	3 471 379. 23	66	4	4 137 175. 684
黄避岙乡	8	2	1 156 865	46	2	1 839 149. 711	60	2	2 145 100. 29	61	3	2 829 547. 923
贤庠镇	33	10	4 380 059	48	12	5 458 671. 106	53	14	7 528 606. 54	60	16	9 305 180. 318
涂茨镇	2	2	795 819. 6	26	5	1 977 841. 026	46	9	9 321 016. 35	38	11	11 128 378. 24

从表 5-4 和图 5-1 可以看出，沿港 23 个乡镇街道中的白峰镇、瞻岐镇、莼湖镇、梅林街道、跃龙街道、桃源街道、西店镇、西周镇以及涂茨镇等乡镇街道的人工建设用地面积相对较大，尤其是 2015 年人工建设用地面积均在 10 km^2以上，而其余乡镇街道的建筑面积相对较小，故象山港沿岸地区人工建设地貌的分布存在地区间的不均衡性；由四个时期的人工建设用地面积看，23 个乡镇街道的人工建设用地面积均处于波动增长状态，但增长的速率差异较大，跃龙街道、桃源街道、西店镇、西周镇、涂茨镇的增长速度处于较高水平，其余各乡镇街道的增长速度和规模较小，故象山港沿岸地区人工建设地貌的发育速率存在地区间的非协同性；以单一乡镇街道的人工建设用地的发育速率看，四个时期内的增长幅度差异较大，如涂茨镇在 1990-2000 年间，人工建设用地面积扩大了 2.5 倍，而 2000-2010 年间，人工建设用地面积扩大了 4.7 倍，但在 2010-2015 年间，人工建设用地仅仅扩大了 1.1 倍。一方面，与选取的人工建设用地的发育周期有关，前三个时期均以 10 年为一个周期，最后一个时期以 5 年为一个周期，另一方面也说明人工建设地貌发育到一定程度以后，其后续发育的空间和需求有限，影响了前期人工建设地貌的发育速率，由此可以看出，象山港沿岸地区人工建设地貌的发育存在明显的阶段性特征。

由于研究区范围较大，结合上述特征与研究的需要，本书从 23 个乡镇中筛选出具有代表性的乡镇，以宁海县的四个街道（跃龙街道、桃源街道、梅林街道、桥头胡街道）为例，制作 2015 年宁海县四街道的人工建设地貌分类效果图。

宁海县的跃龙街道、桃源街道、梅林街道、桥头胡街道的人工建设地貌集群效果明显，发育历史较早和发育程度较高，是整个象山港区域范围内人工建设地貌分布最集中、类型最全面、联系最密切的地区。四街道的人工建设用地主要分布于地形较平坦的谷地地区，集中连片，形成一个较大的面状地貌单元。而且，其延伸方向与谷地、河流的走向大体一致。虽然总体斑块数量仅 163 个，面状地貌数量也只有 38 个，但其平均斑块面积和总面积均位居整个象山港沿岸 23 个乡镇街道的前列；点状地貌零星分布于河流两岸的山谷地带，点与点之间的距离较远；面状地貌主体位于跃龙河河谷区域，单个面状地貌规模较大，呈片状延展；线状地貌主要是由一些交通线路组成，起着串联各点状、面状地貌的作用，交叉、镶嵌于点、面之间；此外，由于河谷地区的点状地貌发育程度较高，沿河流延伸，亦可形成具有线性地貌特征的地貌集合体。

5.1.7 结论

人工建设地貌分类研究是人工建设地貌演化过程、发育规律等研究的基础，是人工建设地貌研究所面临的首要问题。本章从地貌分类意义、分类原则、分类方案出发，梳理有关地貌分类的研究成果，并探讨人工建设地貌分类研究的必要性与迫切性。融合地貌学、地质学、水文学等相关学科的理论知识，参照自然地貌类型划分理论与实践成果，根据人工建设地貌的自身属性、发育特征，依据综合性、区域性、层次性及差异性原则，选取人工建设地貌的地形起伏状况、地貌演变过程、几何形态特征以及地貌单元的相对海拔高度四大指标，采用四级分类法对人工建设地貌进行类别划分，初步构建人工建设地貌分类体系。

根据象山港沿岸地区人工建设地貌的物质组成、分布特征，基于人工建设地貌的几何形态特征指标对象山港沿岸地区人工建设地貌进行划分，得到象山港沿岸地区人工建设地貌分类图。并通过数据分析发现，象山港沿岸地区的人工建设地貌的分布存在地区间的不均衡性，其发育速率也存在地区间的非协调性及显著的阶段性特征。基于此，综合考虑象山港沿岸地区人工建设地貌的发育程度、集群状况等要素，绘制 2015 年宁海县四街道人工建设地貌分类图。

5.2 杭州湾南岸城镇人工地貌分类研究

5.2.1 城镇人工地貌分类意义

人工地貌体种类的多样性和内部的一致性是城镇人工地貌分类的基础。从各学科的研究到相关技术和知识的积累，根据区域的差异性和人工地貌的共同特征让分类成为可能。同时，城镇人工地貌发展过程中人为的力量愈发显著（李炳元 等，2008），城镇人工地貌分类研究成为一种必然（高玄彧 等，2006；杨晓平，1998）。杭州湾南岸城镇人工地貌的物质组成、空间和格局的演化过程与杭州湾南岸的自然条件和人类活动形式及强度等密切相关。不同地貌的物质组成是不同的，空间的分布也是各具特色的（德梅克，1984）。此外，每一类城镇人工地貌类型演化的过程都具有独特性。这种内在的差异性也为城镇人工地貌研究成为一种思路。

5.2.2　城镇人工地貌分类标准

根据地貌学相关理论，地貌的成因无一例外包括物质的侵蚀或堆积情况两个方面，所以人工地貌主要区别在于到底是人工堆积还是人工侵蚀所形成的。不同的地块具有一种主要的功能，宗地的结构决定了其功能，经济建设也是根据其特点因地制宜的发展地区经济。此外，基于形态学的分类原则，认为不同城镇人工地貌从形态上，可以分为散点状、条带和团块状或是体状类型。李雪铭提出的是普通地貌学理论下将各类不同高度的地貌划分为不同地貌类型，也是新近的研究成果（李雪铭，2003）。周成虎院士则根据分形学和地理信息系统科学提出了多尺度数字地貌等级分类方法，并做出了中国1∶100万的数字地貌分类（程维明 等，2014；周成虎 等，2009）。

根据人类社会经济建设的实际需要，马蔼乃根据经济社会发展中种种现象，诸如采掘活动、道路建筑活动、城市建筑活动和与农业生产有关的水利和耕作活动等，将人工地貌划分为城镇人工地貌、交通人工地貌、水利人工地貌、农田人工地貌、矿山人工地貌、油田人工地貌等类型，并认为全球化的发展使得不同国家的人工地貌表现出趋同化特征，即以实用性为核心的人工地貌建设（马蔼乃，2008），各种形态的人工地貌体的有机组合，形成区域人工地貌景观。人工地貌形态对于区域规划建设、城乡布局改造、发展观光旅游等具有重要意义。基于分形学的分类原则，也可将人工地貌划分为散点、条带、团块形状人工地貌。张捷就提出了分形理论及其在地貌学中的应用（张捷 等，1994）。

城镇人工地貌作为一种区域人工地貌类型，包括自然地貌、人工地貌与自然人工混合地貌三个子系统。20世纪90年代老一辈地理学家对城镇人工地貌的分类系统做了初步的研究，提出城市地貌划分的形态成因和实用性原则，将城镇人工地貌分为直接和间接两类，并进一步探讨了城市地貌系统各组成部分间的结构关系，为多种分类系统的构建奠定了理论基础。由于城镇人工地貌往往因形成大面积的不透水性地面而表现出其生态环境特征，同时，各种形态的人工地貌单体组合构成了丰富多彩的区域人工地貌，因此，基于功能分区的人工地貌分类原则，较适合城镇人工地貌类型的划分。在此基础上，借鉴普通地貌学的分类方法，分别依据地貌成因、地貌形态和海拔高度以及功能用途的城镇人工地貌四级分类法，促进了城镇人工地貌分类研究的深入。

结合前人已有的研究成果，借鉴普通地貌学原理，根据各种高差起伏的人工地貌体的组合形态，结合相对高程，可将人工地貌类型划分为人工地貌体“山脉”、人工地貌体“丘陵”、人工地貌体“盆地”、人工地貌体“沟谷”、人工地貌体“台地”、人工地貌体“孤峰”和人工地貌体“孤丘”等类型（柴宗新，1986；周连义 等，2007；李学铭 等，2004）。本节将城镇人工地貌功能和形态相结合来描述城镇人工地貌，并且结合了多个维度进行分析，以期客观地反映了城镇人工地貌在区域内消长变化情况。

5.2.3 城镇人工地貌分类系统

前人提出了多种多样的分类方法，虽然各具特色但也各自有一定的局限性。比如说点状、线状和面状或是体为例，虽然从形态上解决了人工地貌的几何描述，然而没有解决实际的具体是什么类型的建筑，因而很难解决评测城镇人工地貌的客观影响。本书采用了基于功能分区的分类方法，一定程度上解决了这一问题，每种人工地貌地物对地表的改造能力是不一样的，一方面可以作为区分不同种类城镇人工地貌的基本测度，另一方面也可以通过打分和基于面积的计算，得到各种城镇人工地貌对各区域的实际影响能力，所有城镇人工地貌都应基于功能分区的地貌类型划分（周连义 等，2007）。本节整合了国内外主流的观点，提出了一种基于功能和面积权重比作为衡量人工地貌，以此作为评价各种人工地貌空间分干扰风险和格局等属性的基础（表5-5）。

表5-5 城镇人工地貌分类体系

分类级别	分类依据	种类		
一级分类	地貌过程	人工堆积地貌	人工侵蚀地貌	
二级分类	地貌形态	团块	条带	散点
三级分类	地貌海拔	人工山地	人工平原	人工丘陵
		人工高原	人工沟谷	人工盆地
四级分类	地貌功能	城市	建制镇	水利建筑
		公路风景名胜	设施农用地	矿山

借鉴自然地貌学原理，参照地貌类型划分理论，融合相关学科分类体系建设经验，结合城镇人工地貌特征，根据综合性、层次性及差异性原则。本书选取了城镇人工地貌过程、地貌形态、地貌的海拔高度以及地貌功能分类四大指标，采用四级分类法对城镇人工地貌进行划分，最终形成城镇人工地

貌分类系统。

5.2.3.1 地貌过程指标

地貌过程是指各地貌单元及其地貌集合体随着时空的转换，引起的地貌演化、变迁等过程，在演变过程中要维持动态的平衡，分化出侵蚀和堆积两种相对的地貌过程。在内、外力作用下，对原有自然地貌的破坏、改造过程，即侵蚀地貌过程；在原有自然地貌基础上，自然风化和流水作用，将他处的各种物质搬运至此，逐渐堆积沉淀下来，就是堆积地貌过程。将自然地貌是人工地貌形成的基底，地貌的演化中，人化的自然地貌别具一格，形成具有人文特征的城镇人工地貌过程，结合研究的需要，即形成人工的侵蚀地貌过程和堆积地貌过程。诸如高楼、单体房屋、公路等是典型的人工堆积地貌体，人工运河、矿山、水库等多是人工侵蚀地貌体。人工侵蚀地貌过程与人工堆积地貌过程是城镇人工地貌体形成过程的两个方面，二者相互排斥又密不可分。从人工地貌的发展过程看，为了维持人工地貌演变过程中的动态平衡，人工侵蚀与人工堆积过程始终处于此消彼长的过程中，以此维持了城镇人工地貌与自然地貌的动态平衡。

5.2.3.2 形态学指标

地貌几何形状是指特定地貌单元或地貌集合体在大尺度水平空间中呈现的形式，诸如散点、条带、团块等形状特征。在人工地貌研究范围内，亦可以几何形态特征为标准，将城镇人工地貌分为散点人工地貌、条带人工地貌、团块人工地貌。在实践中，城镇作为人类影响最剧烈的区域，人类活动形成了多样化的城镇人工地貌，诸如高楼、公路、风景观光和矿山等皆可从几何形态角度出发，归为不同的人工地貌类型。这三种地貌形态基本涵盖人工地貌体的几何形态特征，有利于人工地貌集合体的定性描述，可以明确其具体的空间分布及分布特征。亦可从形态演化趋势中把握人工地貌的发育规律，对人工地貌的认识更为形象、具体。

5.2.3.3 海拔指标

海拔是从立体空间的高度层面来认识城镇人工地貌。一个地区的地形特点，可以从海拔、地面起伏和地形的种类和分布三个方面来描述。特别的，将海拔引入城镇人工地貌领域，可以描述基于地貌相对高度差的城镇人工地貌集合体。在城镇人工地貌中，人工地貌体彼此的高度差异显著，以此划分城镇人工地貌类型。借鉴普通地貌学原理，依据城镇人工地貌的现状，从各种人工建筑集合体的、相对高度出发，将城镇人工地貌划分为“人工山地”（低山、孤峰）“人工高原”“人工平原”“人工盆地”“人工丘陵”“人工山谷”（河谷、沟谷）六种基本地貌类型及其亚类（李雪铭 等，2003）（表 5-6）。

表 5-6 区域地貌下的人工地貌分类及描述

地貌类型	代码	人工地貌体描述
人工低山	M1	成延续状排列的高层建筑物
人工丘陵	M2	中、低人工建筑物的团状组合
人工孤峰	M4	单一的中、高建筑物
人工河谷	V1	两侧没有显著建筑的公路
人工沟谷	V2	街道、小巷、胡同
人工高原	G	成片的高度一致的建筑物组合
人工盆地	P	周围一般为高层建筑
人工平原	Q	公园、绿地等低平地块

5.2.3.4 地貌功能指标

地貌的评价需要将城镇人工地貌分类，以此更好的评价各类城镇人工地貌的实际影响，结合前人对人工地貌的研究和基于生态学的知识。将各类型城镇人工地貌按功能分类不失为一种便捷而有效的手段，以此实现对一区域城镇人工地貌统一划分。经济建设中，各种地貌体会对当地经济建设有何种影响，从基于面积和功能分类两个角度进行阐释。以各种经济统计数据为基础，从水平方向和垂直方向理性分析各种城镇人工地貌所带来的影响。而多种类型各种城镇人工地貌体的有机组合，形成别具特色的区域城镇人工地貌景观。最后，城镇人工地貌形态对于区域规划建设、城乡布局改造、发展观光旅游等具有重要意义（表 5-7）。

表 5-7 基于功能分区的城镇人工地貌分类方法

地貌类型	代码	人工地貌体描述
城市人工地貌	U	市区街道
建制镇人工地貌	T	各个镇中心各类建筑

续表

地貌类型	代码	人工地貌体描述
水利建筑人工地貌	W	水泥质水渠等
公路人工地貌	R	各等级公路
设施农地人工地貌	F	特殊农用地
矿山人工地貌	M	各类矿场
风景名胜人工地貌	S	公园等休闲观光建筑体

5.2.4 基于功能区划的城镇人工地貌分类方案

根据河口湾的建设需要及城镇人工地貌自身的内在特点等，本书以杭州湾南岸为例，并以其沿岸地区的乡镇街道为单位，对杭州湾南岸城镇人工地貌进行研究。结合自然地貌和人工地貌研究的规律，对城镇人工地貌进行类别划分，是进行城镇人工地貌深入研究的必要前提。在此，将城镇人工地貌分类研究成果引入杭州湾南岸城镇人工地貌研究当中，形成具有鲜明特色的杭州湾南岸城镇人工地貌分类体系。

结合自然地貌分类研究成果与人工地貌的特殊性，采用四级分类法，对人工地貌进行类别的划分。其中，基于功能分类的地貌分类与杭州湾南岸城镇人工地貌用地状况的相似度较高。本书将结合定量与定性方法，对第四级分类进行深入研究，探究基于功能分区的杭州湾南岸城镇人工地貌的基本规律。从地貌形态角度出发，本书利用定量和定性的研究方法，将各类型的地理事物划分为散点、条带和团块等类型。但如何区分各种形态的地貌，尚未形成统一的观点，尤其是定性研究的结果难以进行比较分析，不能体现地理事物的特殊性及其发展动态。本节通过测量和统计各种类型城镇人工地貌集合体在地表上的面积来表征多种形态下的杭州湾南岸城镇人工地貌形态属性。

通过对杭州湾南岸城镇人工地貌面积加权，得到杭州湾南岸城镇人工地貌斑块指数。杭州湾南岸城镇人工地貌斑块指数在一定程度上可以反映出一个区域范围内的人类活动强度，对于人工地貌类型的划分具有一定的参照价值；但这种指标的选择对于点状和面状地貌的划分过于粗略，分类标准的依据缺乏理论支撑，不仅不易被广泛认知，而且应用的价值不大。

结合实际研究需要，本研究的目的在于表征基于几何形态的人工地貌分类状况及其格局演变特征的分析，不在于相对意义上的点、面划分；故此，利用人工地貌平均斑块指数对点状、面状人工地貌进行划分具有很好的实际应用价值。

由统计数据可得，2014 年杭州湾南岸城镇人工地貌的总斑块数达到了 7 558个，总面积达到 228 011 571. 95 m^2，平均斑块面积为 30 168. 24 m^2，其中最大的一块城镇人工地貌是庵东镇的杭州湾新区内道路网络，由于杭州湾新区内规划的道路十分规整，彼此交错，因而其面积最大。从地貌学角度出发，各种类型的人工用地，可被看作各种类型的人工地貌单元集合体。从分形的角度而言，散点主要是各种地貌体的面积不大且彼此质心距离较大，团块主要是指单位面状体积较大彼此质心距离分离度较小。在功能主导下的城镇人工地貌分类，道路和运河等条带状特征尤为明显，可以归类为条带状地貌类型。由此得出 1985-2014 年杭州湾南岸城镇人工地貌用地团块状、散点状及条带状地貌类型。

各种类型的城镇人工地貌能够充分显示杭州湾南岸现阶段各种地貌体的空间分布状况。结合具体的社会经济数据，本书进一步分析城镇人工地貌发展过程中各驱动力的影响和各种地貌发展的可能方向，以此评价该地区的城镇人工地貌干扰风险。

表 5-8 1985—2014 年杭州湾南岸城镇人工地貌分类表

行政区划	年份	U		T		W		R		F		M		S	
		N	A	N	A	N	A	N	A	N	A	N	A	N	A
浒山街道	1985	454	18.62	66	0.33	0	0.00	114	2.6	1	0.01	0	0.0	4	0.01
	1995	464	19.78	70	0.51	0	0.00	115	0.60	1	0.01	0	0.00	2	0.01
	2005	589	26.37	70	0.51	0	0.00	114	2.63	1	0.01	0	0.00	4	0.01
	2014	730	27.80	156	0.83	0	0.00	167	2.71	1	0.01	0	0.00	4	0.01
观海卫镇	1985	0	0.00	215	10.82	4	0.12	76	2.03	2	0.00	25	0.54	26	0.50
	1995	0	0.00	215	10.88	4	0.12	80	2.23	2	0.00	25	0.34	26	0.50
	2005	0	0.00	227	13.12	4	0.12	86	2.53	4	0.00	25	0.54	26	0.50
	2014	0	0.00	287	13.68	4	0.12	101	2.13	2	0.00	27	0.56	28	0.52
周巷镇	1985	0	0.00	409	11.79	0	0.00	69	1.33	0	0.00	0	0.00	0	0.00
	1995	0	0.00	409	11.79	0	0.00	69	1.33	0	0.00	0	0.00	0	0.00
	2005	0	0.00	423	12.84	0	0.00	75	1.43	0	0.00	0	0.00	0	0.00
	2014	0	0.00	488	13.25	0	0.00	107	1.49	0	0.00	0	0.00	0	0.00
庵东镇	1985	0	0.00	13	0.96	7	0.20	11	0.43	0	0.00	1	0.48	0	0.00
	1995	0	0.00	15	1.34	7	0.20	11	0.43	0	0.00	1	0.48	1	0.04
	2005	0	0.00	102	3.11	29	0.25	14	1.02	0	0.00	1	0.51	1	0.04
	2014	0	0.00	175	3.74	29	0.20	107	1.44	0	0.00	2	0.45	1	0.04
龙山镇	1985	0	0.00	215	9.51	4	0.05	150	1.39	17	0.08	46	1.22	24	0.45
	1995	0	0.00	217	9.51	2	0.05	152	1.39	17	0.08	46	1.22	22	0.45
	2005	0	0.00	281	14.99	5	0.44	208	3.16	18	0.15	48	1.26	24	0.45
	2014	0	0.00	372	16.47	5	0.44	315	3.72	18	0.15	45	1.19	26	0.45

续表

行政区划	年份	U		T		W		R		F		M		S	
		N	A	N	A	N	A	N	A	N	A	N	A	N	A
掌起镇	1985	0	0.00	206	5.95	1	0.01	48	1.17	0	0.00	21	0.52	1	0.01
	1995	0	0.00	208	5.95	2	0.01	47	1.17	0	0.00	21	0.52	1	0.01
	2005	0	0.00	261	7.15	4	0.01	51	1.29	0	0.00	22	0.57	1	0.01
	2014	0	0.00	294	7.36	1	0.01	51	1.29	0	0.00	25	0.59	1	0.01
附海镇	1985	0	0.00	107	3.01	0	0.00	13	0.41	0	0.00	0	0.00	1	0.01
	1995	0	0.00	127	3.21	0	0.00	14	0.43	0	0.00	0	0.00	1	0.01
	2005	0	0.00	122	4.00	0	0.00	14	0.43	0	0.00	0	0.00	1	0.01
	2014	0	0.00	142	4.02	0	0.00	15	0.46	0	0.00	0	0.00	1	0.01
桥头镇	1985	0	0.00	103	2.62	1	0.02	50	0.50	0	0.00	8	0.15	8	0.15
	1995	0	0.00	105	2.72	1	0.02	53	0.51	0	0.00	8	0.15	8	0.15
	2005	0	0.00	142	4.06	1	0.02	57	0.53	0	0.00	8	0.15	8	0.15
	2014	0	0.00	184	4.33	1	0.02	62	0.55	1	0.00	9	0.16	8	0.15
匡堰镇	1985	0	0.00	99	2.70	5	0.05	12	0.38	2	0.00	20	0.68	22	0.33
	1995	3	0.15	101	2.70	5	0.05	12	0.38	2	0.00	20	0.68	22	0.33
	2005	7	0.25	107	3.29	6	0.07	17	0.58	2	0.00	20	0.68	22	0.33
	2014	7	0.25	118	3.37	5	0.05	15	0.39	2	0.00	23	0.69	22	0.33
逍林镇	1985	0	0.00	146	5.46	0	0.00	50	1.03	0	0.00	1	0.06	0	0.00
	1995	0	0.00	156	5.56	0	0.00	50	1.03	0	0.00	1	0.06	0	0.00
	2005	0	0.00	158	6.75	0	0.00	51	1.04	0	0.00	1	0.06	0	0.00
	2014	0	0.00	220	7.14	0	0.00	51	1.04	0	0.00	1	0.06	0	0.00

续表

行政区划	年份	U		T		W		R		F		M		S	
		N	A	N	A	N	A	N	A	N	A	N	A	N	A
胜山镇	1985	0	0.00	174	4.06	0	0.00	26	0.49	0	0.00	0	0.00	0	0.00
	1995	0	0.00	178	4.16	0	0.00	26	0.49	0	0.00	0	0.00	0	0.00
	2005	0	0.00	195	5.24	0	0.00	26	0.49	0	0.00	0	0.00	0	0.00
	2014	0	0.00	224	5.47	0	0.00	58	0.52	0	0.00	0	0.00	0	0.00
新浦镇	1985	0	0.00	113	5.18	0	0.00	18	0.80	0	0.00	2	0.04	0	0.00
	1995	0	0.00	115	5.26	0	0.00	20	0.81	0	0.00	2	0.04	0	0.00
	2005	0	0.00	177	7.80	0	0.00	20	0.83	0	0.00	2	0.04	0	0.00
	2014	0	0.00	198	7.89	0	0.00	28	0.85	2	0.01	2	0.04	0	0.00
横河镇	1985	0	0.00	99	5.30	4	0.02	30	0.71	0	0.00	100	1.63	29	0.80
	1995	2	0.10	102	5.47	4	0.02	32	0.71	0	0.00	103	1.80	30	0.81
	2005	6	0.25	104	5.77	4	0.02	34	0.81	0	0.00	108	1.83	34	0.91
	2014	14	0.66	341	7.29	4	0.02	36	0.83	0	0.00	116	1.72	12	0.21
宗汉街道	1985	174	7.68	202	6.06	0	0.00	52	0.92	0	0.00	0	0.00	1	0.03
	1995	175	7.70	203	6.29	0	0.00	54	0.91	0	0.00	0	0.00	1	0.03
	2005	235	10.53	207	6.48	0	0.00	67	0.93	0	0.00	0	0.00	1	0.03
	2014	276	10.82	247	6.76	0	0.00	95	1.06	0	0.00	0	0.00	1	0.03
坎墩街道	1985	43	4.19	40	0.10	0	0.00	71	0.80	0	0.00	1	0.00	0	0.00
	1995	44	4.43	40	0.10	0	0.00	71	0.80	0	0.00	1	0.00	0	0.00
	2005	116	7.51	42	0.10	0	0.00	73	0.83	0	0.00	1	0.00	0	0.00
	2014	128	7.63	45	0.10	0	0.00	75	0.83	0	0.00	1	0.00	0	0.00

续表

行政区划	年份	U		T		W		R		F		M		S	
		N	A	N	A	N	A	N	A	N	A	N	A	N	A
崇寿镇	1985	0	0.00	61	0.70	0	0.00	15	0.40	0	0.00	0	0.00	2	0.01
	1995	0	0.00	62	0.72	0	0.00	15	0.40	0	0.00	0	0.00	2	0.01
	2005	0	0.00	169	2.47	0	0.00	17	0.53	0	0.00	0	0.00	2	0.01
	2014	0	0.00	194	2.65	0	0.00	17	0.53	0	0.00	0	0.00	2	0.01
天元镇	1985	0	0.00	236	6.22	0	0.00	33	0.45	0	0.00	0	0.00	0	0.00
	1995	0	0.00	240	6.22	0	0.00	33	0.45	0	0.00	0	0.00	0	0.00
	2005	0	0.00	240	6.36	0	0.00	33	0.45	0	0.00	0	0.00	0	0.00
	2014	0	0.00	295	6.63	0	0	34	0.45	0	0	0	0	0	0.00
长河镇	1985	0	0.00	101	3.19	0	0.00	42	0.54	3	0.02	1	0.03	0	0.00
	1995	0	0.00	104	4.23	0	0.00	42	0.54	3	0.02	1	0.03	0	0.00
	2005	0	0.00	104	4.23	0	0.00	42	0.54	3	0.02	1	0.02	0	0.00
	2014	0	0.00	109	4.29	1	0.03	62	0.54	2	0.01	1	0.03	7	0.13

表中的各个字母分别表示各种地貌类型，如T表示建制镇，其他类推。N表示地貌的斑块数目，A表示某类斑块的面积，单位 km^2。由上表可知，各镇中的地貌类型是不同的，各地貌的比重也分主次。表中的数据从某种程度上，描述了城镇人工地貌在各镇的集聚情况，基于上表进行一定的空间分析，即可得到各街道和建制镇的历史发展状况。

对四个年份的杭州湾南岸基础遥感数据解译，研究获得了 1985-2014 年四个年份的杭州湾南岸城镇人工地貌的基础图斑，后期的各类分析都是基于此类数据。各年份的图斑的变化，基本情况经过表格处理后得到了各类城镇人工地貌数据。杭州湾南岸城镇人工地貌在各年份见变化具有区域差异和历史基础差异。最初的作为行政中心的城镇具有先发优势，因而城镇人工地貌的实际面积较大和数量较多，例如坎墩街道、宗汉街道；其次，崇寿镇、龙山镇和庵东镇城镇人工地貌速度较快；次之，位于主干道两侧的城镇人工地貌发展也较为迅速；最后长河镇、匡堰镇等城镇人工地貌发展最慢。

从面积上看，由单一城镇人工地貌强度中心，转向多元强度中心。1985-1995 年，这一期间主要依靠中心城镇发展（图 5-1）；1995-2005 年，杭州湾南岸由中心城镇向四周辐散，杭州湾南岸北部和东部均形成了新兴生长中心；到 2014 年，杭州湾南岸逐渐形成了以中心城镇、龙山镇和庵东镇（图 5-2）。此外，其他乡镇因多种因素影响而处于弱生长中心地位（图 5-3）。空间上，由单一核心转变为多核心共存的现状有助于区域城镇人工地貌发展的稳定。从长期来看，城镇人工地貌发展多元强度中心化对促进城市化和工业化过程区域发展均衡具有积极作用。

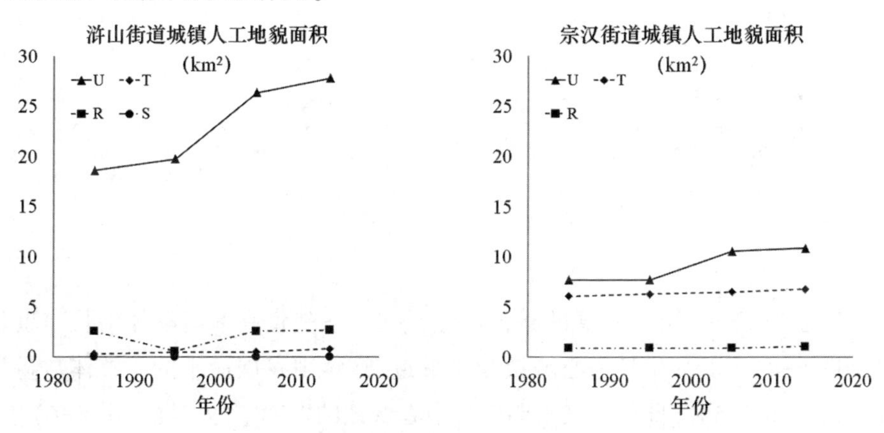

图 5-1 传统生长中心

从数量上看，城镇人工地貌数量整体增加明显，使得城镇人工地貌的离散程度加大。杭州湾南岸城镇人工地貌发展，在近 30 年来，城镇人工地貌的数量是总体上升，但局部发展较快。1985-1995 年，斑块数量各镇城镇人工地貌数量增加较缓，1995-2005 年期间，新生长核心城镇人工地貌数量增长较快，2005-2014 年期间，斑块数量各镇均有显著增加。其中传统生长中心

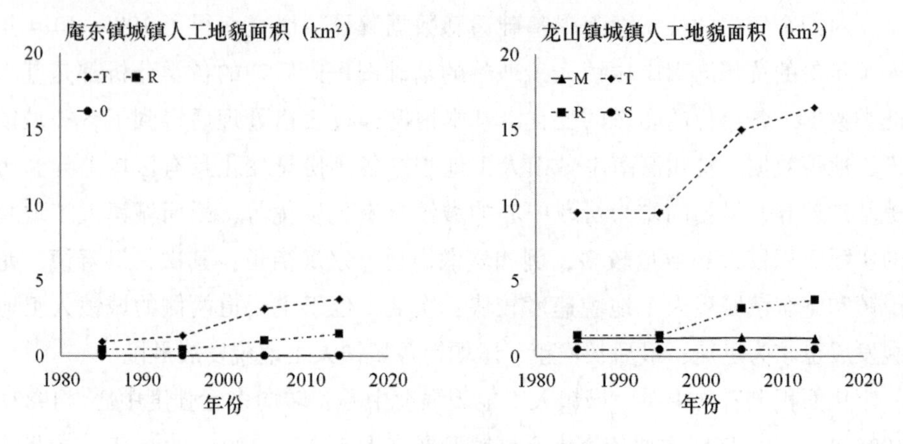

图 5-2 新兴生长中心

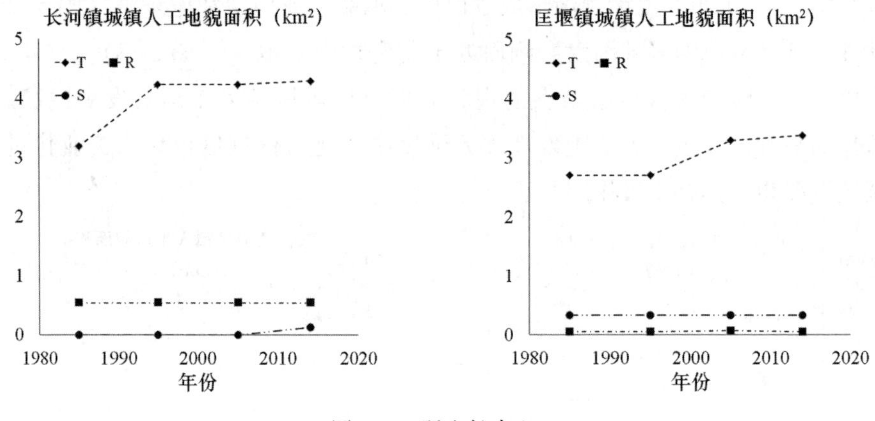

图 5-3 弱生长中心

的市区三个街道，由于发展的路径依赖，起点虽然很高，但整体增长速度较慢（图 5-4）。新兴生长中心城镇则是最近 20 年来发展而来的，整体数量增加较快（图 5-5）。此外，其他弱生长中心城镇的发展整体较慢（图 5-6）。

5.3 坦帕湾流域人工地貌分类基础特征

人工地貌营力主要是指人类在生产和生活中通过直接或间接地改变地球地貌的作用力（史兴民，2009），受人类作用强度、经济社会发展以及工程技术进步等多种相关因子共同作用。在自然地貌营力背景下对自然地貌施加的人工营力，随着人工地貌建设的目的和用途功能不同而表现出不同特征。为

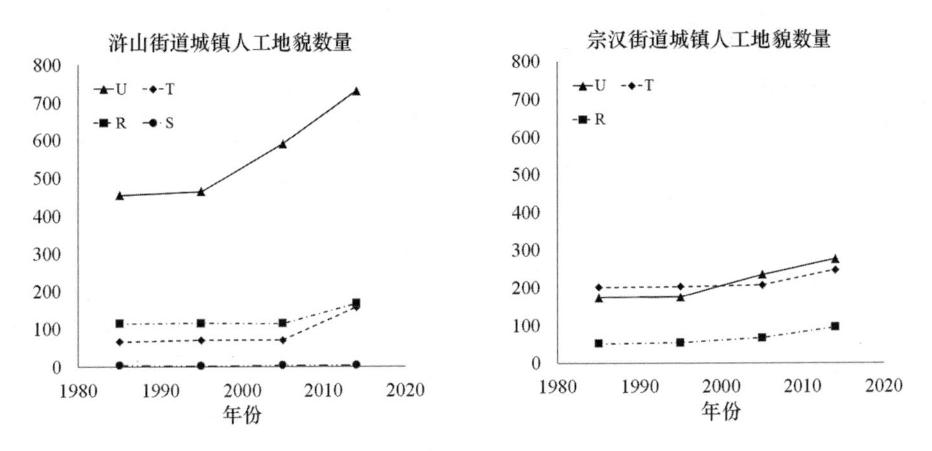

图 5-4 传统生长中心城镇人工地貌数量

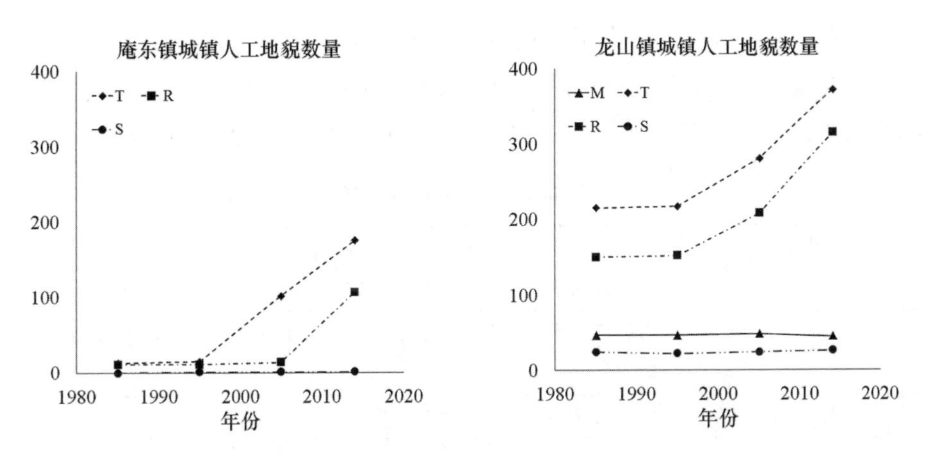

图 5-5 新兴生长中心城镇人工地貌数量

便于分析人工地貌造貌营力类型、特征及其在人工地貌形成中的作用程度，进一步把握不合理的人类活动可能会对自然地貌和地表环境造成负面的不可逆转影响（杨世伦，2003）。因此，可从自然基础、技术条件、人类需求等方面进行探讨，以期服务于人类科学造貌过程和改善人工地貌环境质量。

人工地貌分类不同于自然地貌，其分类的基础可以是形态和成因的组合，也可以是控制因素与功能，或者综合相关因素进行，分类的目的是为揭示人工地貌特征与造貌内外因子之间的关系，明晰内外因子变化对人工地貌特征变化的影响。人工地貌分类是深入研究人工地貌特征及形成演化的前提，也是一项基础性工作（表 5-9）。人工地貌的研究是对人工地貌与人类活动结合

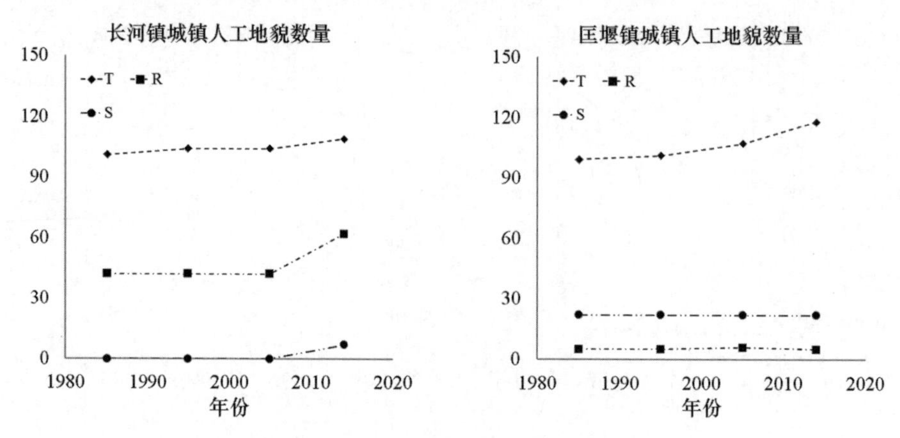

图 5-6 弱生长中心城镇人工地貌数量

形成的系统进行分析，研究不同地貌环境下人类活动发展状况，揭示人工地貌与人类发展、布局和管理规律；研究人类活动对人工-自然复合系统反馈机制的调整，揭示人类活动中人为作用和人工景观的地貌效应。

表 5-9 人工地貌体分类

分类基点	具体内容
区域特性	城市人工地貌、乡村人工地貌、海岸人工地貌等
景观特征	交通人工地貌、水利人工地貌、农田人工地貌、矿山人工地貌、油田人工地貌等
人类作用方式	人工堆积地貌、人工侵蚀地貌等
形态特征	点状人工地貌、线状人工地貌、面状人工地貌、三维人工地貌等
……	……

5.3.1 自然基础

自然地理环境作为整个地球系统的基本组成部分，用其形成和演化过程来分析生物与其外部环境关系和作用规律显得尤为重要。自然环境演化的内在规律性和人类的自适应伦理行为变化可为防止人类活动对自然生态系统造成不良后果提供一定意义上的理论措施范畴，进一步对科学合理的推进资源环境保护与利用提供有效参考。中美两个国家均为海洋大国，海岸线绵延漫长，港湾资源较多同时开发活动活跃。中国浙江省象山港和美国佛罗里达州坦帕湾流域基本都是处在热带气候和亚热带气候的过渡地带，人类的经济社会活动地理环境背景较为相似，两个港湾的开发历史也非常悠久漫长，但是有区别的人口规模、社会经济发展水平、渔业与娱乐休闲管理机制以及海岸带开发利用强度与速率等方面却各自具有特性。自然环境演化的内在规律性和人类的自适应伦理行为变化可为防止人类活动对自然生态系统造成不良后果提供一定意义上的理论措施范畴，为有效保护环境和合理利用自然资源提供科学依据。

基于不同空间环境管控的人工地貌营造关注的领域重点有所差异（表 5-10），特别是在开发利用过程中需要依据前期研究在理论上做出明确规划界定，遵循规划引领，落地分步实施，突出多规融合的空间规划，即坚持“经济社会发展规划”“城乡规划”“土地利用规划”“生态环境保护规划”的多规合一。研究人工地貌形成的内外力作用过程，从人工地貌形成演化、区域社会间接发展需求、过程技术条件革新等方面辨析各种人工地貌的内外营造动力系统，分析造貌内外动力作用因子的影响时限，以建立其与人工地貌系统发育过程的量化联系。

表 5-10 不同空间环境管控的人工地貌营造

项目	地点	地方	区域	区际	全球
生态空间环境	人工地貌营造适宜性	人工地貌格局	人工地貌生态承载力	人工地貌环境管理	人工地貌利用与全球变化
经济空间环境	人工地貌资源投入产出	人工地貌功能利用结构	城乡人工地貌经济效益	区际经济关系	人工地貌资源营造价格
社会空间环境	人工地貌建设政策限制	人工地貌权属	人工地貌环境管理体制	区域差异/区域政策	人工地貌营造地缘政治/领土纠结

5.3.2 技术条件

科学技术进步带来区域经济增长提升了人工地貌营造需求保障，甚至在人工地貌营造诸多因子当中日趋占据主导地位。同时在现代化生产发展过程中，劳动生产率和劳动者素质、社会治理体系管理水平等提高，对优化人工地貌资源配置，改善人工地貌营造生产力组织具有现实意义。

与此同时，在近现代以来科技革命，特别是工业化和信息化高度融合的创新型社会，其较为深刻地影响着人工地貌的设计领域，引起着传统的人类造貌设计理念与方法正经历着改变，尤其是在人类集聚度较高和开发历史悠久的沿海大都市及城市群地区，使人类营造的地貌体趋向柔性设计、虚拟建造和功能仿真（刘向峰 等，2006）等具有鲜明新科技特征的方向迈进。在以数字技术支撑下的智能时代，其智慧技术已经渗透到人类生产生活较多方面，逐渐成为人工地貌营造能力和营造质量提升的充分保证。同时也潜移默化地影响着人类思维理念，进而改变新人工地貌单体营造的设计领域的传统思维惯性。

中国象山港和美国坦帕湾流域均位于城市化程度较为成熟的沿海都市群地区，有较为明显区别的是中国象山港流域的生产力水平相对美国坦帕湾流域的较低，所以两个流域在科学技术成果转化为生产实践当中的技术革新和应用程度会有明显差别。美国坦帕湾流域的科技成果在人工地貌营造过程中推广应用率大、效率高、转化时间短，对人类造貌需求满足就越高。反之，中国象山港流域的科技成果在人工地貌营造过程中推广应用率相对较低、效率较低、转化时间较长，对人类造貌需求满足就较低。但随着象山港流域的生产技术革新进步，带动设计和工艺水平提高，人工地貌营造体系也在逐渐成熟。所以在社会进步过程中，必须以科技为龙头抓手，加强地域的研究开发力度，大力推进科技成果转化应用程度的力度，为人工地貌营造生态创造更好条件。

5.3.3 人类需求

从总体来讲，人类社会发展线索分为横向发展和纵向发展两个维度（王斯德 等，2009），其中纵向发展维度是以生产力和生产关系为发展主轴的人类文明形态从低级阶段向着高级阶段演进特征，其阶段可分为原始采集、游猎文明向农业（游牧）文明的嬗变和农业文明向工业文明飞跃，如今在向更高层面的后工业新型文明演化。而横向发展是指多元化的不同质的次要文明形态间的交流、融合、碰撞和主流文明的延续拓展（表 5-11）。不同的历史发展阶段其文明的演化方向和文明的具体表现形态表现出差异，如从开始分散的文明点逐渐聚合成为较大范围的文明区域。值得一提的是在较为低级阶段受限于自然和社会经济条件约束，跨时空区域的技术手段和外向扩展驱动力缺乏，文明扩展纵向速度高于横向速度。

表 5-11 人类社会发展阶段资源的开发利用

阶段	经济特征	重点产业部门	(能源)动力类型	资源主体	地域结构
采集渔猎时代	采集渔猎，经济活动融于天然食物链中	无	人力	可再生生物资源	无
农业文明时代	自给自足简单再生产	农副产品加工、冶炼、烧制等手工业	风力、人力、畜力、水能、木炭等简单天然动力	土地、水等农业自然资源，铜、锡、铁等金属资源	矿业区、农业原料区出现中心地、核心地
工业经济时代	商品经济、社会化大生产、市场经济、经济区域和全球化	重工业、知识密集型轻工业	煤、石油天然气等化石能源、电能、核能	可耗竭的矿产资源、区位资源、科技资源、经济资源	出现中心城市、成熟的工业区和农业区、交通网络高等级核心地的城镇体系
可持续发展阶段	可持续发展	生态产业	清洁与可替代性能源	可持续发展型资源	含有创新功能的大都市体系、信息高速公路

资料来源：丁四保，王荣成，李秀敏 等. 区域经济学［M］. 北京：高等教育出版社，2003（有修改）。

人类社会从地域性历史向全球历史跨越是横向发展进程中的重大突破，与纵向发展进程中文明形态之工业文明兴起紧密联系。这是由于工业生产方式根本改变了人类受土地束缚原始经济形态，所提供的经济增长动力和资本积累极大地刺激了人类造貌欲望和提升了人类造貌空间。因此可看出正因为社会革命性的发展机制调整促进了全方位的社会形态演变，社会转型到现代化阶段。可以看出，人类社会的发展融合了纵横向发展关系，即纵向发展水平决定着横向发展程度，横向发展突破又反作用于纵向发展速度。其中全球整体性的发展轨迹在 20 世纪末较为清晰地从地域历史转向全球历史，至此进入资源综合开发利用的人工造貌加速度时代。

人工地貌分布的研究最终是为科学的人地关系可持续发展为指导，讨论不同时空尺度下人类造貌技术及其区域管理原则，对人工-自然复合地貌系统功能优化的意义，需要着重了解自然地貌演化背景下人类造貌的区域性态势和自然地貌演化状态，为区域人工地貌环境管理的体制机制制订提供参考。

5.3.4 区域功能性质

区域是指地球表面占有一定空间以不同物质客体为对象的地域结构形式（崔功豪 等，2004）。在学术研究当中，不同的学科对区域的理解有所差异，如地理学侧重地球表面的地理单元方面，经济学侧重经济上相对完整的经济单元方面，政治学侧重国家实施行政管理的行政单元方面，社会学侧重人类某种相同社会特征（语言、宗教、民族、文化）的聚居社区方面。而具有代表性的区域经济学家埃德加·胡佛指出区域是一个地区的统一体，是针对描写、分析、管理、规划或制定政策来说的。可以看出不同学科对区域的研究重心也有差异，本节以地球局部表面时空属性的泛称或抽象来理解区域功能性质。

从中美两个流域来看，先后通过实行空间区划与流域规划为人类开发利用实践提供科学指导。流域规划作为区域规划的类型之一，主要依据其经济社会文化需要和人类生产生活需要态势，在全流域开展集水资源开发利用、保护和水害防治等为一体的总体部署。国外流域规划始于19世纪末期（唐常春，2011），我国则在20世纪50年代才开始进行中小河流的流域规划工作。两个港湾都处在人类活动强度较高的沿海地带，流域规划阶段从单一资源开发和灾害治理到统筹开发与保护为主的综合规划阶段，进而人工地貌建设过程特征表现出由局部零星的点状到线状、面状以及网络状形式分布。

5.3.5 外部形态特点

人工地貌单体是各种人类造貌过程的产物组合，是构成人工地貌空间形态的基本单元，由若干单体组合构成人工地貌群，人工地貌群又通过线状人工地貌、面状人工地貌等网络空间与自然地理空间牵引组成多维人工地貌，并加以文化塑造。因此，可将人工地貌体与人类活动空间区域的关系看作是单体嵌合于整体。

5.3.5.1 人工地貌形态的外部空间环境

通过交通路网、城镇点布局、耕地等人类活动产物构成的既定形态，创造了其内部空间和外部空间。但与大自然形成的无限外部空间不同，人工地貌体的外部空间是非乱序的，即具有空间形成的目的性，并与周边城镇软环境产生直接关联。

人工地貌单体的外部空间内容丰富。就构成元素来讲，有结合海岸筑坝、围垦造田、裁弯取直等岸线形态曲直变化形成的空间元素，也有借助海岸带（海岛）、近海平原或山麓基面等水平方向垂直高度产生的空间元素等。就使用性质来看，有别墅、停车场、商场、体育场等供人疏散休憩的区域是外部公共空间，而住宅中供家人日常生活的区域则是外部私密空间。就界面围合形式，分为半封闭空间和开敞空间，半封闭围合空间是相对适宜人的静态线性积极空间，而开敞的空间是不安定的多态消极发散空间。所以依据环境心理学理论，可以认为人工地貌的外部空间带给人们一定的心理暗示，其外部空间与内部空间相同，而使用者的参与则是构建外部空间的核心目的。

人工地貌形态是特定人类活动区域的认同感和归属感，其形态设计不单纯局限在人工地貌体设计本身，实际勾勒的是物化了的包容性空间。所以人工地貌建设往往会根据周围环境汲取营造元素与原生环境相融。自然环境涵盖待建人工地貌的背景要素组合，分析人工地貌营造与待建区域周围环境关系、待建人工地貌的环境角色等，从而优化生成人工地貌群建设方案。

人工地貌的营造在时空尺度上与周围环境发生关系，在文化方面表现在依据生活方式、风俗习惯、宗教信仰等从营造到保护修复中沉淀的文化烙印。例如，在海岸带地区表现在码头构筑方式上、盐田规模大小上、养殖池形状上、滨海城市风格上等。人工地貌营造要依据区域文脉特征，同时区域文脉也反过来会成就美丽的人工地貌体。比如在城市化程度较高的地区一种人工地貌与其他的人工地貌体不作为景观关系存在，而是文脉相连的共存关系。所以不同的人工地貌体有不同的文脉记忆，是体现人工地貌形态特征的灵魂，是人工地貌单体最重要的个性标志。

5.3.5.2 人工地貌形态的城市特点

建筑立面是对建筑外观所做的正投影，投影外边缘围合的轮廓线即为立面的外轮廓线，以天空为背景，通过建筑立面外轮廓线远距离识别建筑物，其是反映建筑形象的重要标志（裘鞠 等，2014）。在人类活动密集区域，人工地貌建设类型多种多样，呈现出各类人工地貌的形态构合。将生活区域高低起伏而成的人工地貌单体鳞次栉比组成人工地貌群，但因此构成的城市天际线却因每一人工地貌单体的立面不同而有所差异。原始天际线是天地之间的边际线，随着人工地貌单体的外轮廓彼此连接便形成了城市人为的天际线，它带给每个城市独特而又广阔的景观。

5.3.5.3 人工地貌形态的海岸特点

海岸人工地貌建设是沿海国家开发利用海岸带资源，拓展生存空间的重要方式之一。中国象山港流域和美国坦帕湾流域人类开发活动历史悠久，特别是在流域的中下游沿海地区，城市化发展速度较快，经济发达并在海岸带开发利用过程中依靠海洋资源环境程度较高，引起了海岸线变迁，象山港流域因自宋庆历年间围塘开始到目前已建造了较多的码头，因该地区气候、地形地势等条件适宜，是天然的优良港湾。同样，美国坦帕湾也作为天然的优良港湾，自6000年前威登岛人开始在此开发利用，目前以马纳提港为代表的美国繁华港口之一在建立在此。可以看出流域下游沿海地带港口码头等人工地貌的建设使海岸线向海逐渐推移，并形成了现在的海岸轮廓。岸线变迁不仅表现在岸线位置变迁和岸线类型转变，即反映人工化强度问题，而且表现在岸线变迁也会导致海岸带滩涂资源演化，影响生物多样性甚至是人类的生存环境（杨磊 等，2014）。

围填海工程用于发展海产品养殖是促进沿海经济增长的重要措施（张振克，1995），同时也是解决沿海地区土地空间承载力不足的有效途径之一，但其造地的效益也呈现出正负效益两个方面（胡斯亮，2011）。海岸带开发过程中的人工造貌建设，需要依赖围填海扩张造貌空间，与此同时水利工程、海塘修建、盐田与养殖场、都市基础设施建设等人工地貌建设带来社会效益，但在海岸带生态资源环境方面产生了较大的累积性负面效应，如附近海域生态环境质量降低、潮滩湿地生境退化等。

中国象山港和美国坦帕湾的海洋自然地理环境相似，两个流域资源丰富，拥有较长的海岸线，是天然的优良港湾，人类活动开发历史悠久。在某种程度上具备了良好的围填海造地的自然条件。象山港流域自1041年以来，围填海面积已超越164 km^2，先后围垦筑塘，分布建有大嵩塘、永成塘、咸宁塘、西泽塘、团结塘、飞跃塘以及联胜塘等海塘，而坦帕湾在5000~6000年前就有人在此定居进行开发建设，也通过围填海工程为港湾进一步发展提供了较多的土地空间。可以看出，中国象山港和美国坦帕湾和全球很多沿海国家相似，海岸带经济发展程度高，人口密集，形成了以海岸带地区为核心的经济、居住、旅游等中心区。尽管中美两个港湾在认识到海岸带资源环境的重要性基础之上，对围填海工程活动进行了合理有效的控制，但在经济发展核心因素的驱动执行，流域下游地区进行了不同程度的围填海造地工程，这在文明发展历史上也为人工地貌的造貌基础进行了扩张。

现代海岸侵蚀是全球沿海地区面临的自然灾害，是自然因素与人为因素相互作用的产物（张振克，1995）。随着全球海平面上升、人类对海岸带开发力度加强和依赖程度提高，海岸侵蚀和岸线后退逐渐成为威胁海岸带生存和生活环境的主要因素（Williams，1990）。虽然海岸侵蚀是陆海相互作用的自然过程，但随着经济社会和科技发展，人类已越来越多地参与到这一过程中来（De Vriend，1991；Różyński，2005）（De Vriend，1991；Różyński，2005），与气候、沉积物收支、营力作用、相对海平面变化等自然因素相互作用推动海岸动态变化（图 5-7）。象山港和坦帕湾流域城市化推进过程中，大量人工地貌的建设因森林采伐、荒地利用等对中下游地区的供沙系统产生冲击，而流域的供沙是河流入海口和海岸带地区免遭侵蚀的保障，并且不合理的海岸人工地貌设施也能进一步诱发海岸带地区局部侵蚀。

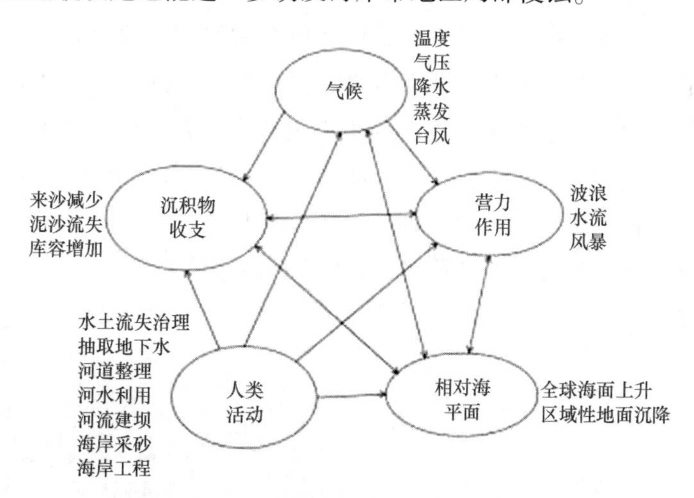

图 5-7　影响海岸侵蚀的主要因素及其相互作用（王艳红，2006）

5.3.6　结论

人地（海）关系的发展与人类经济社会活动强度息息相关，再叠加全球变化影响作用基础上改变着地球表层的水文循环过程，特别是在开发历史悠久的流域地区和人类活动行为一起影响着整个流域系统的结构与功能，这在一定程度上给海岸带地区的环境效应科学管理带来重大挑战。随着现代科技革命与新型城镇化进程的加快，人类活动行为越来越多地改变和干扰着所依赖的自然地理生存环境。人工地貌作为人类活动的结果形式，是以自然地理环境综合禀赋为基础，以人工-自然复合体为属性特征的实体满足人类日常生产生活需要，在海岸带流域地区，其改变了流域系统内部的生态系统循环结构。

人类在生产和生活中通过直接或间接地改变地球地貌的作用力，受人类作用强度、经济社会发展以及工程技术进步等多种相关因子共同作用。在自然地貌营力背景下对自然地貌施加的人工营力，随着人工地貌建设的目的和用途功能不同而表现出不同特征，受自然基础、技术条件、人类需求等方面影响。不同原则导控下港湾流域人工地貌表现出不同特征，不同时空尺度下人类造貌技术及其区域管理原则有所差异。区域功能性质上来看，两个港湾都处在人类活动强度较高的沿海地带，港湾流域规划阶段从单一资源开发和灾害治理到统筹开发与保护为主的综合规划阶段，进而人工地貌建设过程特征表现出由局部零星的点状到线状、面状以及网络状形式分布。人工地貌单体组合构成人工地貌群，人工地貌群又通过线状人工地貌、面状人工地貌等网络空间与自然地理空间牵引组成多维人工地貌，并加以文化塑造，可将人工地貌体与人类活动空间区域的关系看作是单体嵌合于整体。通过交通路网、城镇点布局、耕地等人类活动产物构成的既定形态，创造了内部空间和外部空间。另外，人工地貌形态又具有城市特点和海岸特点。

6　海岸带人工地貌演化的影响机制研究

人工地貌演化过程研究较多关注人类社会发展和地理环境变化关系，研究重点不是关注史前（地质时代地理环境变化），也不是主要单纯研究当代地理环境问题，而是主要研究人类产生以来的地理环境变化及其与人类发展关系的问题。需要说明的是仅根据发展历史难以对过去人工地貌演化进行重构或对未来发展作出态势预测。因此，本章讨论海岸带人工地貌演化的影响机制，需要研究人工地貌扩张特点与过程，分析人工地貌扩展过程与造貌因子之间的作用关系，研究发育机制并量化分析人工地貌（功能）存在的生命周期，并阐明人工地貌过程在地球系统演化中的意义，为资源环境及灾害等领域后续研究提供参考。

6.1　象山港沿岸人工地貌发育机制研究

人工地貌的发育与演化不但受到自然因素的影响，而且与人文社会因素的关系密切。自然因素对人工地貌的早期分布及分布格局起着根本性的指引作用，奠定了其在特定区域范围内的形成、演化趋势。但随着人类发展的需要及社会生产能力的极大改善，通过不断地改造地表物质组成，以适应人类生存的需要，使得人文社会因素趋于主导，而自然因素逐步退居次要地位。本节将从自然和人文两个角度、定量和定性两个方面出发，探讨引起象山港沿岸地区人工地貌形成、演化的发育条件，为人工地貌的空间格局、发育规律研究奠定基础，并从人工地貌的角度，寻找协调人与自然关系的出路，最终实现人-地关系的和谐共存。

6.1.1 象山港沿岸人工地貌发育机制的定性分析

6.1.1.1 自然地理条件

制约人工地貌发育的自然条件主要包括地质地貌条件和水文条件两个方面。地质地貌条件作为沿岸地区格局的骨架，对人工地貌的布局起着至关重要的作用，尤其是在聚落、城镇形成的早期阶段，这种制约作用更为显著。象山港地区的人类活动分布于地形平坦、地势起伏落差小、地貌单元比较规整的地区。随着象山港区域的社会经济和技术经济的发展与进步，在资金与技术条件允许的范围内，象山港区域人工地貌的发育实现了对区域自然地质地貌条件的突破，改造自然地理环境，以适应人类生产、生活的现实需求。但是，为了节省开发成本，降低潜在的生存风险以及保护生态环境的需要，人工地貌一般仍布局在自然地质地貌条件比较优越的区域。由此可见，象山港人工地貌的发育不能完全脱离自然条件而单独存在，必须与象山港地区的地形地势特征相适应。

水文条件同样对人工地貌的形成、演化起着重要的作用。水资源是人类赖以生存与发展的必要条件，可见水文条件对人类的生存有着显著的指引意义，其在人工地貌上的突出反映是人工地貌毗邻水源，或沿河流呈条带状分布，或沿湖泊呈环状布局，或在河海交界处形成规模较大的人工地貌单元。水文条件的优劣，影响着人工地貌发育的程度，并在一定程度上直接塑造了人工地貌空间格局。象山港地区的河流流向多呈向心状特点，并且在近海岸附近有环港的一些河流发育，形成了聚落、城镇沿河布局的特征。说明河流水文条件与象山港沿岸地区人工地貌的形成、演化之间存在密切的关联。

象山港沿岸地区的城镇、乡村主要分布于地形平坦、地势落差较小的地区，同时，又是水源充足的沿河、沿湖、沿海地带，尤其是近海平原地区的聚落分布集中，成为人工地貌的主要分布区。故此，自然地质地貌条件是人工地貌发育的基础，从根本上制约着人工地貌的发育基底与潜能；而水文条件是决定人工地貌发育程度的重要指标，影响着人工地貌的演化趋势及其空间格局。自然地质地貌条件与水文条件协同作用，塑造了人工地貌的自然基底，决定了区域人工地貌的演化趋势、发育规律，共同承担着人工地貌发育的自然地理背景。

6.1.1.2 社会人文条件

国家政府部门通过制定相关政策，对人工地貌的形成、布局产生影响，尤其是以制定发展规划的形式主导人工地貌的空间布局。政策与规划的出台，提高了人工地貌发育的前瞻性与有序性，实现对其空间发育的宏观把握，适时调节阶段性的发展方向，有利于人工地貌的合理发展与演化，很大程度上减少了无序建设带来的不利影响，利于社会资源的合理分配与利用，实现社会的可持续发展。

随着浙江省“海洋经济”战略的快速推进和宁波“十三五”规划的逐步实施，象山港沿岸地区作为浙江省“三湾一港”的重要组成部分，其海岸生态环境系统的战略价值越发重要，象山港沿岸地区的发展面临新的历史机遇。在“一带一路”发展战略背景下，象山港沿岸地区迎来发展的新契机。为此，宁波市出台了一系列的规划纲要，提出适合当前发展需要的发展目标，为象山港沿岸地区的发展提出了明确的前进方向和奋斗目标。可见，随着社会发展的需要，规划方案根据实际情况作相应的调整，并赋予其新的内涵，实现规划方案与社会发展的高度协调、统一，促进人工地貌的良性发展。

此外，交通因素亦是一个不可忽视的重要因素。交通的便捷度、通达度影响人流、物流及信息流的容量，从而决定了人工地貌的规模与发展趋势。从人工地貌的角度看，交通道路本身就是一种人为造貌力的产物，但它不是单纯意义上孤立存在的一般人工地貌，它对其他人工地貌具有一定的吸引力，使得各种不同类型的人工地貌布局在道路两侧，尤其是在多个主干道汇集的地方往往形成规模和数量都较大的人工地貌单元体，从而形成条带状延伸的线性地貌，以及在道路交叉口形成“孤峰”地貌景观。就象山港沿岸地区人工地貌的发育、演化过程与交通道路的关系看，交通网络密集的区域是人工地貌发育程度最高的地方。此外，象山港沿岸的环港公路周边也是人工地貌发育比较完善的地区，呈条带状布局在道路的两侧。可见，交通条件也是影响象山港沿岸地区人工地貌形成、演化的重要因子。

6.1.2　象山港沿岸人工地貌发育机制的定量分析

选取象山港沿岸地区的五个县（市）区作为本研究的主要研究区域，并综合考虑研究的需要，以及数据的可获得性，重点选取沿港周边的23个乡镇街道，其中，包括北仑区的梅山街道、白峰镇、春晓街道，鄞州区的瞻岐镇、咸祥镇、塘溪镇，奉化区的莼湖镇、裘村镇、松岙镇，宁海县的梅林街道、桥头胡街道、跃龙街道、桃源街道、强蛟镇、西店镇、深甽镇、大佳何镇，象山县的西周镇、墙头镇、大徐镇、黄避岙乡、贤庠镇、涂茨镇。

根据浙江省、宁波市及相关县（市）区的统计公报、年鉴数据，获取1990-2014年的国民生产总值（亿元）、人均生产总值（元）、三大产业产值（亿元）、工业产值（亿元）、总人口（万人）、农业人口（万人）、非农人口（万人）数据（见表6-1）。人工地貌在景观特征上的显著表现是水平方向上的延展、垂直方向的增长，即人工地貌的覆被面积日趋扩大、垂直高度逐年增加。故此，选用人工地貌在地表的覆被面积，以表征其在水平方向上的发育情况；选用人工地貌在垂直方向的高度数据，以表征其在垂直方向上的发育水平。

首先，人工地貌的覆被面积的计算如下：以人工地貌在地表的正投影所覆被的表面积作为其面积指标；其次，人工地貌的高度数据的计算如下：以2014年数据为例，采用定点测量的方式，在每个乡镇均匀地选择若干地点测量人工地貌高度，并将各地人工地貌高度加权平均，求得象山港沿岸地区人工地貌的平均高度；其他年份的数据来源于宁波市房产局的统计数据，并通过实地调查测量验证，结果表明1990—2014年人工地貌的高度及面积数据均有效，借助SPSS软件，利用主成分分析法，并对各主成分得分做对数标准化处理，得到1990—2014年期间的城市化综合指数、人口综合指数、GDP综合指数、人工地貌指数，具体数据见表6-2。

表 6-1 1990—2014 年象山港沿岸地区所属县（市）区社会经济数据

年份	国民总值（亿元）	一产（亿元）	二产（亿元）	工业（亿元）	三产（亿元）	人均生产总值（元）	总人口（万人）	农业人口（万人）	非农人口（万人）
1990	56. 24	14. 14	30. 89	28. 18	11. 21	2 187	257. 17	227. 39	29. 78
1991	70. 55	16. 37	39. 21	35. 09	14. 97	2 728	258. 58	228. 08	30. 5
1992	88. 27	18. 3	51. 46	48. 02	18. 51	3 405	259. 25	228. 23	31. 02
1993	125. 99	23. 68	78. 3	70. 67	24. 01	4 830	260. 86	228. 15	32. 71
1994	177. 53	35. 46	105. 97	95. 09	36. 09	6 785	261. 67	228. 32	33. 35
1995	225. 8	44. 82	128. 14	114. 96	52. 83	8 590	262. 86	228. 19	34. 67
1996	271. 8	50. 41	156. 84	142. 84	64. 57	10 292	264. 1	227. 64	36. 46
1997	294. 4	45. 55	174. 47	161. 24	74. 38	11 112	264. 95	226. 78	38. 17
1998	330. 31	49. 87	193. 69	178. 88	86. 73	12 467	264. 95	223. 59	41. 36
1999	356. 65	53. 37	205. 73	190. 78	97. 56	13 450	265. 16	222. 48	42. 68
2000	403. 9	54. 66	231. 37	214. 02	117. 89	15 193	265. 85	220. 74	45. 11
2001	447. 37	58. 03	251. 05	229. 72	138. 29	16 777	266. 66	216. 45	50. 21
2002	578. 54	61. 92	342. 03	299. 07	174. 59	21 660	267. 1	210. 07	57. 03
2003	697. 96	66. 38	417. 79	367. 85	213. 89	26 235	266. 04	207. 43	58. 61
2004	826. 86	73. 25	489. 86	425. 81	263. 74	30 921	267. 41	205. 96	61. 45
2005	1 018. 29	79. 3	584. 69	522. 04	354. 31	37 798	269. 4	205. 3	64. 1
2006	1 214. 89	84. 73	709. 27	652. 59	420. 93	44 779	271. 31	204. 25	67. 06
2007	1 462. 98	92. 92	866. 58	807. 05	503. 48	53 511	273. 4	203. 77	69. 63
2008	1 700. 15	103	1 004. 47	932. 4	592. 65	61 691	275. 59	203. 82	71. 77
2009	1 817. 22	113. 29	1 033. 36	964. 46	670. 59	65 521	277. 35	203. 76	73. 59
2010	2 142. 25	134. 35	1 248. 17	1 137. 85	759. 71	76 591	279. 7	203. 95	75. 76
2011	2 495. 47	158. 85	1 464. 96	1 342. 9	871. 66	88 636	281. 54	203. 64	77. 9
2012	2 724. 74	166. 9	1 575. 4	1 434. 61	982. 45	95 481	285. 37	202. 37	83
2013	3 141. 84	173. 64	1 697. 42	1 645. 66	1 170. 76	109 361	287. 29	202. 18	85. 11
2014	3 396. 98	172. 89	1 887. 83	1 700. 86	1 336. 25	117 101	290. 09	202. 74	87. 35

表 6-2　人工地貌面积和高程及相关指数数据

年份	高程（m）	面积（km²）	城市化综合指数	人口综合指数	GDP 综合指数	人工建设地貌指数
1990	10.01	60.24	7.15	3.52	6.86	3.91
1991	10.3	67.97	7.35	3.54	7.08	4.01
1992	10.76	73.96	7.55	3.56	7.3	4.09
1993	11.24	79.95	7.88	3.62	7.65	4.17
1994	11.74	85.94	8.2	3.63	7.99	4.24
1995	12.26	91.92	8.43	3.67	8.23	4.3
1996	12.8	97.91	8.61	3.73	8.41	4.36
1997	13.37	103.89	8.68	3.77	8.49	4.42
1998	13.97	109.88	8.79	3.85	8.6	4.47
1999	14.59	115.87	8.87	3.89	8.68	4.52
2000	15.33	128.94	8.99	3.94	8.8	4.63
2001	15.91	127.84	9.09	4.05	8.9	4.62
2002	16.62	133.83	9.34	4.18	9.15	4.67
2003	17.36	139.82	9.53	4.21	9.35	4.71
2004	18.13	145.81	9.69	4.26	9.51	4.75
2005	18.94	151.9	9.89	4.3	9.71	4.79
2006	19.78	157.78	10.06	4.35	9.88	4.83
2007	20.66	163.77	10.24	4.38	10.06	4.87
2008	21.58	169.75	10.38	4.41	10.2	4.91
2009	22.54	175.74	10.44	4.44	10.26	4.94
2010	23.27	169.23	10.59	4.47	10.42	4.91
2011	24.59	187.72	10.74	4.5	10.57	5.01
2012	25.68	193.71	10.81	4.56	10.64	5.04
2013	26.82	199.65	10.95	4.59	10.78	5.08
2014	28.02	205.68	11.02	4.61	10.85	5.11

6.1.3　人工地貌发育阶段界定

6.1.3.1　基于面积-高程数据的人工地貌发育阶段分析

由图 6-1 可知，人工地貌的面积与高程发育有着显著的阶段性特征。在 1990—2014 年的 25 年间，存在两个特殊的节点：2000 年和 2010 年，这两个年份的人工地貌的面积和高程演化特征与发育趋势略有不同，一个数值骤升，一个数值骤降。故而，以此为人工地貌发育的重要拐点，将象山港沿岸地区的人工地貌分为三个重要阶段：第一阶段是：1990—2000 年；第二阶段是：2001—2010 年；第三个阶段是：2011—2014 年。

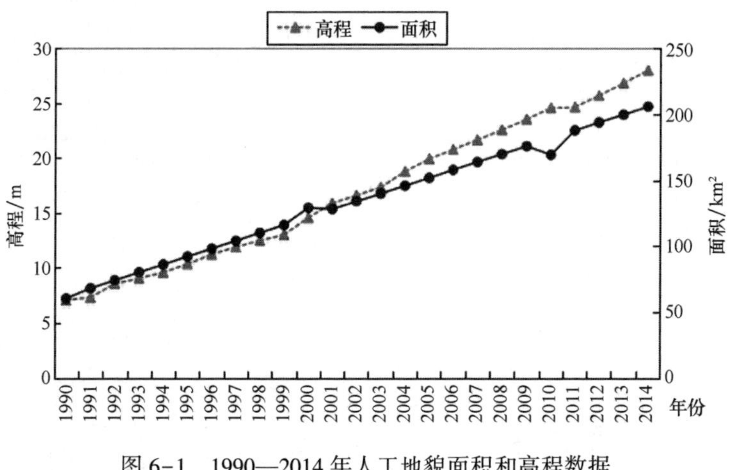

图 6-1 1990—2014 年人工地貌面积和高程数据

6.1.3.2 基于潜在影响因子的人工地貌发育阶段分析

通过 SPSS 计算得出 1990—2014 年期间的人口综合指数、城市化综合指数、GDP 综合指数及人工地貌指数。基于以上数据，利用回归分析中的曲线估计方法，绘制人口、城市化、GDP 综合指数的增长曲线模型，如图 6-2 所示。由图 6-2 可知，人工地貌发育的潜在影响因子的演变趋势也具有典型的阶段性特征，并且其数据的重要转折年份是 2000 年和 2010 年。由此，得出基于潜在影响因子的人工地貌发育存在明显的三个阶段：第一阶段是：1990—2000 年；第二阶段是：2001—2010 年；第三个阶段是：2011—2014 年。

综合象山港沿岸地区人工地貌的面积-高程数据及其潜在影响因子的演变趋势，明确其人工地貌的发育阶段主要为 1990—2000 年、2001—2010 年、2011—2014 年。表明象山港沿岸地区人工地貌的阶段性特征从定量的角度得以明确界定，为后期人工地貌的相关研究奠定基础。

6.1.4 人工地貌面积-高程与其潜在影响因子相关性分析

随着社会经济的发展，人工地貌的发育水平也相应地产生变化。选取社会经济因素中的国民生产总值（亿元）、人均生产总值（元）、三大产业产值

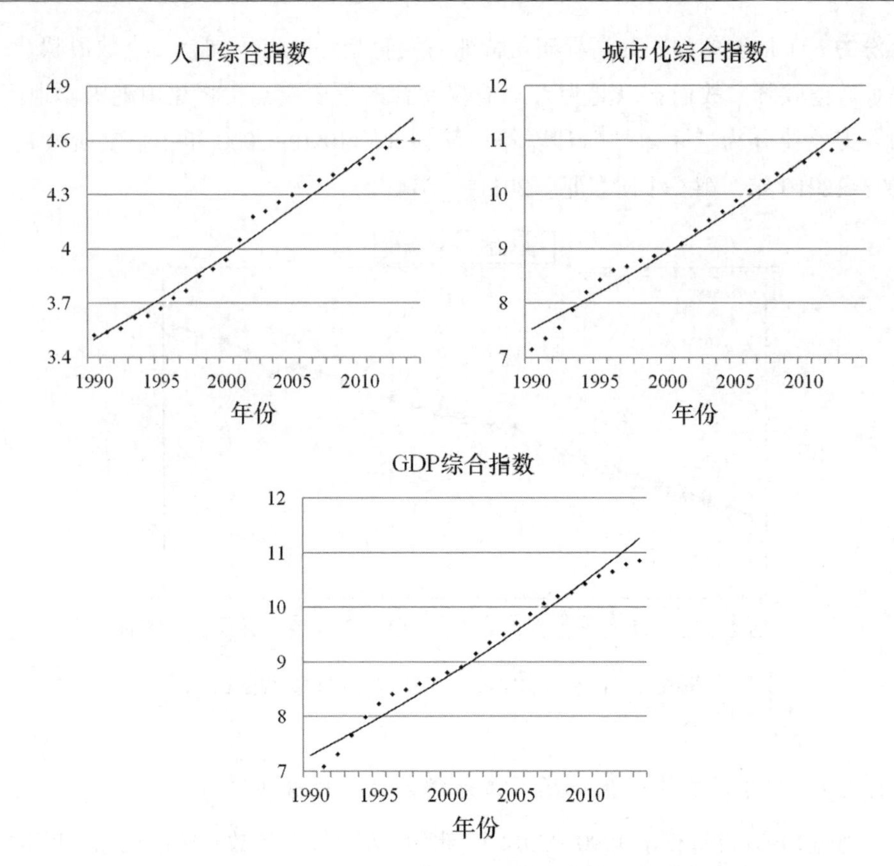

图 6-2 人口、城市化及 GDP 综合指数增长曲线

(亿元)、工业产值(亿元)、总人口(万人)、农业人口(万人)、非农人口(万人)等指标,并通过归类,以及对数标准化处理,消除量纲差别,最后分别得出随时间变化的人口综合指数、城市化综合指数、GDP 综合指数。通过解译遥感影像数据信息,获取人工地貌的面积与高程数据。现对人工地貌的面积和高程信息与社会经济数据进行相关性分析。借助 Spss 软件,得到人工地貌面积和高程与其潜在影响因子相关系数矩阵,见表 6-3。

表 6-3 人工地貌面积-高程与其潜在影响因子相关系数矩阵

		面积	高程	城市化 综合指数	人口 综合指数	GDP 综合指数
面积	Pearson 相关性	1	0.987**	0.991**	0.988**	0.990**
	显著性(双侧)		0.000	0.000	0.000	0.000

续表

		面积	高程	城市化综合指数	人口综合指数	GDP 综合指数
高程	Pearson 相关性	0.987**	1	0.972**	0.973**	0.970**
	显著性（双侧）	0.000		0.000	0.000	0.000
城市化综合指数	Pearson 相关性	0.991**	0.972**	1	0.984**	1.000**
	显著性（双侧）	0.000	0.000		0.000	0.000
人口综合指数	Pearson 相关性	0.988**	0.973**	0.984**	1	0.983**
	显著性（双侧）	0.000	0.000	0.000		0.000
GDP 综合指数	Pearson 相关性	0.990**	0.970**	1.000**	0.983**	1
	显著性（双侧）	0.000	0.000	0.000	0.000	

注：**. 在 0.01 水平（双侧）上显著相关。

由表 6-3 可以看出，人工地貌的面积和高程与社会经济发展水平具有高度的相关性。人工地貌的面积与城市化综合指数、人口综合指数、GDP 综合指数的相关系数分别为 0.991、0.988、0.990，并且分别通过了 1%的显著性检验；人工地貌的高程与城市化综合指数、人口综合指数、GDP 综合指数的相关系数分别为 0.972、0.973、0.970，也通过了 1%的显著性检验。另外，需要特别指出的是，面积与城市化综合指数的相关性最大，高程与人口综合指数的相关性最大。但人工地貌面积和高程与城市化综合指数、人口综合指数、GDP 综合指数的相关系数都处于较高水平，差异并不太大，说明这三个潜在的影响因子对人工地貌的发育都起着重要的作用，三者协同发展，共同影响了人工地貌的发育程度。故此，由人工地貌面积和高程与其潜在影响因子相关性分析，表明人工地貌的发育与社会经济发展水平的相关性比较大，并且这种影响在时间序列的表现尤为明显，一直处于人工地貌影响因素中的主导地位，控制了人工地貌在水平与垂直方向上的演化趋势，直接影响到其发育的规律。

6.1.5 人工地貌面积-高程发育对潜在影响因子的响应分析

6.1.5.1 人工地貌面积和高程对城市化综合指数的响应

选用人工地貌在地表的覆被面积，以表征其在水平方向上的发育情况，即探讨人工地貌在平面空间扩展对城市化综合指数的响应关系；选用人工地貌在垂直方向的高度数据，以表征其在垂直方向上的发育水平，即探讨人工地貌在垂直空间增长对城市化综合指数的响应关系。运用 SPSS 软件分别对人工地貌面积和高程与城市化综合指数进行拟合分析，可以得到两两之间的最优响应方程，即城市生长曲线模型。通过反复对比发现：1990—2014 年人工地貌的面积和高程演化趋势同增长（H）曲线模型的关系比较吻合（见图 6-3、图 6-4）。故此，得出 1990—2014 年人工地貌面积与城市化综合指数的响应方程为 $Y=e^{(2.024+0.302*x)}$，其响应系数为 0.032，方程效果检验 F 值为 1 235.797，且通过了 1%的显著性检验，R^2为 0.982，说明了模型对面积的拟合效果很好；1990—2014 年人工地貌高程与城市化综合指数的响应方程为$Y=e^{(-0.650+0.364*x)}$，其响应系数为 0.364，方程效果检验 F 值为 1836.868，且通过了 1%的显著性检验，R^2为 0.988，说明了模型对高程的拟合效果很好。此外，各阶段响应方程与整体的增长曲线方程的 R^2差异较小，表明各阶段人工地貌的发育特征与整体发育特征大体相符；但方程效果检验 F 值差异较大，是由于分阶段研究使得样本量大小有别所致（表 6-4、表 6-5）。

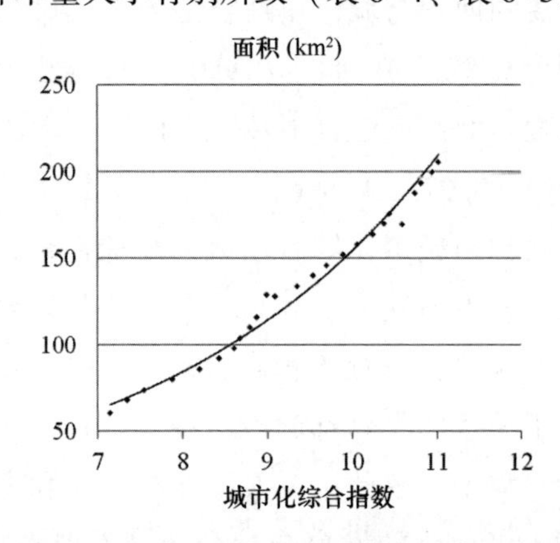

图 6-3 人工地貌面积与城市化综合指数的关系曲线

表 6-4 人工地貌面积对城市化综合指数的响应方程及其检验

城市化发展阶段	增长曲线方程	响应系数	检验 R^2	方程效果检验 F
1990-2000	$Y=e^{(1.564+0.357*x)}$	0.357	0.967	260.039
2001-2010	$Y=e^{(2.913+0.213*x)}$	0.213	0.975	313.061
2011-2014	$Y=e^{(1.971+0.304*x)}$	0.304	0.979	93.927
1990-2014	$Y=e^{(2.024+0.302*x)}$	0.302	0.982	1235.797

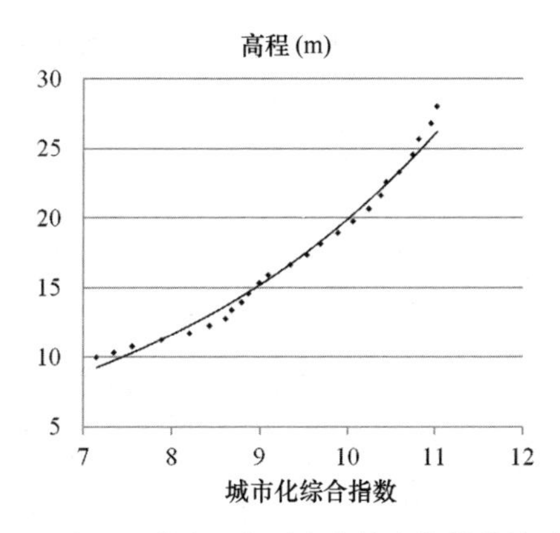

图 6-4 人工地貌高程与城市化综合指数的关系曲线

表 6-5 人工地貌高程对城市化综合指数的响应方程及其检验

城市化发展阶段	增长曲线方程	响应系数	检验 R^2	方程效果检验 F
1990-2000	$Y=e^{(-0.597+0.355*x)}$	0.355	0.963	236.769
2001-2010	$Y=e^{(0.054+0.296*x)}$	0.296	0.991	926.566
2011-2014	$Y=e^{(-1.390+0.428*x)}$	0.428	0.981	104.250
1990-2014	$Y=e^{(-0.650+0.364*x)}$	0.364	0.988	1836.868

综上，在时间序列上，城市化水平的逐步提高，对人工地貌的面积和高程产生显著的作用，说明城市化水平是衡量人工地貌发育程度的重要指标，而且具有显著的相关性，成正相关关系。

6.1.5.2 人工地貌面积和高程对人口综合指数的响应

人工地貌面积和高程与人口综合指数之间相关系数分别为 0.988、0.973，可见人工地貌的面积和高度与人口综合指数的相关度均较高。1990-2014 年期间，人工地貌的面积和高度与本地区的人口总数都处于不停地增长状态中，但两两之间依然存在一定的相关性。由图 6-5 和图 6-6 可得，1990-2014 年人工地貌面积对人口综合指数的响应方程为 $Y=e^{(1.046+0.929*x)}$，其响应系数为 0.929，方程效果检验 F 值为 511.349，且通过了 1%的显著性检验，R^2 为 0.957，该模型对面积的拟合效果较好；1990-2014 年人工地貌高程对人口综合指数的响应方程为 $Y=e^{(-1.875+1.132*x)}$，其响应系数为 1.132，方程效果检验 F 值为 1221.164，且通过了 1%的显著性检验，R^2 为 0.982，该模型对面积的拟合效果也较好。此外，分阶段的人工地貌面积和高程对 GDP 综合指数的响应方程见表 6-6 和表 6-7。

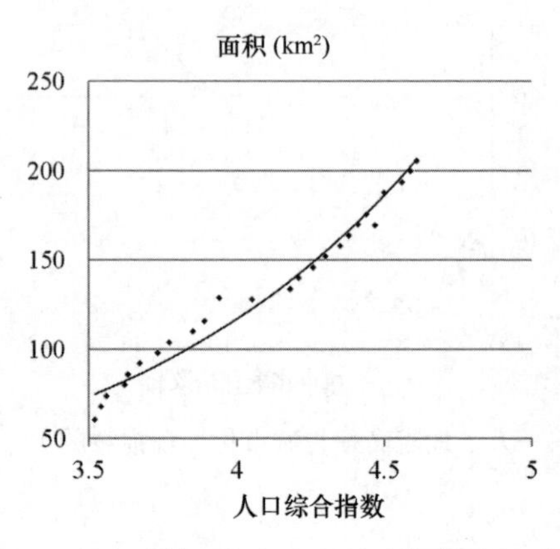

图 6-5　人工地貌面积与人口综合指数的关系曲线

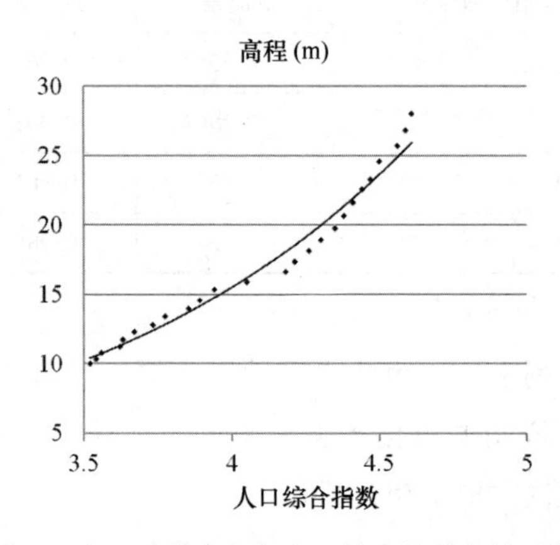

图 6-6　人工地貌高程与人口综合指数的关系曲线

表 6-6　人工地貌面积对人口综合指数的响应方程及其检验

人口变化阶段	增长曲线方程	响应系数	检验 R^2	方程效果检验 F
1990-2000	$Y=e^{(-1.329+1.575*x)}$	1. 575	0. 945	155. 080
2001-2010	$Y=e^{(1.547+0.809*x)}$	0. 809	0. 958	183. 206
2011-2014	$Y=e^{(1.646+0.796*x)}$	0. 796	0. 945	34. 317
1990-2014	$Y=e^{(1.046+0.929*x)}$	0. 929	0. 957	511. 349

表 6-7 人工地貌高程对人口综合指数的响应方程及其检验

人口变化阶段	增长曲线方程	响应系数	检验 R^2	方程效果检验 F
1990-2000	$Y=e^{(-3.4848+1.569*x)}$	1.569	0.945	155.858
2001-2010	$Y=e^{(-1.819+1.118*x)}$	1.118	0.963	209.933
2011-2014	$Y=e^{(-1.807+1.112*x)}$	1.112	0.931	27.186
1990-2014	$Y=e^{(-1.875+1.132*x)}$	1.132	0.982	1221.164

综上，在时间序列上，人口的变化引起了人工地貌发育程度的变化，人口数量的增加，一定程度上提高了人工地貌的发育水平，说明人口数量的变化是衡量人工地貌发育程度的重要指标，并且通过相关性检验可知，两者之间存在显著的相关性，成正相关关系。

6.1.5.3 人工地貌面积和高程对 GDP 综合指数的响应

人工地貌面积和高程与 GDP 综合指数之间相关系数分别为 0.990、0.970，可见人工地貌的面积和高度与人口综合指数之间也存在高度的相关性。1990—2014 年期间，人工地貌的面积和高度与本地区的 GDP 都处于增长态势中，且相互之间保持着相对的稳定性，大体处于协同发展的状态。由图 6-7 和图 6-8 可得，1990—2014 年人工地貌面积对 GDP 综合指数的响应方程为 $Y=e^{(2.145+0.295*x)}$，其响应系数为 0.295，方程效果检验 F 值为 1 355.870，且通过了 1%的显著性检验，R2 为 0.983，该模型对面积的拟合效果较好；1990—2014 年人工地貌高程对 GDP 综合指数的响应方程为 $Y=e^{(-0.502+0.355*x)}$，其响应系数为 0.355，方程效果检验 F 值为 1 826.535 且通过了 1%的显著性检验，R^2为 0.988，该模型对面积的拟合效果也较好。此外，分阶段的人工地貌面积和高程对 GDP 综合指数的响应方程见表 6-8 和表 6-9。

表 6-8 人工地貌面积对 GDP 综合指数的响应方程及其检验

GDP 发展阶段	增长曲线方程	响应系数	检验 R^2	方程效果检验 F
1990-2000	$Y=e^{(1.792+0.338*x)}$	0.338	0.964	244.387
2001-2010	$Y=e^{(2.972+0.211*x)}$	0.211	0.974	297.100
2011-2014	$Y=e^{(2.023+0.304*x)}$	0.304	0.979	93.927
1990-2014	$Y=e^{(2.145+0.295*x)}$	0.295	0.983	1355.870

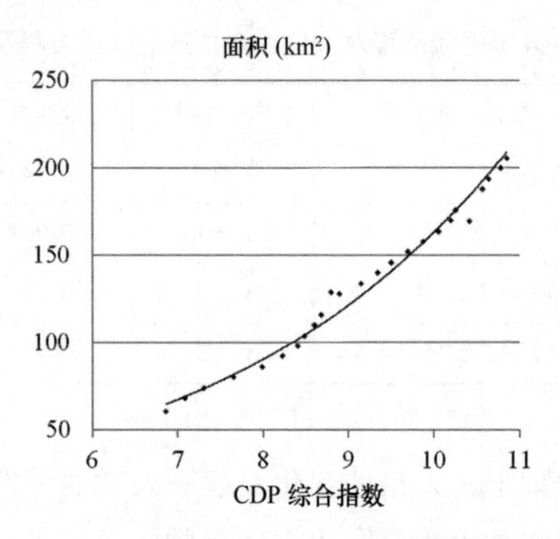

图 6-7 人工地貌面积与 GDP 综合指数的关系曲线

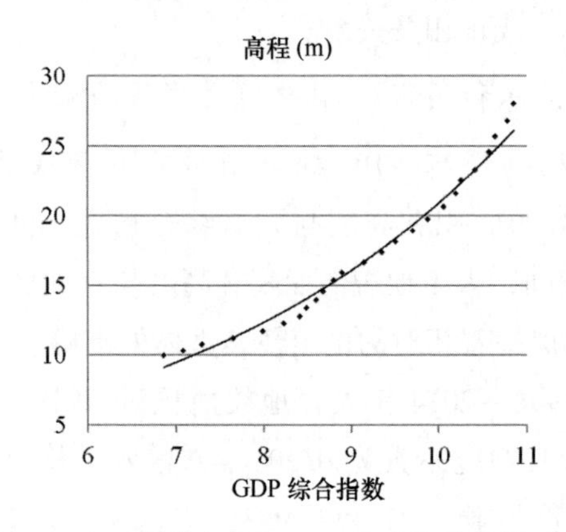

图 6-8 人工地貌高程与 GDP 综合指数的关系曲线

表 6-9 人工地貌高程对 GDP 综合指数的响应方程及其检验

GDP 发展阶段	增长曲线方程	响应系数	检验 R^2	方程效果检验 F
1990-2000	$Y=e^{(-0.370+0.336*x)}$	0.336	0.961	221.554
2001-2010	$Y=e^{(0.134+0.294*x)}$	0.294	0.991	925.255
2011-2014	$Y=e^{(-1.318+0.428*x)}$	0.428	0.981	104.250
1990-2014	$Y=e^{(-0.502+0.355*x)}$	0.355	0.988	1826.535

综上，在时间序列上，GDP 产值的变化引起了人工地貌发育程度的变化，GDP 产值的增加，促进了人工地貌的发育，说明 GDP 产值的变化是衡量人工地貌发育程度的重要指标，并且通过相关性检验可知，两者之间存在显著的

相关性，成正相关关系。

6.1.6 结论

本节从自然和人文两个角度、定性与定量两个方面，对引起象山港沿岸地区人工地貌发育水平变化的潜在影响因子进行了探索性研究。在定性分析方面选取了自然地理条件与社会人文条件两大指标，并进行了影响机制的论述。在定量分析方面，主要从人工地貌的发育阶段界定、相关性分析及响应分析角度展开，探讨人工地貌的发育机制。从自然地理条件和社会人文条件出发，进行人工地貌发育水平的定性分析。选取自然地理条件中的地质地貌条件和水文条件两个因子，以及社会人文条件中的政策、规划、交通三个因子，分析自然地理条件与社会人文条件对人工地貌形成、演化、发育规律等方面的影响，认为人工地貌的发育是由多重因素共同作用的结果，它们共同承担着人工地貌发育的地理背景。

基于面积和高程数据以及潜在影响因子增长曲线模型，对人工地貌的发育阶段进行分析。通过趋势图及增长曲线的模拟发现，不仅面积和高程数据与人工地貌的发育具有显著的阶段性特征，而且人工地貌的潜在影响因子的演变趋势也具有典型的阶段性特征。在此基础上，认为象山港沿岸地区人工地貌的发育具有明显的三个重要发展阶段：第一阶段为 1990—2000 年；第二阶段为 2001—2010 年；第三阶段为 2011—2015 年。

在人工地貌面积和高程数据与其潜在影响因子的相关性分析中，人工地貌的面积和高程与社会经济发展水平具有高度的相关性。人工地貌的面积与城市化综合指数、人口综合指数、GDP 综合指数的相关系数分别为 0.991、0.988、0.990；人工地貌的高程与城市化综合指数、人口综合指数、GDP 综合指数的相关系数分别为 0.972、0.973、0.970。并且面积与城市化综合指数的相关性最大，高程与人口综合指数的相关性最大。但整体上来说，这三个潜在的影响因子对人工地貌的发育都起着重要的作用，三者协同发展，共同影响了人工地貌的发育程度。

采用因子分析中的曲线参数估计法，对人工地貌的面积和高程与城市化综合指数、人口综合指数及 GDP 综合指数进行拟合分析，最终分别得到 1990—2014 年期间和各个阶段的增长曲线模型，从响应系数、R^2、方程效果检验 F 值等方面可以看出，生长方程拟合效果较好，说明增长曲线模型与象山港沿岸地区人工地貌的实际情况基本吻合，由此也可以得出，城市化综合指数、人口综合指数、GDP 综合指数是影响人工地貌发育水平的重要因子，也是衡量人工地貌发育水平的重要指标，对人工地貌的形成、演化、发育规律等方面具有显著的推动或抑制作用。同时，在一定程度上，丰富了人工地貌的研究内容，可以作为未来人工地貌研究的突破点，为人工地貌的研究奠定了一定的基础。

6.2 杭州湾南岸城镇人工地貌空间扩张因子分析

6.2.1 杭州湾南岸城镇人工地貌扩张因子定性分析

6.2.1.1 自然环境因素

城镇人工地貌的发展离不开地质地貌基础和水文条件。多数人工地貌都是依附在一定的地形单元表面，地质地貌起到了一种基础性的作用。城镇人工地貌多建在地形起伏较小平原区域，或者将建筑建在低山丘陵与平原交界的缓冲带。一方面可以减少地质灾害的影响，另一方面，地表起伏大不，便于人们出行，使得生活更加便利。

杭州湾南岸城镇人工地貌多散布于平原地区或平原与丘陵的缓冲地带。杭州湾南岸的靠近海岸的北部平原多是人口的主要集聚区，也是城镇人工地貌的主要区域，所以杭州湾南岸城镇人工地貌水平空间生长离不开地形地貌的基础作用。

目前，临海的滩涂人口分布也较少，这和当地滩涂的自然环境特别是海水的周期性潮汐运动有重要联系。根据实地调查结果显示，河口湾最外围则是滩涂和泥塘。滩涂随着海水的潮汐运动而发生往复运动：涨潮时，位于沿海的滩涂被海水淹没；落潮时，海水也逐渐回归至正常的水变线。滩涂在河流泥沙的堆积作用下不断生成新的陆地。杭州湾南岸更离不开人类的围海造陆活动，海岸线将愈发向北移动，陆域面积也将进一步加大。可以预见，在不久的将来，这一区域也将是城镇人工地貌发展的重要区域。

水文条件同样对城镇人工地貌的水平空间生长起着重要的作用。人类生活离不开水源，无论四大文明古国还是希腊文明、印加文明，人们都是傍水而居，依靠大江大海繁衍生息。杭州湾南岸有着悠久的历史文化积淀，早期先民创造了灿烂的河姆渡文明，很早就是人类集聚的中心，这里曾形成了规模宏大的烧陶等手工产品和璀璨的文化。随着晋朝后期北方纷争不断，百姓南迁，南方逐渐取代北方成为新的中国经济重心，江浙一带的沿海区域就逐渐成为人类经济活动的重要场所。温暖湿润的气候，接近江海，尽享渔盐之利，聚落、城镇在这里形成。杭州湾南岸，就是在这样的环境中逐渐发展起来。所以水文条件深刻地影响着杭州湾南岸城镇人工地貌的水平空间生长，并在一定程度上直接塑造了城镇人工地貌的水平空间生长格局。

大古塘的筑成是11世纪以来岸线稳步向北推移的关键。以大古塘为第一条海塘，由南到北围涂面积约占整个慈溪市面积的60%。慈溪现境大古塘以南为湖海积地带，成陆过程中经历潟湖沼泽化过程，大古塘以北为滨海海积平原，其成陆过程靠陆地不断供沙，经历次围涂筑塘所成。本书以海涂围垦区土壤作为研究对象，因此，选取大古塘以北围垦区作为研究区域。然而随着经济的发展，大古塘已难觅踪迹，今天的329国道基本上就是以大古塘为基础建造的（现金杭甬公路蟹浦经浒山至百官段，就是大古塘所在地）。因此，本节以329国道为界，研究329国道以北围垦区土壤特性的时空变异性和土地利用情况。

6.2.1.2 社会经济因素

政府层面的决策深刻影响着城镇人工地貌的发展。无论是先前的城市规划还是近来备受关注的“三规合一”，“三规合一”并非指只有一个规划，而是指只有一个城市空间，在规划安排上相互统一（孔圆圆 等，2007）。同时加强规划编制体系、规划标准体系和规划协调机制等方面的制度建设，本意都是在宏观的视角下让城镇发展更加有序，强化规划的实施和管理，使得规划真正成为城镇建设和管理的依据。无疑的是，规划的出台，可以给城镇人工地貌指明方向和有序的建设，让城镇建设少走弯路，实现城镇的可持续发展。

城镇人工地貌的水平空间生长离不开交通等社会经济要素。杭州湾南岸交通便利，高速公路、高速铁路网通达性极高，这些都为经济发展提供了良好的条件。交通方式的变革，杭州湾南岸拥有密集的高速铁路和高速公路网，道路的两侧集聚了诸如城市和建制镇人工地貌，道路两侧从来都是城镇人工地貌重要的散布区域。随着慈东工业园和杭州湾新区内的道路不断建设，道路两侧的工业园、厂房也配套起来。

杭州湾南岸地处沪宁杭三大经济枢纽的交界地带，本身就具有较高的区位商，随着杭州湾大桥的开通。其区位优势愈加显著。杭州湾新区的建立表明杭州湾南岸将迎来发展的新契机。随着社会发展的需要，当地政府提出针对性的发展战略，实现城镇规划与社会发展的高度协调，侧面也促进了城镇人工地貌的良性发展。

6.2.2 杭州湾南岸城镇人工地貌空间扩张定量分析

6.2.2.1 杭州湾南岸城镇人工地貌面积变化分析

1985-1995 年，杭州湾南岸城镇人工地貌水平空间拓展缓慢，面积增加了 3.85 km^2。而第二个十年和第三个十年分杭州湾南岸城镇人工地貌分别增加了 39.11 km^2和 48.22 km^2，由于经济不断发展。此前有研究表明，当收入达到一定水平后，人们开始考虑追求更好的居住条件而自建或购置新房（郑思齐 等，2005）。在近 30 年间，杭州湾南岸人们收入的水平有了极大的提高，人均 GDP 增加了 95.45 倍。经济总量的提升带来住房需求的新的变化，从而对人均建筑面积造成深刻影响。2005 年以来，杭州湾南岸城镇人工地貌以年均 5 km^2的速度递增，见图 6-9。

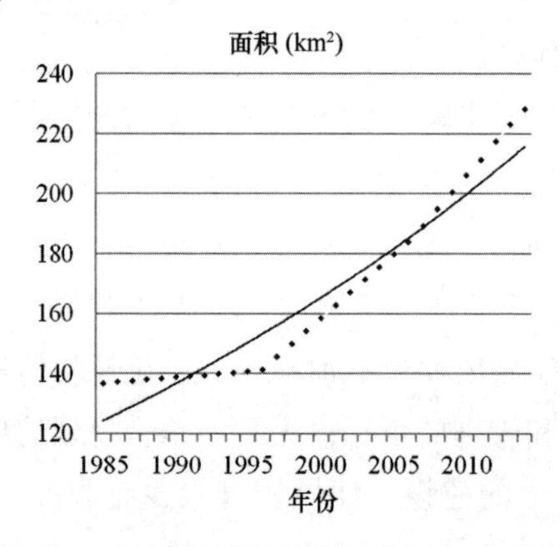

图 6-9 杭州湾南岸城镇人工地貌面积分析

6.2.2.2 杭州湾南岸城镇人工地貌高程变化分析

2005 年前，杭州湾南岸人工地貌高度方面的发展缓慢，年均 0.5 m，2005 年后，整体的高度有了较大幅度的提高，年均增幅达 2 m，随后又进入一个平均高度较高的缓慢增长周期（图 6-10）。

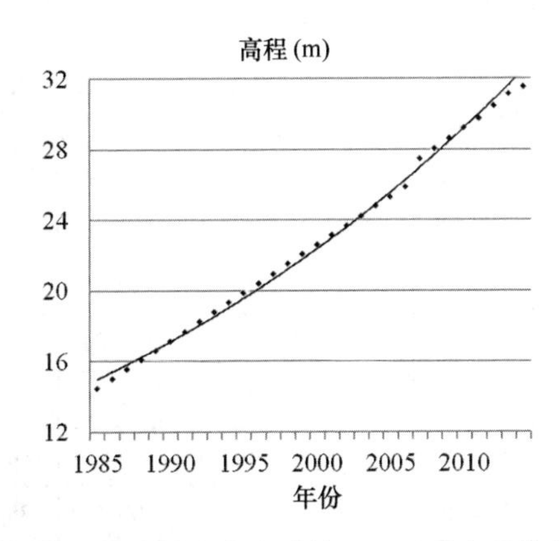

图 6-10 杭州湾南岸城镇人工地貌高程分析

6.2.3 杭州湾南岸城镇人工地貌社会经济相关性分析

从表 6-10 中的历年的经济数据，如经济总量、非农人口及人均生产总值等数据，可以看出杭州湾南岸城镇人工地貌发展离不开基本的社会经济基础。社会经济数据和杭州湾南岸城镇人工地貌发展的相关关系，经过归一化处理后得到（表 6-11）。

表 6-10 杭州湾南岸社会经济指标

年份	产值（亿元）					人口（万人）			
	总值	第一产业	第二产业	第三产业	工业	人口	农业人口	非农人口	人均产值
1985	10.38	3.31	5.55	1.52	5.00	91.69	83.08	8.61	0.11
1986	12.68	3.93	6.39	2.36	5.66	92.35	82.81	9.54	0.14
1987	15.60	4.66	8.08	2.86	6.60	93.66	83.62	10.04	0.17
1988	19.93	6.33	9.69	3.91	8.19	94.52	84.15	10.36	0.21
1989	21.14	5.87	11.08	4.18	10.02	95.42	84.73	10.68	0.22
1990	22.06	5.54	12.01	4.51	10.61	96.10	85.37	10.73	0.23
1991	28.66	5.91	14.93	7.82	13.14	96.85	86.06	10.79	0.30
1992	34.29	5.64	19.27	9.37	17.12	97.16	86.31	10.84	0.35
1993	48.01	6.59	29.76	11.66	26.39	97.62	86.62	10.99	0.49
1994	70.69	9.64	45.90	15.15	40.61	98.05	86.90	11.15	0.72
1995	95.32	12.57	61.57	21.19	54.23	98.63	87.38	11.25	0.97
1996	110.92	14.08	69.78	27.06	62.13	99.41	87.89	11.52	1.12

续表

年份	产值（亿元）					人口（万人）			
	总值	第一产业	第二产业	第三产业	工业	人口	农业人口	非农人口	人均产值
1997	122.51	12.84	78.43	31.24	72.46	100.04	88.09	11.95	1.22
1998	132.32	13.73	81.35	37.24	75.74	100.35	87.09	13.26	1.32
1999	147.55	13.82	90.73	43.00	85.17	101.01	86.91	14.10	1.46
2000	170.35	14.22	101.75	54.38	95.88	101.09	86.66	14.43	1.69
2001	192.09	14.77	115.26	62.06	108.65	100.84	86.25	14.59	1.90
2002	217.17	16.27	129.29	71.60	121.73	100.58	85.76	14.82	2.16
2003	259.37	17.52	155.46	86.38	145.51	100.71	85.57	15.13	2.58
2004	314.72	18.89	190.59	105.24	178.55	101.03	85.45	15.58	3.12
2005	375.41	20.86	230.33	124.21	216.35	101.54	85.46	16.08	3.70
2006	450.19	22.45	279.98	147.76	263.53	102.08	85.43	16.65	4.41
2007	531.51	25.31	329.63	176.57	311.88	102.72	85.46	17.26	5.17
2008	601.44	28.02	374.46	198.95	355.25	103.12	85.33	17.79	5.83
2009	622.47	31.37	369.36	221.74	345.29	103.52	85.25	18.28	6.01
2010	751.19	38.34	451.90	260.95	423.38	103.88	85.20	18.69	7.23
2011	870.71	43.57	520.53	306.61	483.59	104.15	85.18	18.97	8.36
2012	954.24	46.54	552.20	355.50	511.47	104.19	84.98	19.21	9.16
2013	1033.75	48.15	584.55	401.05	539.27	104.36	84.94	19.42	9.91
2014	1109.41	48.48	637.93	423.00	587.95	104.59	84.92	19.67	10.61

表 6-11 杭州湾南岸城镇人工地貌主要指数

年份	高程（m）	面积（km^2）	城市化综合指数	人口综合指数	GDP综合指数	人工地貌综合指数
1985	14.45	136.83	5.00	3.94	7.15	4.55
1986	14.99	137.19	5.50	3.98	7.31	4.62
1987	15.53	137.58	5.70	4.05	7.47	4.71
1988	16.08	137.96	5.84	4.09	7.63	4.77
1989	16.62	138.35	5.96	4.14	7.79	4.83
1990	17.16	138.73	5.95	4.18	7.95	4.88
1991	17.71	139.12	5.93	4.22	8.11	4.92
1992	18.25	139.50	5.94	4.24	8.27	4.95

续表

年份	高程（m）	面积（km^2）	城市化综合指数	人口综合指数	GDP综合指数	人工地貌综合指数
1993	18.79	139.91	5.99	4.26	8.43	4.98
1994	19.34	140.23	6.06	4.29	8.59	5.02
1995	19.88	140.68	6.07	4.43	8.75	5.17
1996	20.42	141.19	6.17	4.47	8.91	5.22
1997	20.96	145.48	6.36	4.51	9.07	5.28
1998	21.51	149.77	7.03	4.52	9.23	5.34
1999	22.05	154.05	7.43	4.56	9.39	5.40
2000	22.59	158.34	7.60	4.56	9.55	5.42
2001	23.14	162.63	7.70	4.55	9.71	5.42
2002	23.68	166.91	7.85	4.58	9.87	5.47
2003	24.22	171.22	8.00	4.59	10.03	5.49
2004	24.78	175.45	8.21	4.61	10.19	5.53
2005	25.28	179.79	8.43	4.64	10.35	5.58
2006	25.87	183.82	8.68	4.67	10.51	5.63
2007	27.46	189.38	8.94	4.70	10.67	5.68
2008	28.05	194.94	9.18	4.72	10.79	5.72
2009	28.65	200.50	9.40	4.75	11.00	5.76
2010	29.24	206.06	9.58	4.86	11.03	5.90
2011	29.77	211.33	9.70	4.88	11.45	5.94
2012	30.47	217.47	9.81	4.88	11.57	5.95
2013	31.12	223.01	9.91	4.89	11.64	5.97
2014	31.53	228.01	10.01	4.90	11.68	5.99

相关性分析后，各类因子彼此相关性大小及其显著程度需要进一步探索。通过 SPSS 分析软件，对高程、面积和城市化综合指数等数据进行多变量相关分析和 Pearson 相关性探索（表 6-12）。

表 6-12 城镇人工地貌面积-高程与其影响因子相关系数矩阵

		高程	面积	城市化综合指数	人口综合指数	GDP综合指数	人工地貌综合指数
高程	Pearson 相关性	1	0.964**	0.986**	0.978**	0.997**	0.991**
	显著性（双侧）		0	0	0	0	0.000
面积	Pearson 相关性	0.964**	1	0.975**	0.897**	0.950**	0.928**
	显著性（双侧）	0		0	0	0	0.000
城市化综合指数	Pearson 相关性	0.986**	0.975**	1	0.948**	0.982**	0.971**
	显著性（双侧）	0	0		0	0	0.000
人口综合指数	Pearson 相关性	0.978**	0.897**	0.948**	1	0.985**	0.996**
	显著性（双侧）	0	0	0		0	0.000
GD综合指数	Pearson 相关性	0.997**	0.950**	0.982**	0.985**	1	0.995**
	显著性（双侧）	0	0	0	0		0.000
人工地貌综合指数	Pearson 相关性	0.991**	0.928**	0.971**	0.996**	0.995**	1
	显著性（双侧）	0	0	0	0	0	

注：**. 在 0.01 水平（双侧）上显著相关。

由表 6-12 可知，城镇人工地貌面积和高度与城市化综合指数等具有高度的相关性，其中城镇人工地貌面积与城市化综合指数、人口综合指数和 GDP 综合指数相关性分别达到 0.986、0.978 和 0.997；城镇人工地貌高程与城市化综合指数、人口综合指数和 GDP 综合指数相关性分别达到 0.975、0.897 和 0.950，其中高程和人口综合指数相关性较低。综上所述，社会经济各类指标深刻影响了城镇人工地貌的水平和垂直空间的发育，彼此间存在显著的相关性。特别的，当今科学技术发达，自然环境对人类活动限制越来越少，社会经济水平成为影响地区城镇人工地貌发展的主导性因素。

6.2.4 杭州湾南岸城镇人工地貌空间扩张对影响因子的响应分析

6.2.4.1 杭州湾南岸城镇人工地貌空间扩张对城市化综合指数响应分析

城市化是人工地貌发展的基础，城市化过程深刻影响了城市城镇人工地貌高度的变化。在 1985-1995 年期间，城市化指数和城镇人工地貌高度呈现出弱相关性。在收入达到一定程度后，人们将逐步改善住房环境，这也是在 2000 年（城市化指数约为 7，城镇人工地貌高程约为 22 m）以后发生一次飞跃的关键因素。此后随着城市和工业的不断发展，城市化指数和城镇人工地貌间的相关性基本呈现正比例关系，城镇人工地貌种类增加呈现多元化，在此期间城镇人工地貌高度呈现“J”型曲线增长趋势。2008 年以后，随着国家对房地产的宏观调控措施下，城镇人工地貌有一定的垂直消长变化，图 6-11。

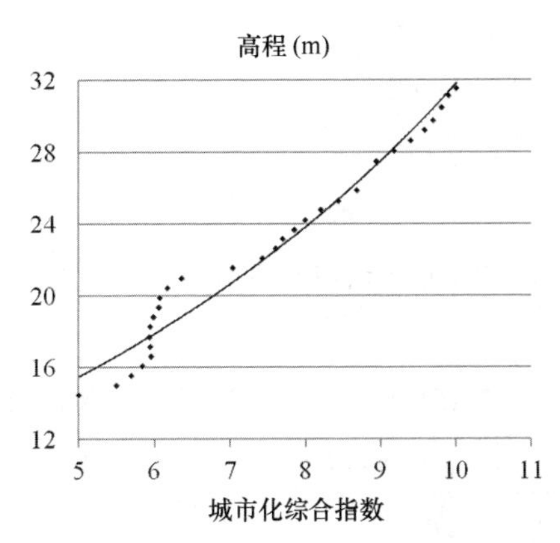

图 6-11　城镇人工地貌高程对城市化综合指数的响应分析

工业化和城镇化过程深刻影响了城市城镇人工地貌水平演化的面积变化。1985-1995 年，城镇人工地貌在较为严格的土地政策下，增长较为缓慢。2000 年以后，此后随着改革开放深入和经济的不断发展，特别是城市化人口的增加，住房和厂房的需要使得城镇人工地貌面积大幅增长，根据地价递减率，由中心向四周依次分布商业区、住宅区和公园以及工业园区等。2010-2014 年，城镇人工地貌建设面积进一步提升。具体原因，分析后可知：由于政策性拨地，用于产业新区的布局，而住宅用地增加并不显著。抛开政策性的短期效应，城镇人工地貌面积后期也将趋于稳定，见图 6-12。

通过 SPSS 软件的曲线方程拟合，对比了不同曲线方程的相关参数结果，Logistic 曲线残差更小，且 R^2 检验值更高，拟合效果更接近研究需要，因而选择了 Logistic 曲线方程。Logistic 曲线方程特别在城镇人工地貌面积和城市化综合指数方面拟合度相当高，表 6-13。研究曲线后发现，区域城市化水平深刻影响着城镇人工地貌的空间扩张，两者呈现较大的正相关性。

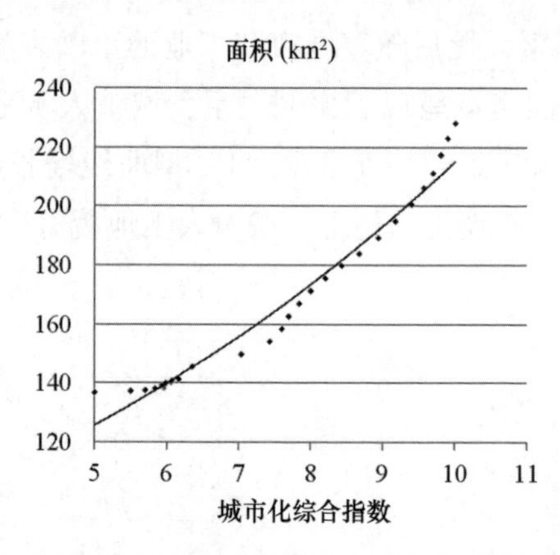

图 6-12 城镇人工地貌面积对城市化综合指数的响应分析

表 6-13 城镇人工地貌面积与高程对城市化综合指数的响应方程及其检验

相关系数	Logistic 曲线方程	响应系数	R^2 检验	方程效果检验 F
高程-城市化综合指数	Y= 1 / (0 + 0. 133 * 0. 866 * * x)	0. 866	0. 949	516. 518
面积-城市化综合指数	Y= 1 / (0 + 0. 014 * 0. 898 * * x)	0. 898	0. 971	939. 324

6.2.4.2 杭州湾南岸城镇人工地貌空间扩张对人口综合指数响应分析

城镇人工地貌面积和高程与人口综合指数之间相关系数分别为 0. 897、0. 978，反映了城镇人工地貌的高度与人口综合指数的相关度更高。城镇人工地貌种类的多样性和建材和建筑技术的不断发展，使得居住区的建筑物高度更高，可以容纳更多的人口。相反地，城镇人工地貌的水平扩张，特别是工业厂房，因本身容纳人口较少，所以两者相关度相对较小。从城镇人口的变化来看，1985-1995 年，城镇人口增加了 2. 64 万人，1995-2000 年增加了 3. 18 万人，2000-2010 年增加达 4. 25 万人，而至 2014 年仅仅增加了 0. 98 万人，人口城市化有所放缓，客观降低了城镇人工地貌水平空间的敏感性，导致了两者相关性较低。随着垂直空间得到广泛的利用，较少的土地可以容纳更多的居民，因而高容积率的城镇人工地貌对人口综合指数更敏感。工业厂房则因占地较多、层高较低，容积率更低，见图 6-13 和图 6-14。

从 Logistic 曲线方程也可以看出，高程-人口综合指数的 R^2 为 0. 980，表明了高程和人口综合指数具有更好的拟合效果。而面积-人口综合指数的 R^2 为 0. 830，相对来说，拟合的效果更差，从侧面也验证了高程和人口综合指数相关性更高，见表 6-14。

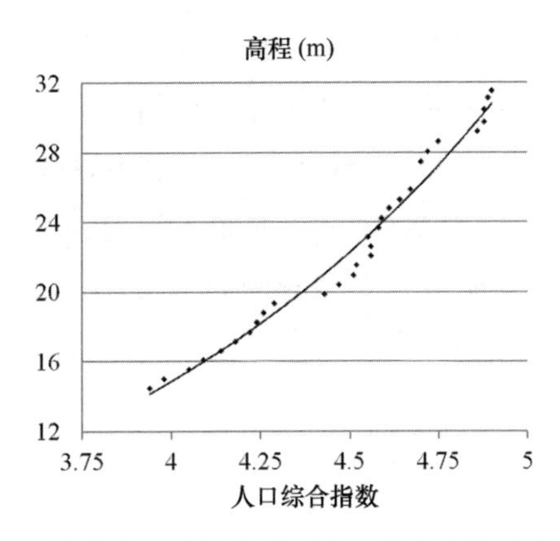

图 6-13　城镇人工地貌高程对人口综合指数的响应分析

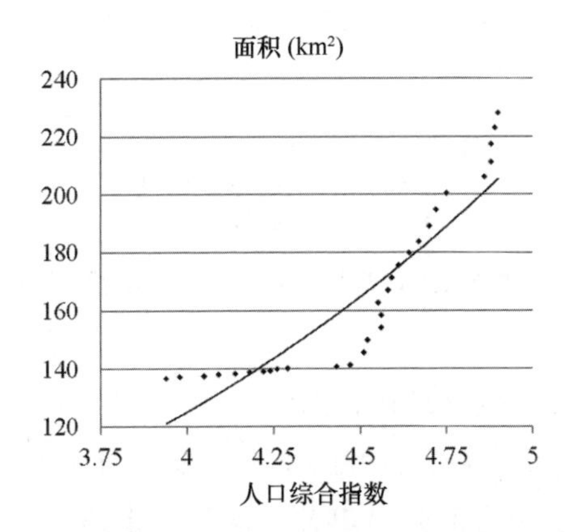

图 6-14　城镇人工地貌面积对人口综合指数的响应分析

表 6-14　城镇人工地貌面积与高程对人口综合指数的响应方程及其检验

相关系数	Logistic 曲线方程	响应系数	R^2 检验	方程效果检验 F
高程-人口综合指数	Y=1 / (0 + 1.722 * 0.445 * * x)	0.445	0.980	1396.722
面积-人口综合指数	Y= 1 / (0 + 0.072 * 0.577 * * x)	0.577	0.830	136.878

6.2.4.3　杭州湾南岸城镇人工地貌空间扩张对 GDP 综合指数响应分析

城镇人工地貌高程和面积与 GDP 综合指数之间相关系数分别为 0.997、0.950，可见城镇人工地貌的高度和面积与 GDP 综合指数之间均存在高度的相关性。城镇人工地貌发展离不开经济的持续支持，从城镇经济的发展来看，1985—1995 年，城镇人工地貌面积超过经济发展速度，这主要由于住房是基本的需求，即便经济发展较慢。1990—2008 年经济发展的速度较城镇人工地貌的水平扩张更快，但两者差距逐年缩小，经济发展和人们追求更好的居住环境间存在一个间断期（1995—2000 年），2000 年后城镇人工地貌建设加速，速度低于经济发展速度。而 2008 后年城镇人工地貌又一次超过经济发展速度，两者差距有消有长。城镇人工地貌的高程变化，则切合经济增速，见图 6-15和图 6-16。

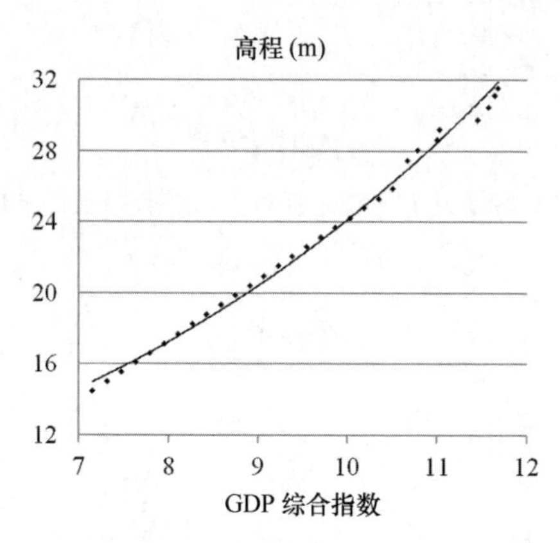

图 6-15 城镇人工地貌高程对 GDP 综合指数的响应分析

从 Logistic 曲线方程也可以看出，高程-GDP 综合指数的 R^2 为 0.995，表明了高程和 GDP 综合指数具有更好的拟合效果。而面积-GDP 综合指数的 R^2 为 0.925，相对来说，拟合的效果更差，从侧面也验证了高程和 GDP 综合指数相关性更高，见表 6-15。

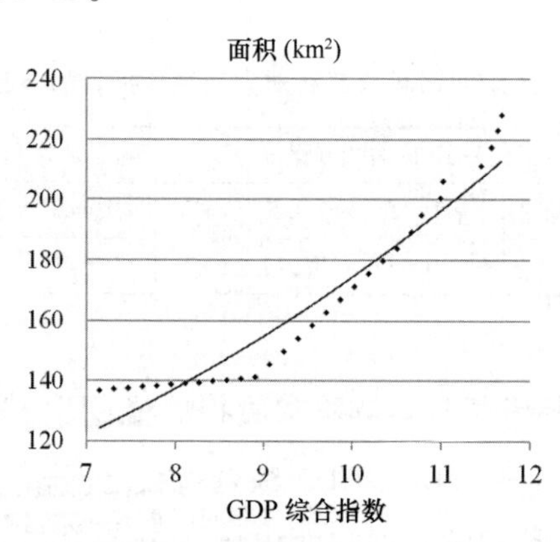

图 6-16 城镇人工地貌面积对 GDP 综合指数的响应分析

表 6-15　城镇人工地貌面积与高程对 GDP 综合指数的响应方程及其检验

相关系数	Logistic 曲线方程	响应系数	R^2 检验	方程效果检验 F
高程-GDP 综合指数	Y= 1 /（0 + 0. 220 ＊ 0. 846＊ ＊x）	0. 846	0. 995	5609. 941
面积-GDP 综合指数	Y=1 /（0 + 0. 019＊ 0. 888＊ ＊x）	0. 888	0. 925	344. 829

6. 2. 4. 4　杭州湾南岸城镇人工地貌空间扩张对人工地貌综合指数响应分析

人工地貌综合指数，综合了多重影响因素，旨在分析城镇人工地貌高程-面积对人工地貌综合指数的响应情况。城镇人工地貌面积对人工地貌综合指数的响应，1985 -2000 年间，由于城镇人工地貌面积增加较少而人工地貌指数相对较快，导致两者相关性较低；2000-2014 年城镇人工地貌面积呈现两阶段增速较快的增长：2000-2010 年，在内需和政策拨地双重作用下，城镇人工地貌面积增长较快；而 2010-2014 年，主要由于政策性拨地，城镇人工地貌增长也相对较快。由于政策只存在短期效应，这也造成了 2014 年后城镇人工地貌面积增长趋于稳定，见图 6-17。

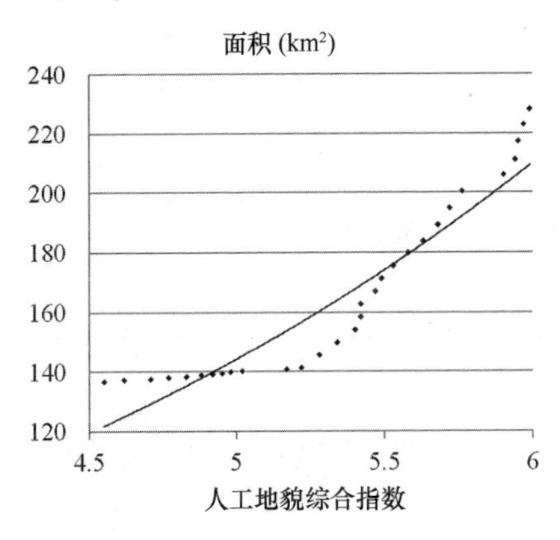

图 6-17　城镇人工地貌面积对人工地貌综合指数的响应分析

在城镇人工地貌高程与人工地貌综合指数相关性，在 1985-1995 年期间，人工地貌综合指数和城镇人工地貌高度就呈现出强相关性。当收入达到一定程度后，2000 年左右，人们将逐步改善住房环境。2000-2007 年，随着城市和工业的不断发展，人工地貌综合指数和城镇人工地貌间的相关性基本呈现正比例关系，城镇人工地貌种类增加也呈现多元化。2008 年以后，随着国家对房地产的宏观调控措施下，城镇人工地貌发生垂直消长变化，但总体变化较小，见图 6-18。

从 Logistic 曲线方程也可以看出，高程-人工地貌综合指数的 R^2 为 0.993，表明了高程和人工地貌综合指数具有更好的拟合效果。而面积-GDP 综合指数的 R^2 为 0.886，相对来说，拟合的效果更差，从侧面也验证了高程和人工地貌综合指数相关性更高，见表 6-16。

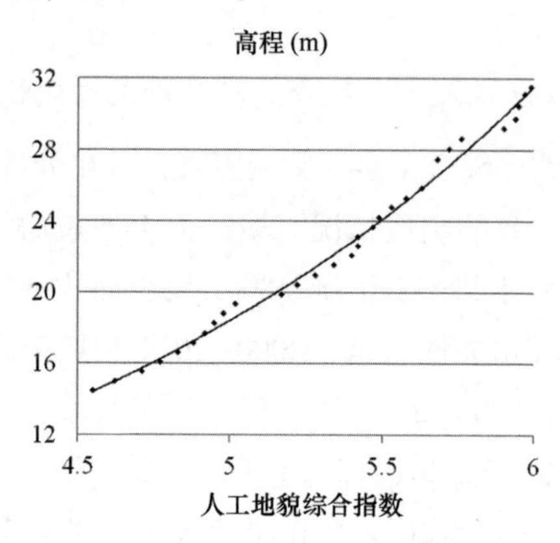

图 6-18 城镇人工地貌高程对人工地貌综合指数的响应分析

表 6-16 城镇人工地貌面积与高程对人工地貌综合指数的响应方程及其检验

相关系数	Logistic 曲线方程	响应系数	R^2 检验	方程效果检验 F
高程-人工地貌综合指数	Y= 1 / (0 + 0.809 * 0.583 * * x)	0.583	0.993	3913.876
面积-人工地貌综合指数	Y= 1 / (0 + 0.0456 * 0.686 * * x)	0.686	0.886	217.690

6.3 坦帕湾流域人工地貌演化机制分析

人工地貌系统的复杂性决定了人工地貌扩张的复杂性和多样性。对于历史时期不同的人工地貌体、人工地貌营造因子、人工地貌过程，需要采用不同的表征形式描述。并且人工地貌扩张过程类型多样，其涵盖的相关信息也是海量的，一般而言人工地貌扩张具有以下方面特征。

6.3.1 确定性

人类造貌行为的确定性是从哲学层面对人类文明史的存在及发展规律思考，展现的是人类与自然关系的间接性结果和未来演化基础，代表了人工地貌演化的历史进程，可将人工地貌体作为人类社会经济发展所凭借的载体和精神追求依托，作为人工地貌出现确定性的第一要义进行讨论。

6.3.1.1 人类造貌是满足生存需要的基本手段

人类基于生命本能的驱使同地球其他生命体一样，对自然外界有着条件反射式的摄取需求。自然生存需要进行衣食住行等活动，因此某种程度来讲人工地貌就是为了满足这些需要而进行的人类活动产物。人类依靠制造和使用工具在干预自然环境的过程中建设人工地貌体来满足生存需要。人工地貌体的功能演化、数量多少甚至密度路径排列组合与人类需求增长与扩大密切相关，通过自身目标确定人工地貌单体功能及其布局。所以人类造貌是基本生存需要的本能体现，人工地貌单体到人工地貌群的扩张演化也是人类生命存在延续的必然行为。

6.3.1.2 人工地貌扩张是社会文明发展的载体之一

人工地貌扩张是社会进化过程的载体之一，所以不能认为是与自然环境变迁趋势相悖。尽管人工地貌体扩张过程中在造貌目标推动下可能演绎出较多的不尽人意或实际，甚至产生资源、生态、环境等领域的不良后果，但这种后果是人类目标性造貌行为过程的必然，从人类社会发展史过程来看也是不可避免的。目前，全球或国家地方已在重视生态环境方面问题，尝试将其负面效应最低化。人工地貌系统是一个开放动态的复杂巨系统，其影响因子数目众多，因子之间的关系及相互作用机制复杂，但许多人工地貌过程具有社会文明发展的计划性，如人工湖、运河、大型堤坝、围海造田、海底隧道、现代桥梁、高层建筑、地下工程的建设等。人工地貌功能与社会文明发展不同阶段的意识、目的等因素有关，自原始社会到（后）现代社会的发展表现着不同阶段的特点，控制和改造着人类造貌规模与强度。

6.3.2 多维度性

地理对象研究采用的地理数据具有多尺度性质，人工地貌的研究也不例外，就具体意义而言往往需要从空间、属性、时间三个侧面进行综合描述。在空间方面，需要描述人工地貌所处地理位置和空间范围；在属性方面需要描述人工地貌的具体内容；在时间方面，需要描述人工地貌产生、发展和存在的时间范围。总体来讲，阐述人工地貌时需要基于地理位置与空间范围，描述其自然地理与经济社会等各方面内容，以及随着时间变化的情况，其中每一人工地貌单体需要地理位置、属性含义和时间三个方面内容来体现。

人工地貌扩张的地理区域，既可以是全球范围的、洲际范围的、国家范围的，也可以是流域范围的、地区范围的、城市范围的、社区范围的。在不同的空间尺度上，人工地貌扩张表现形式及其所含信息内容是不同的。为揭示复杂的人工地貌空间结构，就必须在不同空间尺度上对各种人工地貌数据进行深入解剖和分析。从一定意义上讲，人工地貌扩张过程的时间尺度与空间尺度有一定的联系，往往较大空间尺度对应较长的时间周期，如全球范围内的大都市群周期可能是几十或几百年；而城市内部人工地貌单体可能以年为变化周期。

生命周期的概念应用涉及政治经济、环境技术以及社会生活等多个领域，也可以通俗地理解为“从摇篮到坟墓”（Gradle-to-Grave）的整个过程（季翔，2014）。生命周期是客观事物如生物一样经历诞生、成长、成熟、衰退到灭亡的过程，应用这一理论可以对事物的未来发展作出预测。

6.3.3 人工地貌生命周期性影响因素

和一般意义上的客观事物的发展规律比较相似，其稳定与变化辩证统一的相对关系而言，人工地貌的演化和稳定某种程度上也是一种绝对与相对的辩证统一。可以说是在外部环境发生变化之后逐渐从一种相对稳定的状态逐渐变成另一种日趋稳定的状态。这样的稳定状态会因人类造貌过程速度和强度而决定其持续时间长短。即这种速度和强度如果发生变化则会对人工地貌的演化周期产生影响进而影响其相对的稳定持续状态，人工地貌也将继续演变直到适应新干扰环境。所以通俗意义上来讲，人工地貌的演化周期便可以理解成为由不同的干扰状态影响从一种相对稳定的状态到另一种相对稳定的状态过程。因此，人工地貌演变就是在不同干扰下由一种稳定到另一种稳定的过程，这种现象称为人工地貌的演变周期。人工地貌生命周期一般经历探索阶段、参与阶段、发展阶段、巩固阶段、停滞阶段、衰落阶段或复苏阶段（图 6-19），基于以上的分析，人工地貌的生命周期可以概括为人工地貌探索时期、人工地貌发展时期、人工地貌繁华时期、人工地貌建设暂歇时期、人工地貌衰落或修复更新时期，其生命周期也符合普通产品的生命周期模型（杨效忠等，2004）。

此外，人工地貌分布格局也有其周期意义。人工地貌演化受自然和人类活动两个因子影响，特别是在人类世以来，自然因子作为人工地貌体分布格

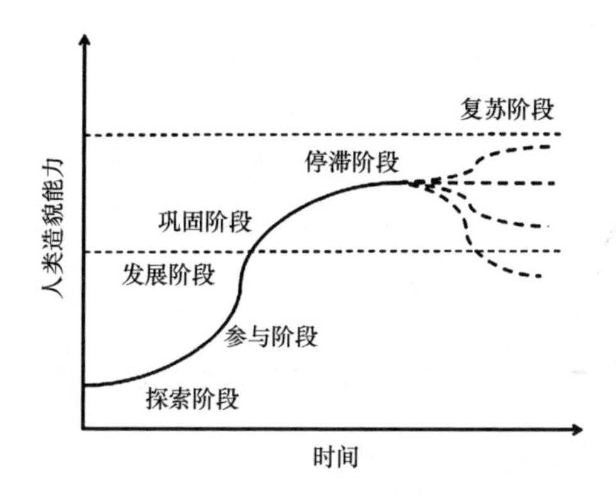

图 6-19 人工地貌生命周期模型

局的背景条件受人类意志决策干扰并演化，某种意义上来讲在自然背景的条件下人类为满足自身的需要而进行改造。实践证明，工业革命以来日渐膨胀的多元化人类需求与日趋紧张的土地利用之间矛盾在数量上表现得尤为突出，导致人类逐渐增加人工地貌的数量然后再对其分布格局进行科学规划判断，这样的规划判断是建立在数量在区域范围内达到饱和之后进行的优化布局以达到更多的人工地貌体布局和使用，以求得在总量上的最大化，这样的布局与增加数量会不断地持续到人工地貌类型数量和布局都能满足人类的多元化需求为止，此后的一段时期人工地貌的演化则持续地成为相对稳定的状态，即一个人工地貌分布格局演变周期。从另外一个侧面来看实际上就是在人工地貌演化的初级阶段，以人工地貌的种类和数量的不断变化为主要的方式，因为人工地貌建造的建设场地相对来说较为充足，但是随着人类需求的不断变化和多元化提升，单纯的数量已经不难满足需要，并且随着数量的增加需要考虑人工地貌的布局，以达到最优化的增长时期所以在人工地貌的演化最后阶段便以人工地貌的布局为主要方面（图 6-20）。

人工地貌生命周期研究涉及周期阶段划分、周期阶段特征的描述、影响周期演变因素和理论的应用性评价等。人类对地貌的作用，主要表现为加速土壤侵蚀、沙漠化作用、工程改造等。以港口码头工程、海岸带防护与建设居住工程等为例可以看出，人工地貌学的内容是进取性的、主动的，对人类产生着明显效益。同时，人工造貌过程中对地貌的改造也会带来对人类和生物种群的危害。例如，海岸带高速公路的修建，需要在自然的坡面上开凿出平地，某种程度上破坏了原来稳定的坡地，使得道路内侧坡度加大，导致滑

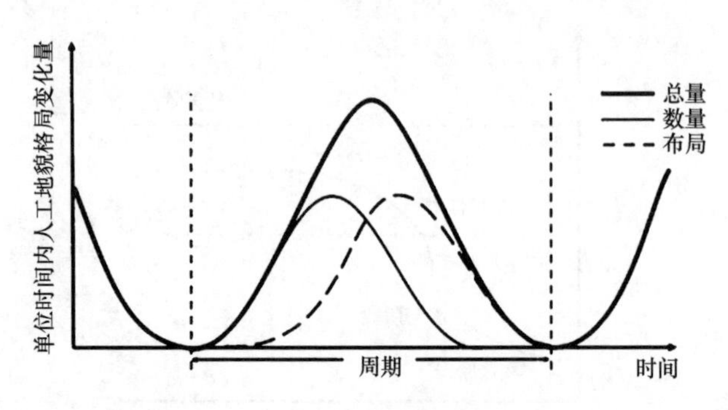

图 6-20　人工地貌分布格局演变周期示意图

坡、泥石流和崩塌容易发生，使生物群落的生境遭到破坏。结合人工地貌过程与人类文明发展历史，具体分析影响人工地貌生命周期演化的主要因素(表 6-17)，可见，影响人工地貌生命周期演化的因素综合多样，并且因地而异，与此同时也说验证了人工地貌生命周期曲线多样性和复杂性的实际科学性。

表 6-17　不同时代影响人工地貌生命周期演化的主导因子

时间阶段	主导影响因子
采集渔猎时代	经济发展低水平，采集渔猎，经济活动融于天然食物链中，人类基本活动为主
农业文明时代	经济发展上升，借助风力、人力、畜力、水能、木炭等天然动力自给自足，手工业等第一产业工作，农业自然资源利用为主，出现中心地、核心地的地域结构
工业经济时代	经济发展到商品经济、社会化大生产，重工业、第二产业兴起，化石能源、电能可耗竭的矿产资源支撑，出现中心城市、成熟的工业区和农业区、交通网络的地域结构，有意识的规划和管理，经济高级发展到市场经济、经济区域化、全球化，知识密集型轻工业、第三产业发展，电能、核能矿产资源、区位资源、科技资源、经济资源综合利用，高等级核心地的城镇体系、现代化的高速的交通通讯网的地域结构出现，良好的区位、便利的交通、多种旅游资源、有效的规划
可持续发展阶段	高级，可持续发展，生态产业，生态产业，清洁与可替代性能源，可持续发展型资源含有创新功能的大都市体系、信息高速公路，当地居住模式、环境、观念的变化，以及当地人对自然海岸线的保护所做出的努力

6.3.4　人工地貌生命周期特征

运用一般生命周期理论框架去分析各种不同人工地貌的生命周期特点及

规律，剖析生命周期特点和规律的内在因素，从而有效地指导流域功能规划、建设和管理。本节的流域人工地貌样本以人类活动最直接的作用结果或影响程度最深的区域为样本，并进行筛选合并后的结果为分析所用的最终样本。为保持分析人类造貌区域的完整性但又避免所选区域的重复性，在参考前文中国象山港与美国坦帕湾流域土地利用类型基础之上，进行了归并处理。即中国象山港流域以建设用地面积变化趋势代表人工地貌居住功能流、养殖用地及盐田、耕地面积变化代表人工地貌食物功能流、道路密度代表人工地貌交通功能流；而美国坦帕湾流域以建设用地面积变化趋势代表人工地貌居住功能流、耕地面积变化代表人工地貌食物功能流、道路密度代表人工地貌交通功能流，休闲娱乐用地面积变化代表休闲娱乐流。

结合中美流域的自然地理环境与社会经济发展实际，分析一般生命周期理论的可操作性，人工地貌功能流的组合能够综合反映人类获取人工造貌体的功能、运用人工地貌功能和人类投资人工地貌战略的相互作用，应用整个人工造貌成本流和人工地貌功能流组合的信息描述流域人工地貌生命周期阶段克服了单一指标论断的弊端，同时又具有现实意义和具体的操作性。所以可将探索阶段、参与阶段、发展阶段归并为成长阶段，巩固阶段和停滞阶段归并为成熟阶段，所以人工地貌生命周期可分为成长阶段、成熟阶段、衰退阶段和复苏阶段（表6-18）。

表6-18 生命周期不同阶段人工地貌特征

阶段	特征	实际分析
成长期	人工地貌功能造貌成本高，需要依据已有的规划或合理的布局进行大量的资本投资支撑。成长期的人工地貌的建设或布局规划缺乏较为成熟的意见指导，对于人工造貌所需的较高成本一般作为政府部门主导的开发区、工业区或经济技术开发区等先期进行造貌。	此类造貌行为在象山港流域和坦帕湾流域均有人工地貌交通功能和居住功能为显著先导成长期的人工造貌成本流净额应该是负的。人工地貌功能流净额为正；随着海岸带开发利用规模加大和流域下游沿岸城市化快速推进，人工造貌成本流通常在成长期为负，而在成熟期为正。
成熟期	人工地貌或是保持基本的衣食住行功能，或是受人工地貌年龄的原因其功能开始下降，但其人工地貌体或功能仍然会降低人类造貌的成本流，可视为产生一定的效益，即成本流为正。	人类造貌活动的成本流量持续为正意味着人工地貌成长期的投资开始逐渐通过收益而收回。人类为了延长成熟期的人工地貌持续时间，往往会增加有差异的成本投资，为负。

续表

阶段	特征	实际分析
衰落期	人工地貌功能逐渐下降，衣食住行功能收益开始下降，人类需要通过技术变革、成本降低等方式来持续维护其经营。	若技术变革不成功的人工地貌体原有的功能可能会因此而开始退出市场或人类衣食住行所需，人类会调整其用途甚至停止使用可能，人工地貌成本流会由正变负；随着人工地貌体的老化人类会减少使用频次，甚至使其废止或报废，因此会产生负的人工地貌成本流。
复苏期	为了弥补衰退期人工地貌成本流的不足，人们通常需要变卖人工地貌体或通过技术革新进行持续维护，这个时期会面临筹集资金困难甚至会出现成本链间歇性中断的情况。	复苏期人类的造貌活动的资金流正负的可能性都会出现。

6.3.5 结论

人工地貌发育过程研究应较多关注人类社会发展和地理环境变化关系，即研究重点不是关注史前（地质时代地理环境变化），而是以人类世以来的人地关系发展和人类活动影响下的生态环境变化等问题展开分析。人工地貌系统的复杂性决定了人工地貌扩张过程类型多样，其涵盖的相关信息也是海量的。

人类造貌是满足生存需要的基本手段，人工地貌扩张是社会文明发展的载体之一。人工地貌的研究不仅关注宏观层面的人工地貌还关注微观层面的人工地貌，在特定时空尺度下的人工地貌分析，同地球表层系统的地理对象研究方式一样，就具体问题需要从时空特征和属性特点进行综合分析。测度空间范围与地理位置、产生发展的历史存在阶段是人工地貌研究的时空特征，描述人工地貌的具体内容是人工地貌研究的属性特征。

人工地貌分类不同于自然地貌，其分类的基础可以是形态和成因的组合，也可以是控制因素与功能，或者综合相关因素进行。就人工地貌的区域扩张而言，以永久性建筑物及其建筑工程形成了城市区域的主要类型人工地貌体，就景观特征的人工地貌扩张而言，交通人工地貌、水利人工地貌、农田人工地貌、矿山人工地貌、油田人工地貌等叠加组合扩张。就作用方式差异的人工地貌扩张而言，以人类活动在地球上已形成许多人为堆积体为例说明，如城市、滨海等地区这种人为堆积体的分布面积、厚度均达到相当规模。就形态特征而言，将人工地貌扩张的路径分为不同形态特征的扩张。

和一般意义上的客观事物的发展规律比较相似，其稳定与变化辩证统一的相对关系而言，人工地貌的演化和稳定某种程度上也是一种绝对与相对的辩证统一。可以说是在外部环境发生变化之后逐渐从一种相对稳定的状态逐渐变成另一种日趋稳定的状态。这样的稳定状态会因人类造貌过程速度和强度而决定其持续时间长短。即这种速度和强度如果发生变化则会对人工地貌的演化周期产生影响进而影响其相对的稳定持续状态，人工地貌也将继续演变直到适应新干扰环境。

7　海岸带人工地貌过程格局分析

随着人类活动能力不断提高、范围日渐扩大，在地球表面形成了类型多样、数量众多、规模庞大的人工地貌集合体。人工地貌的肆意扩张，在一定程度上破坏了原有自然生态环境，导致自然环境系统的生态失衡，严重危及人类的生存与发展。地貌学家着手人工地貌的研究，在人工建设地貌分类研究基础上，加强对人工建设地貌格局演变的一般规律研究，尤其是关注人口集中分布的城市人工地貌发育规律的研究，并且取得了相应研究成果，为人工地貌学的理论发展和实践应用作出了卓越的贡献，对城市规划与建设、生态环境利用与保护、资源开发与保护等方面产生了十分重要的理论与实践意义。本节从人工地貌演化过程的一般规律出发，梳理城市人工地貌格局演变的研究成果，为海岸带区域的人工建设地貌研究奠定理论基础，并提供参考依据。

7.1　象山港海岸带人工建设地貌格局演变研究

7.1.1　人工地貌格局演变一般规律

城市地貌的研究发轫于聚落与地形关系的研究（黄巧华 等，1996；王鹏，2004），早期的地理学家通过实地的考察，认为聚落多分布于河谷冲积扇地区，而河谷的开敞程度关系到冲积扇面积的大小，进一步影响到人口的多寡。而且，人口的分布又受到耕地、食物、燃料等因素的左右，从根本上决定了聚落的分布大多散漫（朱炳海，1939）。除此之外，严钦尚（严钦尚，1939）、沈汝生（沈汝生，1937；沈汝生，1947）等也指出聚落与地形之间的关系同城乡聚落地貌的发展与研究也有一定的联系。

黄巧华等以平原地区的城市人工地貌布局为例，探讨人工地貌在平原型城市中格局演变的发展过程及其结构特征，该理论模型对于地形起伏较小的城市人工地貌发育有重要的指导意义（黄巧华等，1996）；李雪铭等根据大连的丘陵地貌和特殊的发展历史，以及城市人工地貌的一般有序结构，适时地提出了大连市人工地貌发育的四个基本阶段，对于丘陵地区人工地貌的研究和大连人工地貌的发展过程有了深入的探讨，在一定程度上，进一步丰富了人工地貌的基本理论，对人工地貌学的发展意义重大（李雪铭 等，2003）。

表 7-1　城市人工地貌格局演变规律和特殊案例成果

类别	代表学者	格局演变阶段	备注
平原	黄巧华、朱大奎	膨胀阶段、扩散阶段、差异更新扩展阶段	
丘陵	李雪铭、周连义	单核心扩散期、马蹄形延展期、环形带状更新扩散期、多核心辐射带状发育期	大连市

需要指出的是，城市人工地貌的研究不同于城市地貌的研究，仅仅是城市地貌研究的一个分支，但其研究的意义与价值巨大，尤其是现今城市区域范围内的人工地貌规模渐趋扩大、发育速率日渐加快以及更新速度不断提高，一定程度上改变了原有城市地貌形态和物质组成，这使得城市人工地貌的研究有着迫切的需求。对比自然地貌与人工地貌的研究现状，人工地貌的研究仍然处于初探时期，严重落后于生产、生活需要的实际。同时，已有的研究成果，存在一定的局限性，并不能广泛地适用于各种类型的人工地貌研究之中，新问题、新挑战，层出不穷，有待于后进学者进一步加强人工地貌其他方面的研究。鉴于此，借鉴黄巧华、李雪铭等的研究成果，本书通过选取象山港案例，将进一步探讨人工地貌演变的一般规律，尤其是海岸带区域人工建设地貌的演化格局。并且，引入海陆的相互作用机制，结合象山港的特殊地理位置，考虑数据的可获得性以及研究的需要，以象山港沿岸地区人工建设用地为基础，引入地貌学概念，并赋予其地貌学的意义，用以表征人工建设地貌，尝试对港湾式海岸带区域人工建设地貌进行研究。一定程度上拓展了人工地貌的研究领域，对于人工地貌演化规律的研究有着积极的补充、促进作用。

7.1.2　象山港沿岸地区人工建设地貌强度指数分析

普遍认为，为了满足人类自身生存与发展需求而对地球生态系统进行开发、利用和改造、破坏等多种活动形式的行为统称为人类活动（叶笃正 等，

2001；李家洋 等，2005；刘学 等，2014）。由于人类对地球生态系统的认知能力和开发、利用资源环境的实践能力存在历史阶段性，以及各种自然、人文要素在空间上的差异性，导致人类活动的强度也存在一定的历史阶段性和空间差异性。人工建设活动作为人类活动的一种重要形式，对地球生态系统的影响日益强烈，但学界对这种人类活动形式的研究尚浅，亟待加强理论与实践的研究工作。本书引入人工建设地貌强度指数（CAGSI，Construction of Artificial Geomorphology Strength Index）概念，用以表征人工建设地貌强度。根据象山港沿岸地区人工建设地貌的数据统计，以及象山港沿岸地区人工建设地貌在时空分布上的特点，利用人工建设地貌强度指数对象山港沿岸地区的人工建设地貌进行定量研究。参考相关研究成果，人工建设地貌强度指数计算公式如下：

$$CAGSI = SCAGA / SAA$$

式中：*SCAGA* 代表人工建设地貌面积（CAGA，Construction of Artificial Geomorphology Area），是指采用正投影方式将人工建设地貌体投影在地表所覆被的区域范围，*SAA* 代表行政区面积（AA，Administrative Area），是指各级行政单元所辖区域范围。

7.1.2.1 象山港沿岸各乡镇街道人工建设地貌强度分布情况分析

本研究以象山港沿岸的北仑区、鄞州区、奉化区、宁海县、象山县五个县（市）区 23 个乡镇（街道）的人工建设地貌强度为研究对象，利用人工建设地貌强度指数计算公式，得到 1990—2015 年各乡镇街道人工建设地貌强度指数（表 7-2）。

表 7-2 1990—2015 年象山港沿岸各乡镇街道人工建设地貌强度指数 （%）

乡镇街道	1990 年	2000 年	2010 年	2015 年
梅山街道	1.96	4.81	10.86	20.87
白峰镇	2.75	8.12	12.01	16.79
春晓街道	1.71	2.49	6.48	4.11
瞻岐镇	3.08	6.67	11.37	14.05
咸祥镇	6.21	9.21	11.77	13.4
塘溪镇	3.62	6.36	7.15	11
莼湖镇	3.57	6.5	8.66	9.8

续表

乡镇街道	1990 年	2000 年	2010 年	2015 年
裘村镇	2.77	3.83	4.95	7.44
松岙镇	3.26	4.68	7.69	9.85
梅林街道	2.83	9.12	10.58	16.82
桥头胡街道	3.46	6.53	7.92	12.95
跃龙街道	6.89	14.01	14.58	19.72
桃源街道	3.79	18.64	21.19	25.8
强蛟镇	3.66	14.9	16.46	21.32
西店镇	5.85	14.65	16.49	19.59
深甽镇	0.88	1.87	2.52	3.04
大佳何镇	2.23	3.59	4.46	5.87
西周镇	2.21	5.95	6.57	7.72
墙头镇	3.84	4.68	5.56	7.83
大徐镇	3.76	6.38	6.84	8.15
黄避岙乡	2.38	3.79	4.42	5.82
贤庠镇	6.64	8.27	11.41	14.1
涂茨镇	1.27	3.15	14.85	17.73
均值	3.42	7.31	9.77	12.77

采用自然间断点分级法（Jenks）对各乡镇街道人工建设地貌强度指数进行分级。基于不同的分类标准，分别对 1990、2000、2010 和 2015 年的人工建设地貌强度进行类别划分，通过试验对比分析，最后采用高、较高、中等、较低、低五个等级。具体的地貌强度分类分级标准见表 7-3，最终得到 1990—2015 年象山港沿岸地区各乡镇街道人工建设地貌强度分级图。

表 7-3 1990—2015 年象山港沿岸各乡镇街道人工建设地貌强度分类分级数据

等级	年份	分级标准（%）	强度指数均值（%）	建设地貌面积均值（km^2）	乡镇街道(个)
高	1990	(3.84，6.98]	6.4	5.06	4
	2000	(9.21，18.64]	15.55	11.39	4
	2010	(12.01，21.19]	16.71	11.85	5
	2015	(17.73，25.80]	21.46	14.26	5

续表

等级	年份	分级标准（%）	强度指数均值（%）	建设地貌面积均值（km^2）	乡镇街道(个)
较高	1990	(3.26，3.84]	3.67	2.49	7
	2000	(6.67，9.21]	8.68	6.38	4
	2010	(8.66，12.01]	11.33	7.99	6
	2015	(14.10，17.73]	17.11	14.08	3
中等	1990	(2.38，3.26]	2.94	2.37	5
	2000	(4.81，6.67]	6.4	5.98	6
	2010	(7.15，8.66]	8.09	6.67	3
	2015	(11.00，14.10]	13.63	8.53	4
较低	1990	(1.27，2.38]	2.1	1.67	5
	2000	(3.15，4.81]	4.23	2.48	6
	2010	(4.95，7.15]	6.52	5.62	5
	2015	(5.87，11.00]	8.83	7.92	7
低	1990	[0.88，1.27]	1.08	1.17	2
	2000	[1.87，3.15]	2.5	2.36	3
	2010	[2.52，4.95]	4.09	3.49	4
	2015	[3.04，5.87]	4.71	3.77	4

（1）高强度类型区

按照自然间断点分级法（Jenks）的五级分类方式，分别将1990、2000、2010以及2015年人工建设地貌强度指数中相应归属于（3.84%，6.98%]、(9.21%，18.64%]、(12.01%，21.19%] 以及（17.73%，25.80%] 范围内的人工建设地貌强度划分为高强度类型区。1990、2000、2010以及2015年象山港人工建设地貌强度指数的平均值分别为6.4%、15.55%、16.71%、21.46%，平均建设地貌面积分别是5.06 km^2、11.39 km^2、11.85 km^2、14.26 km^2，分别涵盖4、4、5、5个乡镇街道，其中1990年高强度类型区主要包括跃龙街道、贤庠镇、咸祥镇、西店镇，2000年高强度类型区主要包括桃源街道、强蛟镇、西店镇、跃龙街道，2010年高强度类型区主要包括桃源街道、西店镇、强蛟镇、涂茨镇、跃龙街道，2015年高强度类型区主要包括桃源街道、强蛟镇、梅山街道、跃龙街道、西店镇。四个时期中，属于高强度人工建设地貌的乡镇街道数量基本稳定，主要集中分布于跃龙街道、西店镇、强蛟镇、桃源镇，从县（市）区角度看，均隶属于宁海县行政范围之内，呈面状空间展布。此外，在四个时期中，咸祥镇、贤庠镇、涂茨镇及梅山街道也曾在部分时期属于高强度类型区，但各仅有一次。

（2）较高强度类型区

按照自然间断点分级法（Jenks）的五级分类方式，分别将1990、2000、2010以及2015年人工建设地貌强度指数中相应归属于（3.26%，3.84%]、(6.67%，9.21%]、(8.66%，12.01%]、（14.10%，17.73%] 范围内的人工建设地貌强度划分为较高强度类型区。1990、2000、2010以及2015年象山港人工建设地貌强度指数的平均值分别为3.67%、8.68%、11.33%、17.11%，平均建设地貌面积分别是2.49 km^2、6.38 km^2、7.99 km^2、14.08 km^2，分别涵盖7、4、6、3个乡镇街道，其中1990年较高强度类型区主要包括墙头镇、桃源街道、大徐镇、强蛟镇、塘溪镇、莼湖镇、桥头胡街道，2000年高强度类型区主要包括咸祥镇、梅林街道、贤庠镇、白峰镇，2010年高强度类型区主要包括白峰镇、咸祥镇、贤庠镇、瞻岐镇、梅山街道、梅林街道，2015年高强度类型区主要包括涂茨镇、梅林街道、白峰镇。整体来说，四个时期中属于较高强度类型区的城乡建设地貌主要集中分布于白峰镇、咸祥镇、梅林街道、贤庠镇等乡镇街道。此外，在某些时期，墙头镇、桃源街道、大徐镇、强蛟镇、塘溪镇、莼湖镇、桥头胡街道、瞻岐镇、梅山街道、梅林街道、涂茨镇等乡镇街道也有较高强度类型的人工建设地貌零星分布。

（3）中等强度类型区

按照自然间断点分级法（Jenks）的五级分类方式，分别将1990、2000、2010以及2015年人工建设地貌强度指数中相应归属于（2.38%，3.26%]、(4.81%，6.67%]、(7.15%，8.66%]、（11.00%，14.10%] 范围内的人工建设地貌强度划分为中等强度类型区。1990、2000、2010以及2015年象山港人工建设地貌强度指数的平均值分别为2.94%、6.4%、8.09%、13.63%，平均建设地貌面积分别是2.37 km^2、5.98 km^2、6.67 km^2、8.53 km^2，分别涵盖5、6、3、4个乡镇街道，其中1990年中等强度类型区主要包括松岙镇、瞻岐镇、梅林街道、裘村镇、白峰镇，2000年高强度类型区主要包括瞻岐镇、桥头胡街道、莼湖镇、大徐镇、塘溪镇、西周镇，2010年高强度类型区主要包括莼湖镇、桥头胡街道、松岙镇，2015年高强度类型区主要包括贤庠镇、瞻岐镇、咸祥镇、桥头胡街道。数据显示，四个时期中属于中等强度类型区的人工建设地貌主要集中分布于桥头胡街道、瞻岐镇、松岙镇、莼湖镇等乡镇街道。此外，在某些时期，梅林街道、裘村镇、白峰镇、大徐镇、塘溪镇、西周镇、贤庠镇、咸祥镇等乡镇街道也有若干中等强度类型的人工建设地貌零星分布。

（4）较低强度类型区

按照自然间断点分级法（Jenks）的五级分类方式，分别将1990、2000、2010以及2015年人工建设地貌强度指数中相应归属于（1.27%，2.38%]、(3.15%，4.81%]、(4.95%，7.15%]、(5.87%，11.00%]范围内的人工建设地貌强度划分为较低强度类型区。1990、2000、2010以及2015年象山港人工建设地貌强度指数的平均值分别为2.1%、4.23%、6.52%、8.83%，平均建设地貌面积分别是1.67 km^2、2.48 km^2、5.62 km^2、7.92 km^2，分别涵盖5、6、5、7个乡镇街道，其中1990年较低强度类型区主要包括黄避岙乡、大佳何镇、西周镇、梅山街道、春晓街道，2000年高强度类型区主要包括梅山街道、松岙镇、墙头镇、裘村镇、黄避岙乡、大佳何镇，2010年高强度类型区主要包括塘溪镇、大徐镇、西周镇、春晓街道、墙头镇，2015年高强度类型区主要包括塘溪镇、松岙镇、莼湖镇、大徐镇、墙头镇、西周镇、裘村镇。数据显示，四个时期中属于较低强度类型区的人工建设地貌主要集中分布于西周镇、墙头镇、黄避岙乡、大佳何镇、梅山街道、春晓街道等乡镇街道。此外，在某些时期，松岙镇、裘村镇、塘溪镇、大徐镇、莼湖镇等乡镇街道也有若干较低强度类型的人工建设地貌零星分布。

（5）低强度类型

按照自然间断点分级法（Jenks）的五级分类方式，分别将1990、2000、2010以及2015年人工建设地貌强度指数中相应归属于[0.88%，1.27%]、[1.87%，3.15%]、[2.52%，4.95%]、[3.04%，5.87%]范围内的人工建设地貌强度划分为较低强度类型区。1990、2000、2010以及2015年象山港人工建设地貌强度指数的平均值分别为1.08%、2.5%、4.09%、4.71%，平均建设地貌面积分别是1.17 km^2、2.36 km^2、3.49 km^2、3.77 km^2，分别涵盖2、3、4、4个乡镇街道，其中1990年低强度类型区主要包括黄避岙乡、大佳何镇、西周镇、梅山街道、春晓街道，2000年高强度类型区主要包括梅山街道、松岙镇、墙头镇、裘村镇、黄避岙乡、大佳何镇，2010年高强度类型区主要包括塘溪镇、大徐镇、西周镇、春晓街道、墙头镇，2015年高强度类型区主要包括塘溪镇、松岙镇、莼湖镇、大徐镇、墙头镇、西周镇、裘村镇。数据显示，四个时期中属于较低强度类型区的人工建设地貌主要集中分布于深甽镇、涂茨镇、裘村镇等乡镇街道。此外，在某些时期，大佳何镇、黄避岙乡、春晓街道等乡镇街道也有若干低强度类型的人工建设地貌零星分布。

7.1.2.2 象山港沿岸各县（市）区人工建设地貌强度指数变化分析

象山港沿岸23个乡镇街道分属北仑区、鄞州区、奉化区、宁海县以及象山县。其中，以宁海县和象山县的乡镇街道数量为多，分别是8个和6个，其余三个县（市）区的乡镇街道数量均为3个。通过数据处理、分析，得到1990—2015年五个县（市）区的人工建设地貌强度指数，如表7-4。借助ArcGIS10.0软件平台，基于人工建设地貌强度指数，应用自然间断点分级法（Jenks）对各年度五个县（市）区的人工建设地貌强度进行分级，通过多次试验发现，采用三级分类分级法得出的地貌强度分类分级图较能反映象山港沿岸县（市）区人工建设地貌的空间分布状况。

表7-4 1990—2015年象山港沿岸县（市）区人工建设地貌强度指数 （%）

行政单位	1990年	2000年	2010年	2015年
北仑区	2.14	5.14	9.78	13.92
鄞州区	4.3	7.4	10.1	12.82
奉化区	3.2	5	7.1	9.03
宁海县	3.7	10.41	11.78	15.64
象山县	3.35	5.37	8.28	10.23
均值	3.34	6.66	9.41	12.33

（1）各县（市）区人工建设地貌强度指数增幅显著

1990-2015年五个县（市）区人工建设地貌强度指数均呈上升趋势，增幅幅度较大。其中，宁海县的人工建设地貌强度指数变化幅度最大，从1990年的3.7%上升到2015年的15.64%，不管是增幅，还是数值，都处于五县（市）区中的首位，说明宁海县的人工建设地貌发育速度最快、发育程度最高；其次，奉化区的人工建设地貌强度指数一直处于较低水平，增幅速率均维持在10%以下，且除1990年外，其余年份都是位于最低水平，说明奉化区的人工建设地貌发育速度和程度都较低；除此之外，北仑区、鄞州区及象山县的人工建设地貌强度指数介于宁海县与奉化区之间，变化幅度较为平稳，差异相对较小。总之，各县（市）区的人工建设地貌强度指数均处于上升态势，说明人工建设地貌面积一直在增长之中，且增幅显著。

(2) 各县(市)区之间人工建设地貌强度指数差异明显

各县(市)区之间的人工建设地貌强度指数差异变化明显(图 7-1)。1990 年五个县(市)区的人工建设地貌强度指数均位于极低水平,且各县(市)区之间水平相当,差异不大;2000 年,五个县(市)区人工建设地貌强度指数普遍上升,但上升速率差距较大,其中,宁海县在 10 年间上升了 6.71%,达到 10.41%,是唯一一个人工建设地貌强度指数超出 10%的县(市)区,优势地位突出,而其余四县(市)区之间差异不大,增幅也较小;2010 年宁海县与鄞州区的人工建设地貌强度指数均超过 10%,但鄞州区的增幅超出宁海县 1.33 个百分点,同时,北仑区、象山县、奉化区处于加速上升期;2015 年,除奉化区之外,其余县(市)区的人工建设地貌强度指数都高于 10%,但各县(市)区之间的差异较大,从最低的 9.03%到最高的 15.64%,相差 6.61 个百分点;1990-2015 年,象山港沿岸地区人工建设地貌强度指数分别是 3.29%、7.04%、9.24%及 11.92%。通过对比发现,奉化区的人工建设地貌强度指数一直低于象山港的平均水平,而宁海县和鄞州区均位于象山港的平均水平之上,北仑区和象山县的人工建设地貌强度指数多是在平均水平之下。综上,宁海县和鄞州区的人工建设地貌发育速度和程度位居五县(市)区的领先位置,而奉化区的人工建设地貌发育速度和程度处于最低水平,北仑区和象山县的人工建设地貌发育水平位于中间水平。

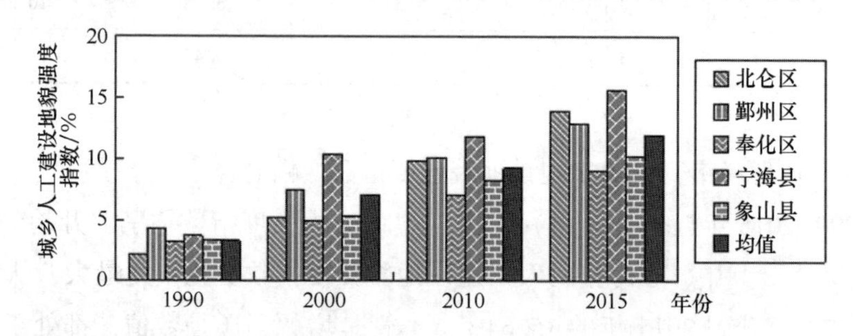

图 7-1 1990-2015 年象山港沿岸各县(市)区人工建设地貌强度指数(%)

(3) 各县(市)区人工建设地貌强度分级分析

统计各县(市)区的人工建设地貌强度指数,采用自然间断点分级法(Jenks),分别对 1990、2000、2010、2015 年人工建设地貌强度进行等级划分。根据历年的人工建设地貌强度水平,分别按照不同的标准将每年的人工建设地貌强度均划分为高、中、低三个等级。虽然每年的分级标准未做统一且差异较大，但人工建设地貌强度图也能够充分反映历年各县（市）区人工建设地貌分布状况和发育水平以及近25年间人工建设地貌演化的趋势。

1990年人工建设地貌强度状况，其中处于高强度、低强度类型的分别是鄞州区、北仑区，强度指数分别为4.3%、2.14%，其他三个县（市）区的人工建设地貌强度指数差异不大；2000年人工建设地貌强度状况，其中，鄞州区由1990年的高强度类型变为中强度类型，被宁海县超越，且宁海县的人工建设地貌强度指数率先突破10%，增长幅度最大，另三县（市）区的人工建设地貌强度指数基本维持在5%的水平；2010年人工建设地貌强度状况，宁海县仍然处于高强度类型区，但鄞州区和北仑区发展势头强劲，与宁海县的差距缩小，处于中等强度水平，而低强度类型区只有奉化区和象山县两个县区；2015年人工建设地貌强度状况，尽管高强度类型仅宁海县一个，但是中、低强度类型的县（市）区与宁海县的人工建设地貌强度水平差距不断缩小，除奉化之外，其余三县（市）区的人工建设地貌强度指数都位于10%以上。

综上，各县（市）区人工建设地貌强度指数随时间的变化而不断增加，但各时期各县（市）区的人工建设地貌强度指数存在一定的空间差异和阶段性特征；以宁海县的人工建设地貌强度最大，除1990年外，其余三个时期均属于高强度类型；以奉化区的人工建设地貌强度最小，四个时期都是属于低强度类型，且一直处于最低水平；鄞州区、北仑区、象山县的人工建设地貌强度的波动性较大，反映了人工建设地貌发育过程中差异、更新阶段的特点。

7.1.2.3 象山港沿岸地区人工建设地貌强度指数总体变化分析

利用ENVI5.0和ArcGIS10.0软件平台对1990年、2000年、2010年及2015年遥感影像进行解译处理，最终得到各乡镇街道在四个年份中的人工建设用地面积分别为60.24 km^2、128.94 km^2、169.23 km^2、218.21 km^2。而且，根据2010年宁波市统计年鉴数据，可知象山港沿岸23个乡镇街道的总行政面积是1831.041km^2，据此，利用人工建设地貌强度指数公式可以得到四个年份的人工建设地貌强度指数分别为3.29%、7.04%、9.24%及11.92%。

（1）象山港沿岸地区人工建设地貌面积增幅的历史阶段性特征显著

从图7-2中可知，1990-2015年期间，人工建设地貌面积逐年递增，年均增加23.06 km^2，年增长率达到4%。并且，在1990年人工建设地貌的基础上，后三个时期的新增人工建设地貌面积分别为68.7 km^2、40.29 km^2、48.98 km^2，增长速度较快。1990-2000年期间，人工建设地貌面积增长率高

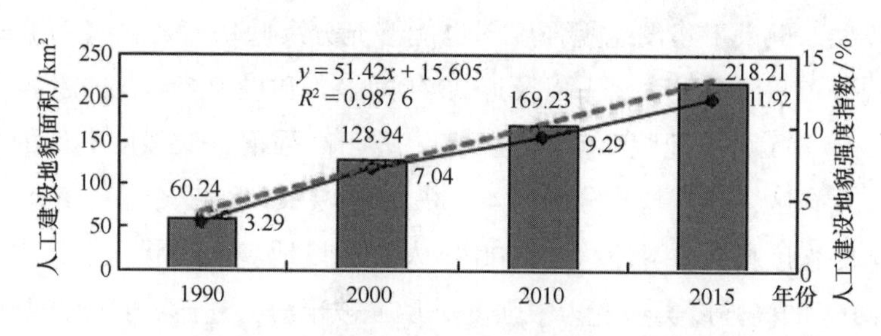

图 7-2 象山港沿岸地区人工建设地貌面积

达 11.40%，而后两个时期的增长率维持在低位增长的态势中，分别为 3.13% 和 5.79%。由此可见，象山港沿岸地区人工建设地貌面积处于持续增长状态，但各个时期的增幅差异显著。总体来说，呈现出早期的高速增长、中期的缓慢增加、后续的强劲推进，基本表现出象山港沿岸地区人工建设地貌发育、发展的态势，以及人工建设地貌面积增幅的历史阶段性特征。

（2）象山港沿岸地区人工建设地貌强度指数稳步增加

人工建设地貌强度指数与人工建设地貌的面积变化表现出一定的正相关关系，二者皆可作为反映人工建设地貌发育状况的重要指标。1990-2015 年的 25 年间，人工建设地貌强度指数随着人工建设地貌面积的增加而增加，四个时期的人工建设地貌强度指数分别是 3.29%、7.04%、9.24% 及 11.92%。各时期的增幅有一定的差异，前期与后期的强度指数增率较大，而中期的强度指数略有减缓趋势，这与人工建设地貌面积的增幅规律一致，呈现出密切的相关性。由此可见，人工建设地貌强度指数与人工建设地貌面积的相关性显著，均处于稳步增加的过程中。

7.1.3 象山港沿岸地区人工建设地貌空间格局演变特征

象山港沿岸地区人工建设地貌的发育受到港湾自然地貌和人类活动以及海陆相互作用规律的影响，其人工建设地貌的空间格局既具有一般的有序结构，又有其内在的特殊性。结合人工地貌空间格局演变的普遍规律和以李雪铭为代表的城市地理学家对大连市人工地貌演变过程规律的研究成果，本书尝试研究象山港沿岸地区人工建设地貌格局演变规律。综合象山港的开发利用历史和人工建设地貌的发育过程，以及数据资料的可获得性等要素，从 1990—2015 年，历时 25 年，前三个阶段，以十年为一个周期，最后一个阶段，以五年为一个周期，以象山港沿岸地区人工建设地貌为研究对象，分析每一个周期内人工建设地貌的分布特征、演化过程，尝试揭示象山港沿岸地区人工建设地貌格局演变的一般规律。通过对1990—2015年象山港沿岸地区遥感影像的解译、分析，绘制各个时期象山港沿岸地区人工建设地貌分布图。

通过实地考察、调研和历年统计信息以及遥感影像解译，得出象山港近25年来的人工建设用地主要用于居住、工业与物流仓储、道路和交通设施建设为主。其中，港区范围内，城乡居民的居住用地主要分布于地形相对平坦开阔地带，从早期的山谷出口处、河流沿线，到现如今的集中连片；工业与物流仓储用地主要集中于北仑区的白峰镇、梅山乡、春晓镇，而工业用地遍布港区，集中成片，集聚趋势明显；道路和交通设施用地是指区域内的铁路、高速公路等各等级公路，以及各种市政建设用地，如自来水厂、污水处理厂等。从1990—2015年象山港沿岸地区人工建设地貌分布图中，可以看出其地貌发育具有历史阶段性与区域性特征。现从人工建设地貌斑块个数和斑块面积变化两个方面出发，探讨象山港地区人工建设地貌格局演化特征。

7.1.3.1 象山港沿岸地区人工建设地貌斑块数量变化分析

综合运用ENVI5.0和ArcGIS10.0软件平台，对1990—2015年象山港沿岸地区遥感影像的解译结果进行处理、分析，得到历年人工建设地貌斑块数据信息，结果如表7-5所示。并分别以各乡镇街道、各县（市）区、整个象山港沿岸地区为单位，分析其人工建设地貌斑块数量变化特征。

（1）各乡镇街道分布特征

象山港沿岸共有23个乡镇街道，散布于沿港区域范围内。由于开发历史、经济发展水平以及乡镇街道发展定位的差异，造成各乡镇街道的人工建设地貌发育水平差异较大，并在时空演化过程中表现出明显的斑块数量差异。总体而言，从具体的斑块数量变化看，1990-2015年地貌斑块总数量分别是352个、846个、1 215个、1 225个，其中，点状地貌分别是249个、711个、1 042个、1 014个，面状地貌分别是102个、135个、173个、211个，斑块数量处于不断增加的过程中；从斑块密度变化看，四个时期的总密度分别是0.192、0.462、0.664、0.669。1990—2010年期间斑块密度从0.192上升到0.664，上升的速率较快，表明地貌斑块数量的增长幅度较大，2010—2015年期间斑块密度变化极其微小，表明地貌斑块数量维持在一个较为稳定的水平，数量上的增幅较小，差异更新的速率可能较大，总体上保持了动态的平衡。从具体乡镇街道看，沿港23个乡镇街道的地貌斑块数量都处于波动上升的动

表 7-5　1990—2015 年象山港沿岸地区人工建设地貌斑块数据信息

（个、个/m^2）

	1990 年			2000 年			2010 年			2015 年		
	点状	面状	密度	点状	面状	密度	点状	面状	密度	点状	面状	密度
梅山街道	7	1	0.203	24	3	0.685	37	5	1.065	40	12	1.319
白峰镇	15	5	0.178	36	6	0.375	89	11	0.892	88	16	0.928
春晓街道	0	3	0.041	22	3	0.34	36	5	0.558	28	5	0.449
瞻岐镇	3	4	0.084	26	7	0.398	50	8	0.67	54	7	0.736
咸祥镇	7	6	0.278	39	5	0.942	67	7	1.584	82	6	1.883
塘溪镇	15	4	0.241	37	6	0.547	46	6	0.661	36	10	0.585
莼湖镇	14	5	0.14	28	9	0.273	45	15	0.443	45	17	0.458
裘村镇	0	5	0.056	43	6	0.549	60	6	0.739	57	9	0.739
松岙镇	5	1	0.115	12	2	0.267	15	4	0.363	23	1	0.459
梅林街道	13	3	0.219	22	7	0.398	31	11	0.576	32	14	0.631
桥头胡街道	4	4	0.15	29	3	0.598	43	3	0.86	43	5	0.897
跃龙街道	34	10	0.375	52	11	0.537	58	9	0.572	37	12	0.418
桃源街道	12	4	0.245	19	6	0.383	13	8	0.322	13	7	0.307
强蛟镇	4	2	0.187	16	3	0.593	16	7	0.718	15	8	0.718
西店镇	10	11	0.252	27	10	0.444	24	11	0.42	25	11	0.432
深甽镇	6	4	0.057	29	7	0.206	67	8	0.43	42	9	0.292
大佳何镇	8	3	0.164	22	4	0.387	26	4	0.446	30	6	0.536
西周镇	5	8	0.079	23	9	0.194	42	11	0.321	48	15	0.382
墙头镇	22	3	0.406	36	6	0.683	49	6	0.894	51	7	0.943
大徐镇	22	2	0.473	49	3	1.024	69	3	1.418	66	4	1.379
黄避岙乡	8	2	0.206	46	2	0.988	60	2	1.276	61	3	1.317
贤庠镇	33	10	0.652	48	12	0.909	53	14	1.015	60	16	1.151
涂茨镇	2	2	0.064	26	5	0.494	46	9	0.876	38	11	0.781
总计	249	102	0.192	711	135	0.462	1042	173	0.664	1014	211	0.669

态演化过程中，点状地貌斑块数量较多，且增幅较大；面状地貌斑块数量较少，且增幅较小，其中跃龙街道、梅林街道、西店镇、贤庠镇等乡镇街道的面状地貌斑块数量相对较多。

(2) 各县（市）区分布特征

从图 7-3 中可以看出，不但各个县（市）区的点状和面状地貌斑块的发育水平差异较大，而且即使是同一个县（市）区，在四个时期的地貌发育程度也存在一定的差异性。总体上，点状和面状斑块的数量处于波动上升阶段，但 1990—2010 年期间的上升速率较快，而 2010—2015 年期间的上升速度有所减缓。一方面，由于地貌发育的阶段性特征所致，地貌斑块数量的增加有一定的渐变过程，当地貌斑块的数量达到一定的程度后，地貌斑块数量增加的幅度渐趋减小；另一方面，地貌斑块发育到一定程度后，有一个更新的过程，新老地貌的更新、演替，如老城拆迁、改造影响到地貌斑块数量的变化。

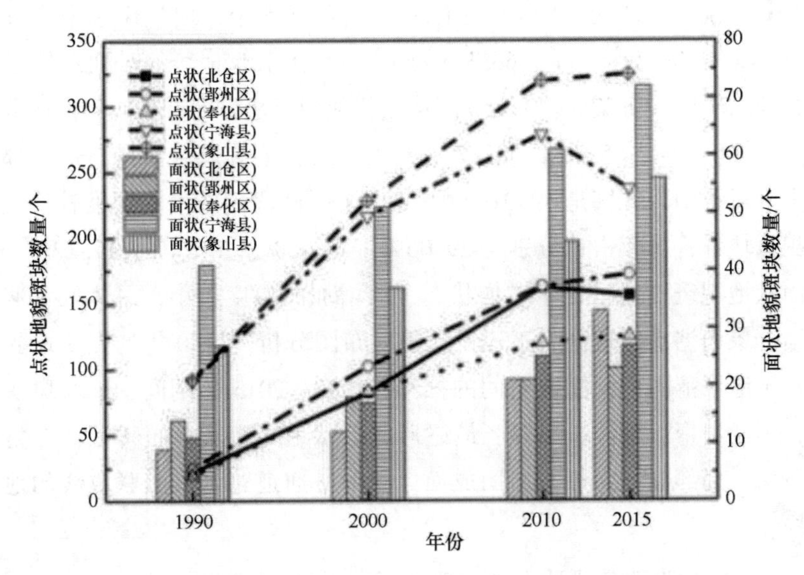

图 7-3　象山港沿岸县（市）区人工建设地貌斑块数量统计图

各县（市）区中，象山县与宁海县的点状地貌和面状地貌斑块的数量一直处于前两位，而且增长的幅度也是较快的两个县（市）区。而北仑区、鄞州区及奉化区的地貌斑块数量差异较小，且 1990—2015 年期间的增幅平稳，变化较小。由此可以看出，地貌斑块主要集中分布于宁海县与象山县，其地貌发育的速率与程度都处于领先水平。

(3) 整体分布特征

总体来说，1990—2015 年象山港沿岸地区人工建设地貌斑块数量处于不断增加的过程中，并且阶段性特征极其明显。从表 7-5 中可以看出，1990—2000 年和 2001—2010 年这两个时期地貌斑块数量急剧增加，表明人工建设地貌的强度和速率较快；而 2011—2015 年地貌斑块数量变化幅度不大，但仍处于波动上升过程中，并维持在较高水平，这种发展状况在一定程度上受到地貌发育周期的影响，同时也与本阶段研究周期时间较短有一定关系。

具体来看，1990—2015 年点状地貌斑块数量分别是 249 个、711 个、1 042个、1 014 个，各时期点状地貌斑块数量增长率分别为 64. 98%、31. 77%、-2. 76%；面状地貌斑块数量分别是 102 个、135 个、173 个、211 个，各时期面状地貌斑块数量增长率分别为 23. 7%、21. 97%、18. 1%；历年斑块总数分别是 351 个、846 个、1 215 个、1 225 个，地貌斑块密度分别为 19. 2 个/km^2、46. 2 个/km^2、66. 3 个/km^2、66. 9 个/km^2，各时期总体增长率分别为 58. 51%、30. 37%、0. 81%。从点状地貌斑块方面看，历年占比分别是 70. 94%、84. 04%、85. 76%、82. 78%，表明点状地貌斑块数量与占比都处于波动上升过程中，尤其是 1990—2010 年这个时间段内的增长速度较快。从面状地貌斑块看，历年占比分别是 29. 06%、15. 96%、14. 24%、17. 22%，表明尽管面状地貌斑块数量处于增加状态，但增加的幅度较小，总体发育速度较慢。结合象山港沿岸地区人工建设地貌分布图分析，1990 年的点状地貌零星地散布于港区范围内，随着时间的推移，1990—2015 年期间，地貌斑块数量增加，不断集聚、组团、串联，最终形成点状地貌斑块分布特征，在整体上广泛布局，局部地区集聚、组团成面，部分交通道路沿线串联成线的地貌演化格局。

7. 1. 3. 2 象山港沿岸地区人工建设地貌斑块面积变化分析

运用 ENVI5. 0 和 ArcGIS10. 0 软件技术，对 1990—2015 年象山港沿岸地区遥感影像进行解译处理，并通过计算得到各乡镇街道斑块总面积及各乡镇街道最大斑块面积，如表 7-6 所示。现以各乡镇街道、各县（市）区及整个象山港地区为单位，对人工建设地貌斑块面积的变化特征进行分析。

表 7-6 1990—2015 年象山港沿岸地区人工建设地貌斑块面积变化分析

（m^2）

	1990 年		2000 年		2010 年		2015 年	
	总面积	最大面积	总面积	最大面积	总面积	最大面积	总面积	最大面积
梅山街道	774382. 3	166913. 667	1898181. 425	615381. 979	4280190. 85	1888920. 247	8228006. 402	2901352. 271
白峰镇	3083930	983275. 11	9102603. 819	3302301. 29	13468813. 7	3302301. 294	18824591. 77	4404666. 738
春晓街道	1259670	546212. 416	1829895. 33	605132. 086	4762788. 9	2003574. 704	3018892. 411	737427. 1176
瞻岐镇	2550844	1091625. 09	5523783. 129	1636416. 62	9422289. 11	4664388. 597	11644187. 22	6459608. 338
咸祥镇	2903425	727547. 235	4302199. 869	2020458. 23	5499230. 21	2020458. 235	6261619. 227	2144683. 265
塘溪镇	2846107	738659. 726	5005659. 061	2076839. 71	5623764. 05	2078866. 423	8661839. 99	2570562. 101
莼湖镇	4831957	1017813. 54	8801930. 565	2390844. 16	11725518. 7	2625488. 799	13272847. 64	2962004. 597
裘村镇	2476273	855332. 749	3420115. 039	856906. 998	4421589. 41	856906. 998	6642430. 972	1006193. 273
松岙镇	1703764	1144036. 92	2448157. 749	1411068. 71	4025127. 62	1550338. 622	5154442. 339	1790341. 8
梅林街道	2062390	627272. 055	6655271. 318	4323745. 18	7721255. 34	4924625. 5	12272915. 11	9254292. 56
桥头胡街道	1848797	623549. 097	3493139. 652	2161872. 59	4242272. 13	2462312. 75	6927708. 434	4627146. 28
跃龙街道	8078420	3926143. 25	16425487. 05	10720260. 3	17097104. 9	12233023. 2	23111996. 42	15607874. 9
桃源街道	2474112	455386. 658	12154816. 71	5670316. 6	13815199. 1	6116511. 58	16824670. 36	7803937. 45
强蛟镇	1171741	364729. 97	4773284. 602	1810359. 41	5272494. 38	1994817. 919	6828939. 581	2860235. 917
西店镇	4872547	738135. 978	3271669. 918	5189250. 34	13739890	6180978. 567	16319420. 73	8010651. 267
深甽镇	1543459	276667. 09	2412143. 903	860835. 479	4391461. 62	879621. 2357	5310259. 373	12076. 121
大佳何镇	1500412	565218. 293	9821418. 563	1210698. 63	3000302. 05	1408719. 215	3940877. 888	1991453. 105
西周镇	3649001	1340471. 66	2880823. 283	5514743. 54	10832532. 6	5514743. 536	12743611. 37	5820804. 124
墙头镇	2363344	383311. 818	3241558. 422	595074. 579	3417559. 43	599724. 22	4817263. 551	773837. 3795
大徐镇	1911396	285340. 146	1839149. 711	846642. 592	3471379. 23	846642. 5924	4137175. 684	1068976. 405
黄避岙乡	1156865	277538. 025	5458671. 106	277538. 025	2145100. 29	277538. 0249	2829547. 923	312197. 184
贤庠镇	4380059	534570. 114	1977841. 026	529286. 388	7528606. 54	1676730. 717	9305180. 318	2122289. 49
涂茨镇	795819. 6	330499. 517	128944027. 9	332017. 399	9321016. 35	5278309. 159	11128378. 24	6413292. 28
总计	60238715	——	12206226. 64	——	169225486	——	218206803	——

（1）各乡镇街道分布特征

从沿港23个乡镇街道地貌斑块面积的绝对数量看，1990—2015年期间，地貌斑块总面积一直处于前列的主要是跃龙街道、桃源街道、白峰镇、西店镇、西周镇、梅林街道等，而且，这几个乡镇街道地貌斑块面积的增长速度较快。从沿港23个乡镇街道单个地貌斑块最大面积看，1990—2015年期间，单个地貌斑块最大面积所在的乡镇街道主要是跃龙街道、梅林街道、桃源街道、西店镇等，同时，各最大斑块面积之间相差也较大。总体上看，地貌斑块面积大致处于上升阶段。一方面，单个地貌斑块的绝对面积逐渐增大；另一方面，各乡镇街道总体的地貌面积逐个时期剧增。

（2）各县（市）区分布特征

结合表7-3和图7-4，从建设地貌面积和新增建设地貌面积及其相关方面探讨象山港沿岸县（市）区人工建设地貌面积变化特征。从横向角度看，就某一县（市）区而言，在1990—2015年期间，其建设地貌的演化过程与象山港沿岸县（市）区建设地貌的发育规律有着相似性的特点。如北仑区沿岸3个乡镇街道的建设地貌面积经历了平稳增长的过程，1990—2015年期间，四个年份的建设地貌面积分别是5.12 km^2、12.83 km^2、22.51 km^2、30.07 km^2，新增地貌面积分别为7.71 km^2、9.68 km^2、7.56 km^2，各时期的增长速率分别是60.09%、43.03%、25.14%，从数据上可以看出，建设地貌面积逐期增加，且新增建设地貌面积平稳增长，但增长的幅度有所差异，各期增长速率依次降低。

从纵向角度看，象山港沿岸县（市）区的建设地貌所占面积逐期增加，相应地，各平均建设地貌面积同步增长；各县（市）区、各时期新增建设地貌面积起伏明显，个别县（市）区在一定时期内新增面积较大，但总体上增长的幅度相当，变化较为平稳；从建设地貌面积的年增长率看，大致保持着下降的趋势，增长速率由快到慢，一方面反映了建设地貌发育的时间规律，数量由小到多，规模从小至大的趋势，另一方面表明建设地貌发育到一定程度后，维持着相对静态的演化趋势，如表7-7和图7-7所示，尤其是北仑区与宁海县的建设地貌发育趋势显著。

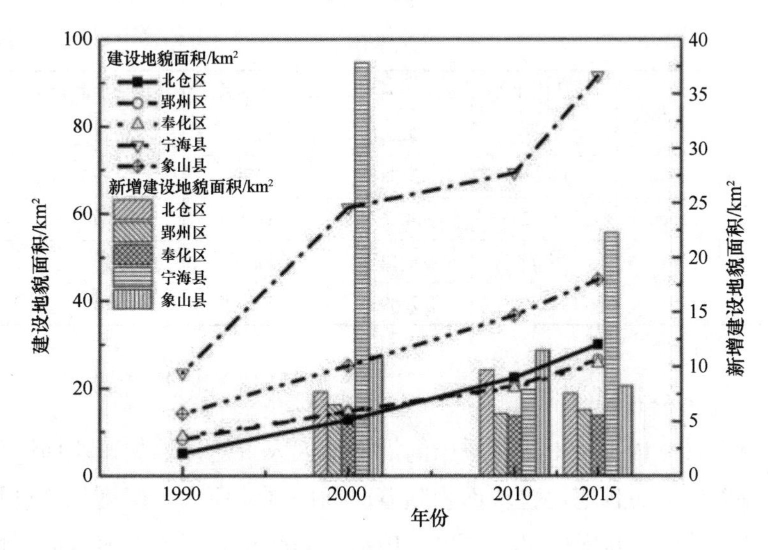

图 7-4 象山港沿岸县（市）区人工建设地貌面积趋势图

表 7-7 象山港沿岸县（市）区人工建设地貌面积统计

县（市）区	年份	建设地貌面积（km²）	平均面积（km²）	新增面积（km²）	年均增加面积（km²）	增长率
北仑区	1990	5. 12	1. 71	——	——	——
	2000	12. 83	4. 28	7. 71	0. 771	0. 600935
	2010	22. 51	7. 5	9. 68	0. 968	0. 430031
	2015	30. 07	10. 02	7. 56	1. 512	0. 251413
鄞州区	1990	8. 3	2. 77	——	——	——
	2000	14. 83	4. 94	6. 53	0. 653	0. 440324
	2010	20. 55	6. 85	5. 72	0. 572	0. 278345
	2015	26. 57	8. 86	6. 02	1. 204	0. 226571
奉化区	1990	9. 01	3	——	——	——
	2000	14. 67	4. 89	5. 66	0. 566	0. 385821
	2010	20. 17	6. 72	5. 5	0. 55	0. 272682
	2015	25. 7	8. 56	5. 53	1. 106	0. 215175
宁海县	1990	23. 55	2. 94	——	——	——
	2000	61. 39	7. 67	37. 84	3. 784	0. 616387
	2010	69. 28	8. 66	7. 89	0. 789	0. 113886
	2015	91. 54	11. 44	22. 26	4. 452	0. 243172

续表

县（市）区	年份	建设地貌面积（km^2）	平均面积（km^2）	新增面积（km^2）	年均增加面积（km^2）	增长率
象山县	1990	14.26	2.38	——	——	——
	2000	25.22	4.2	10.96	1.096	0.434576
	2010	36.72	6.12	11.5	1.15	0.313181
	2015	44.96	7.49	8.24	1.648	0.183274

（3）整体分布特征

总体上看，1990—2015 年象山港沿岸地区人工建设地貌斑块面积处于不断增长的态势，而且地貌斑块面积随着时间的推移而大幅度增加，也具有明显的阶段性特征。从图中可以看出，1990—2000 年人工建设地貌面积增加幅度最大，地貌面积增长近一倍；而 2010—2015 年由于周期较短导致总体新增建设地貌面积增加较小，但年均增加面积居于首位；2000—2010 年地貌斑块面积增加速率较小且年均仅增加 4.03 km^2。

从数据统计看，1990—2015 年象山港沿岸地区人工建设地貌面积分别是 60.24 km^2、128.94 km^2、169.23 km^2、218.21 km^2，对应的面积占比分别达到 3.29%、7.04%、9.24%、11.92%，各个时期的增长率分别是 53.28%、23.81%、22.45%，通过对四个时期人工建设地貌图层的叠加分析，得出各时期新增建设地貌面积分别是 68.7 km^2、40.29 km^2、48.98 km^2，年均增加 6.87 km^2、4.03 km^2、9.78 km^2。可见，地貌斑块面积增长趋势显著，但增长速率起伏较大，各时期的差异性明显。

结合象山港沿岸地区人工建设地貌分布图分析，面状地貌斑块数量由少到多，面积也由小变大，表现出地貌斑块集聚、组团、串联的一个演化过程。1990—2015 年期间，地貌斑块面积无论是单体规模，还是总体面积都处于上升期，从早期的点状地貌逐步演变为面状、线状结构，地貌体空间展布特征趋势显著，特别是单体面状地貌规模连接成片的趋势较强。

7.1.4 象山港沿岸地区人工建设地貌格局演化特征

借助 GIS 平台，得到 1990—2015 年象山港沿岸地区人工建设用地分布数据，通过叠加分析，可以反映各个时期人工建设地貌演化过程与趋势。在此基础上，借鉴早期地理学家关于城市人工地貌的研究成果及人工地貌格局演变的一般规律，通过对象山港沿岸地区人工建设地貌斑块数量和面积变化的分析，得出象山港沿岸地区人工建设地貌格局演化的基本特征。

7.1.4.1　点状分散期

1990年以前，象山港沿岸地区人工建设地貌的分布呈现出整体比较分散，局部相对集中的特点。而且，人工建设地貌体（单元）的类型单一、数量较少、规模不大。从本研究的时间跨度来说，这个时期属于象山港沿岸地区人工建设地貌发育的早期，人工建设地貌的结构极其简单，其发育程度很不完善，人类活动的区域较小，集中分布于地形相对平坦的沟谷、盆地、近海平原地带。同时，结合象山港沿岸地区县（市）区经济发展状况，这个时期的经济产业结构分化严重，主要以第一产业为主，第二、三产业处于初创时期。故此，人工建筑工程数量、规模、类型都处于较低级别，相应地，形成的人工建设地貌体（单元）也处于地貌发育的萌芽阶段，各种类型、规模的人工建设地貌体（单元）以点源的形式零散分布于港湾地区。在这个时期内，象山港沿岸地区人工建设地貌的空间格局呈现出点状分散的特点。

7.1.4.2　面状集聚期

“八五”“九五”期间（1991—2000年），在前一个时期的基础上，象山港沿岸地区人工建设地貌有了较大的发展，空间分布上呈现出由点到面、由分散到集中的发展趋势，人工地貌体（单元）集中连片，空间扩张趋势显著。同时，人工建设地貌体（单元）的类型呈现多样化、数量日渐增多、规模由小而大。这个时期属于象山港沿岸地区人工建设地貌的快速增长期，人工建设地貌的结构越来越复杂，其发育程度相对较高，人类活动的空间区域由点到面展布开去，在垂直方向上的发育特征尤为突出，人工建筑工程涉及地上、地下空间范围。产业结构快速调整，大力发展第二、三产业。故此，本时期的人工建筑工程数量、规模、类型的级别渐趋提升，多维、复合结构的人工建设地貌体（单元）快速发展，人工建设地貌体（单元）多以面状形式展布于港区范围内。由此，在这个时期内，象山港沿岸地区人工建设地貌的空间格局表现出复杂的垂直结构和水平方向的面状集聚特征。

7.1.4.3　条带状延展期

“十五”“十一五”期间（2001—2010年），象山港沿岸地区人工建设地貌由前一个时期的由点到面、集中连片到本时期的串联成线，人工建设地貌体（单元）在沟谷地带和高等级铁路、公路沿线发展速度较快。这个时期，人工建设地貌体（单元）的类型、数量、规模依然处于高速发展期，但人工建设地貌体（单元）的发育程度渐近成熟，发育空间几近耗竭，后备的土地资源有限，对日后人工建设地貌体（单元）的建设是一个巨大的考验。产业结构持续优化，第二、三产业比例达到历史高值。故此，本时期的人工建筑工程数量、规模、类型的级别达到相对稳定的高值范围，人工建设地貌体（单元）多串联成线，交叉纵横。由此，在本时期，象山港沿岸地区人工建设地貌的空间发育呈现条带状延展的结构。

7.1.4.4 复合、更新扩散期

"十二五"期间（2011—2015年），象山港沿岸地区人工建设地貌开始了新的一轮演替过程。历经前面几个时期的发展，港区范围内可用土地资源消耗殆尽，人工建设地貌体（单元）的空间展布与延伸受到了土地资源的限制。与此同时，受到人工建设地貌体（单元）生命周期的影响，以及政策因素主导下新城乡规划的出台与实施，面临旧城区改造、新人工建设地貌体（单元）建设的任务。综合考虑土地资源的有限性和人工建设地貌体（单元）的生命周期，以及新城乡规划三大要素，象山港地区人工建设地貌经历了一个复合、更新的过程，旧人工建设地貌体（单元）的拆除、迁移，新人工建设地貌体（单元）的建设，使得象山港地区的人工建设地貌体（单元）在空间分布上趋于合理、结构上更为复杂。故此，本时期，是象山港沿岸地区人工建设地貌重新规划布局、建设的阶段，人工建设地貌体（单元）处于复合、更新扩散的演替过程中。

7.1.5 结论

本节从人工地貌演化过程的一般规律出发，梳理城市人工地貌格局演变的研究成果，为海岸带区域的人工建设地貌研究奠定理论基础，并提供参考依据。从人工建设地貌强度指数和人工建设地貌斑块数量变化与斑块面积变化角度，探讨1990年、2000年、2010年及2015年象山港沿岸地区人工建设地貌格局演变特征。

引入人工建设地貌强度指数概念，借助ArcGIS10.0软件平台，采用自然间断点分级法（Jenks），基于不同的分类标准，采用五级分类法，分别将1990年、2000年、2010年及2015年象山港沿岸各乡镇街道人工建设地貌归为高、较高、中等、较低、低五个等级；采用三级分类法，将象山港沿岸各

县（市）区人工建设地貌分为高、中、低三个等级。从整体上看，象山港沿岸地区人工建设地貌强度指数与人工建设地貌面积呈显著的正相关关系，且处于稳步增加过程中；而象山港沿岸地区人工建设地貌面积增幅的历史阶段性特征显著。

综合象山港的开发历史、人工建设地貌的发育状况和分布特征及数据资料，绘制 1990 年、2000 年、2010 年及 2015 年共四个年份的象山港沿岸地区人工建设地貌分布图。从人工建设地貌的斑块数量变化和斑块面积变化两个层面，探讨象山港沿岸地区人工建设地貌发育的历史阶段性特征和区域性特征。研究结果表明，象山港沿岸地区人工建设地貌的空间发育也存在明显的有序结构，其格局演化过程分为四个重要阶段：①点状分散期。象山港沿岸地区人工建设地貌在早期以点源形式分布于沿港地区；②面状集聚期。“八五”“九五”期间，象山港沿岸地区人工建设地貌的空间格局表现出复杂的垂直结构和水平方向上的面状集聚特征；③条带状延展期。“十五”“十一五”期间，象山港沿岸地区人工建设地貌多串联成线，交叉纵横，其空间发育呈现条带状延展结构；④复合、更新扩散期。“十二五”期间，是象山港沿岸地区人工建设地貌重新规划布局、建设的新阶段。

7.2　杭州湾南岸城镇人工地貌格局演化研究

7.2.1　杭州湾南岸城镇人工地貌格局演变一般规律

城镇人工地貌发展具有一定的规律性，本书归纳总结了前人对城市人工地貌的研究经验。据黄巧华等人研究，平原城市的城镇人工地貌发展一般有三个基本阶段，分别如下：膨胀期、扩散期和差异更新扩散期三个阶段（黄巧华 等，1996）。李雪铭等根据大连的丘陵地貌和特殊的发展历史，以及城市人工地貌的一般有序结构，适时地提出了大连市人工地貌发育的四个基本阶段，单核心扩散期、马蹄形延展期、环形带状更新扩散期和多核心辐射带状发育期（李雪铭 等，2003）。对于丘陵地区城市人工地貌的研究和大连市人工地貌的发展过程有了示范性的探讨，达到了进一步丰富人工地貌的基本理论，促进了相关领域研究。而结合前文对杭州湾南岸城镇人工地貌的实证研究结果和前人的研究经验，发现杭州湾南岸有其独特的发展规律：可以归结为以下三个阶段：单核心扩张期、多核心辐射期、网络形成期。

7.2.1.1 单核心扩展期

城镇人工地貌的发展表现是以水平扩展为主，即以中心城镇为核心的区域向周围扩展。城镇人工地貌类型多是道路“沟谷”、低矮“孤丘”、低矮“丘陵”，城镇剖面起伏较小，在空间表现为围绕市“中心”呈均匀分布。南部山区的环境较多地限制了城镇人工地貌的发育，城镇人工地貌以中心城镇为主，沿着329国道沿东南-西北走向带状扩展，在此期间城镇人工地貌的垂直发育不明显，而区域发展的不均衡，则是中心城镇进一步巩固其优势和水平空间拓张的动力。

7.2.1.2 多核心辐射期

城镇人工地貌中心城镇水平扩散以新兴工业区为主，与经济技术开发区为主要的新兴城镇人工地貌新核心形成了三足鼎立态势。在改革开放的背景下，沿海开放政策的支持下，杭州湾南岸城镇人工地貌体“沟谷”变宽，329国道宽度加大，G15高速路网也穿插而过，因而“沟谷”分布更广。人工地貌体“盆地”等地貌形态逐步出现，早期的人工地貌体“丘陵”，人工地貌体“孤丘”开始被人工地貌体“台地”、人工地貌体“孤峰”所演替。城镇剖面起伏加大，各生长核心协同发展，空间表现为城镇人工地貌类型更加多样化，分布地域也明显拓宽。单一的水平拓展无法满足城镇职能的需求，特别的，居住区一般从多层转变为中高层，以提高土地利用效率，其中工业区依然以2-4层的建筑为主，高度较低，两者交叉形成了起伏较大的城镇人工地貌的垂直形态，导致了垂直发育逐渐加快。各城镇社会经济发展依然是首要任务，而人类过度干预自然地貌环境的后果初现。保护生态环境的理念开始萌芽，但对经济-社会-生态的协同发展观念依然不强。

7.2.1.3 网络形成期

城镇人工地貌经过水平和垂直方向发育后，区域间的经济社会发展联系进一步加强，而区域内社会经济发展水平差异进一步降低。此时，自然环境对人类活动限制进一步降低，而弱生长核心从生态经济的角度，利用其自然环境的优势，发展绿色经济，弱生长核心发展成为园林、旅游和生态农业等绿色农业与服务产业的重点区域。此时，弱生长核心与传统生长核心和新生长核心逐渐形成一种联系度极高的网络。保护环境、经济社会和生态的和谐观念深入人心。此外，发达的交通和便捷的购物体验，将增强居民的幸福指数，使得人们空间距离感进一步降低。此时城镇人工地貌发展水平已经不存在从属关系，城镇人工地貌发展高度和谐。网络化的城镇人工地貌将会避免人工地貌体的空间高度集中，也减少了城镇人工地貌灾害发生的可能性。

7.2.2 杭州湾南岸城镇人工地貌历史格局

1985 年以前，改革开放初期，城镇人工地貌，以交通便捷度较高的浒山街道、宗汉街道和坎墩街道比较繁华之外，其余的镇城镇人工地貌发展都是比较滞后和单一的。

1985-1995 年，随着改革开放的深入，沿海地区作为改革的前沿阵地，乡镇企事业合作社逐渐建立，工业化使得大量的农民转变为工商业者，农民进城工作，收入的不断增加使得杭州湾南岸的非农人口比例不断提高。此外，城镇人工地貌的建设不断得到发展。

到 2005 年，以“慈东新区”为代表的经济开发区，使得杭州湾南岸东部得到发展，经济开发区大规模的占用土地，随着路网的延伸，厂房和小区等逐渐增多。由于“慈东新区”靠近宁波市区，天然的区位优势吸引了更多人到此处就业生活。

2005 年后，经研究决定更名的杭州湾新区，下面称为“新区”，将由宁波市直接管辖。特别在杭州湾大桥通车后，节约了杭州湾新区到上海时间成本。“新区”内集聚了世界五百强中的多个企业，如吉利汽车等，多是高新技术产业和高端装备制造业，使得区域内城镇人工地貌大规模增加，也促进了经济总量持续增长。

7.2.3 杭州湾南岸城镇人工地貌格局定量分析

根据景观生态学方法，运用相关软件和计算统计手段得到了各年份各镇的城镇人工地貌斑块数量和面积两项指标，这将会是评价区域城镇人工地貌空间分布的关键所在。总体而言，杭州湾南岸不同年份城镇人工地貌各类型数量有所增加。从具体的斑块变化看，1985-2014 年的地貌斑块总量分别是 4 571个、4 666 个、5 525 个和 7 083 个。数量变化表明，前十年杭州湾南岸城镇人工地貌破碎度总体较低，2000 年以后，斑块数量得到了较大的增长，杭州湾南岸城镇人工地貌破碎度增加明显，城镇人工地貌干扰强度风险指数有明显提高（表 7-8）。

表 7-8 1985—2014 年杭州湾南岸城镇人工地貌斑块数量变化表 （个）

乡镇街道	1985 年	1995 年	2005 年	2014 年
浒山街道	639	652	778	1058
观海卫镇	348	352	372	449
周巷镇	478	478	498	595
庵东镇	52	55	147	314
龙山镇	456	456	584	781
掌起镇	277	279	339	372
附海镇	121	142	137	158
桥头镇	170	175	216	265
匡堰镇	160	165	181	192
逍林镇	197	207	210	272
胜山镇	200	204	221	282
新浦镇	133	137	199	230
横河镇	262	273	290	523
宗汉街道	429	433	510	619
坎墩街道	155	156	232	249
天元镇	269	273	273	329
崇寿镇	78	79	188	213
长河镇	147	150	150	182

不同年份的杭州湾南岸城镇人工地貌各具特色，但是特点也极其显著。以行政单元镇作为划分依据，不同镇的发展基础是有差异的，因而各镇的城镇人工地貌的斑块数量和面积的增加程度各不相同，各镇和街道具有区内一致性与区间的特殊性。具体从城镇角度看，杭州湾南岸内的各乡镇街道地貌斑块数量增幅较大，特别是城镇人工地貌和建制镇人工地貌，此外，道路也随着杭州湾南岸城镇人工地貌的发育而增加明显，其中庵东和龙山两镇较市区的坎墩街道增速更快。

斑块数量反映了城镇人工地貌的数量变化情况，只能从数据的角度分析基本面。而城镇人工地貌的面积是实际变化反映的信息更多，例如城镇人工地貌的空间分布，空间集聚度，空间邻近性等（图 7-5~图 7-7）。

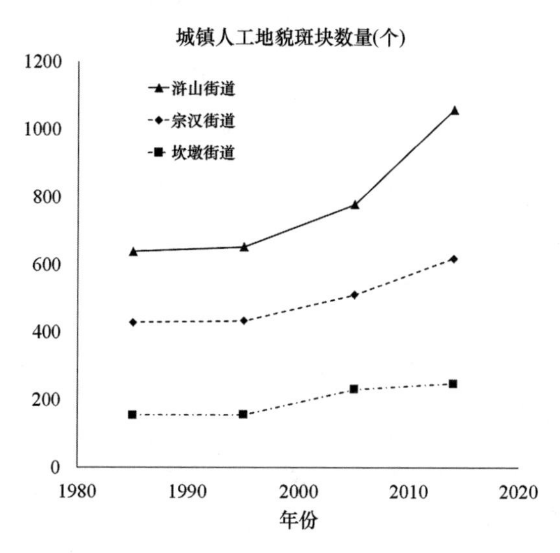

图 7-5 传统生长中心城镇人工地貌斑块总量

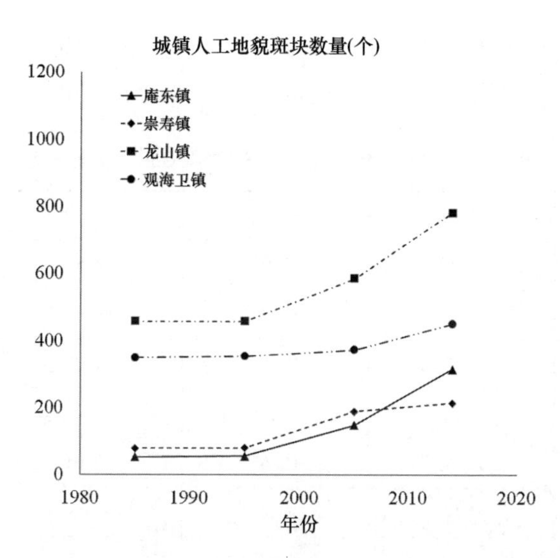

图 7-6 新兴生长中心城镇人工地貌斑块总量

总体看来：1985—1995 年，这一期间城镇人工地貌面积变化相对较小，而 1995—2005 年，城镇人工地貌面积有了较大的增长；最近十年内，变化无论是面积还是城镇人工地貌的内容都是十分显著的（表 7-9）。从各镇角度分析城镇人工地貌的增加情况，浒山街道等四大街道是主要的面积增加区域。其次，靠近市区的四周乡镇发展的速度和沿主要道路的镇发展较快。最后从地

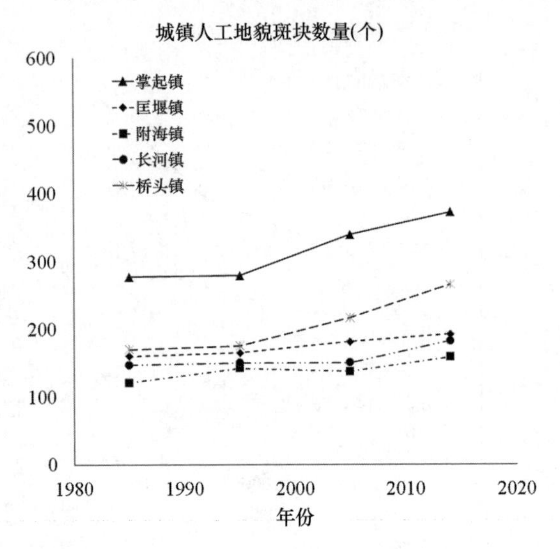

图 7-7 弱生长中心城镇人工地貌斑块总量

理邻近性考虑，靠近宁波市区的南部山区，虽有较好的地理位置优势，由于区位优势不明显，发展较缓且程度较低（图 7-8～图 7-10）。

表 7-9 1985—2014 年杭州湾南岸城镇人工地貌面积变化表 （km^2）

乡镇街道	1985 年	1995 年	2005 年	2014 年
浒山街道	21. 57	22. 91	29. 52	31. 36
观海卫镇	13. 90	13. 96	16. 69	16. 90
周巷镇	13. 12	13. 12	14. 27	14. 73
庵东镇	1. 87	2. 30	4. 68	5. 66
龙山镇	12. 65	12. 65	20. 01	21. 98
掌起镇	7. 66	7. 66	9. 03	9. 25
附海镇	3. 43	3. 65	4. 43	4. 48
桥头镇	3. 42	3. 53	4. 90	5. 18
匡堰镇	4. 10	4. 25	5. 14	5. 04
逍林镇	6. 54	6. 64	7. 85	8. 24
胜山镇	4. 55	4. 65	5. 73	5. 99
新浦镇	6. 02	6. 11	8. 68	8. 78

续表

乡镇街道	1985 年	1995 年	2005 年	2014 年
横河镇	8. 45	8. 89	9. 57	10. 71
宗汉街道	14. 69	14. 92	17. 96	18. 66
坎墩街道	5. 09	5. 33	8. 44	8. 56
崇寿镇	1. 11	1. 13	3. 00	3. 19
天元镇	6. 67	6. 67	6. 81	7. 08
长河镇	3. 78	4. 81	4. 80	5. 01

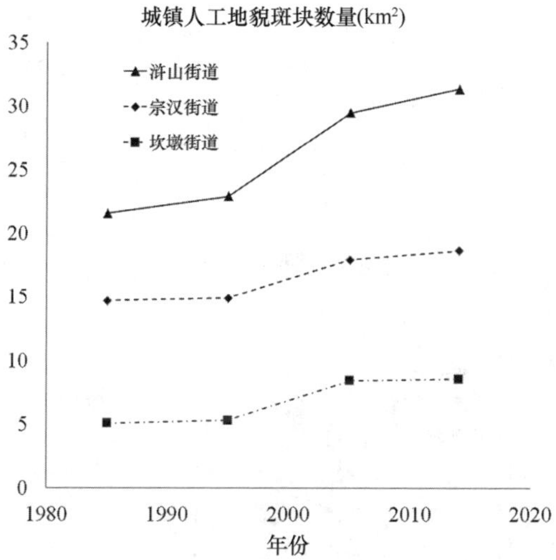

图 7-8　传统生长中心城镇人工地貌总面积

7. 2. 4　杭州湾南岸城镇人工地貌格局演化分析

对 1985—2014 年的杭州湾南岸城镇人工地貌用地矢量数据进行叠置分析，本书得到了反映各个时期城镇人工地貌演化过程和趋势的多年份的变化图。借鉴了李学铭等对城镇人工地貌发育阶段研究理论，分析多年杭州湾南岸城镇人工地貌用地貌斑块数量和面积变化，得到了杭州湾南岸城镇人工地貌基本的格局演变特征。

7. 2. 4. 1　杭州湾南岸城镇人工地貌单核心扩展期

历史上，杭州湾南岸就是地处鱼米之乡，海陆交通发达。随着人们改造

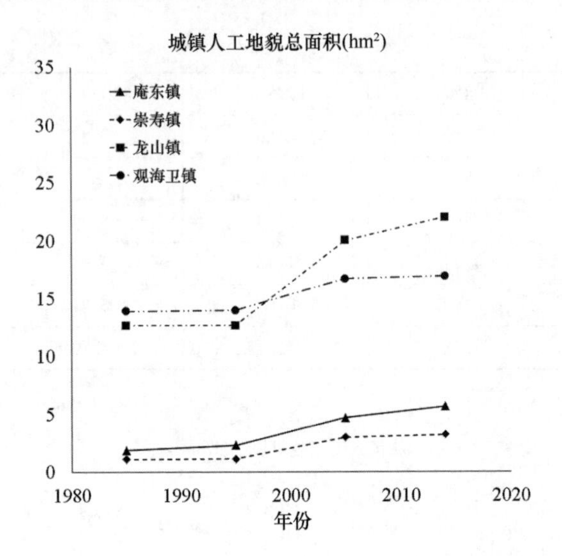

图 7-9　新兴生长中心城镇人工地貌总面积

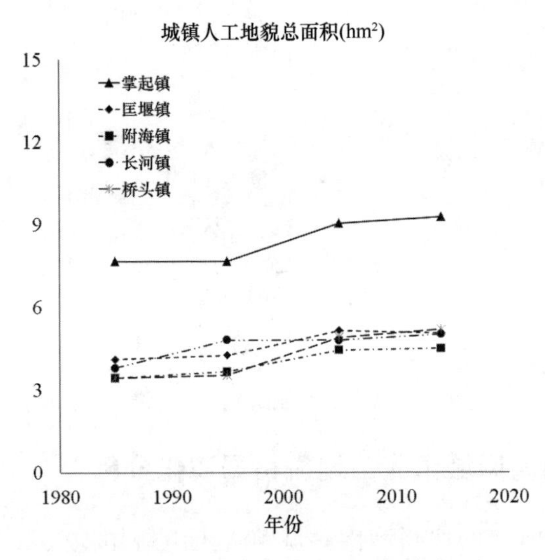

图 7-10　弱生长中心城镇人工地貌总面积

自然能力的强化，原先黏重和潮湿的南方土地逐渐成为农耕社会的发展新起点，杭州湾周边区域经济重要性逐步加大。杭州湾南岸城镇人工地貌有着良好的发展基础，但杭州湾南岸城镇人工地貌基本齐全、数量较少，规模有待于提高。1985—1995 年的十年间，杭州湾南岸城镇人工地貌主要集中分布于地形相对平坦的平原地带。同时，这时候的产业结构单一，产业层次较低，主要以第一产业为主，第二、三产业处于起步时期。因此，杭州湾南岸城镇人工地貌数量和规模都处于较低等级向更高的等级发展，发展阶段属于单核心扩展期。城镇人工地貌表现为不同类型、不同规模的城镇人工地貌体（单元）以散点转变为稀疏的面状形态。在这个时期内，杭州湾南岸城镇人工地貌的空间格局整体呈现出散点状城镇人工地貌为主，城镇人工地貌发展水平较低。

7.2.4.2 杭州湾南岸城镇人工地貌多核心辐散期

1995—2010年的十五年间，随着杭州湾南岸的经济不断发展。慈东新区不断建设，第二三产业比例显著提高，使得杭州湾南岸的城镇人工地貌不断延伸，平原区的摊大饼式的拓展成为主要的趋势。这时候扩散的力量来自经济的高度发展，城市化和开发区成为集聚人口主要动力，辅助的小区等社区不断发展。随着杭州湾跨海大桥的通车，杭州湾新区作为新的增长极正在不断地发展，提高了杭州湾南岸城镇人工地貌空间扩张的范围。杭州湾南岸城镇人工地貌无论数量还是规模乃至类型都得到了充分的发展。其中，重工业和轻纺工业布局在远离城镇的郊区，外来人口和本地人口会不断从中心区域向外延伸其活动范围。带状城镇人工地貌成为主要的发展力量，散点作为发展源头仍有不可替代的作用，多个核心城镇人工地貌作为生长核心，促进区域城镇人工地貌整体水平提高。从北部平原到南部山区（北-南），建筑高度呈现低-高-低的分布规律，北部主要的原因是地质基础不稳定，南部则主要在山区，因而也不适宜建设高度较高的建筑，其中名人大厦高97.7 m，香格大厦高100 m，区域地标建筑是兴安路的家电会展中心，高116 m。

7.2.4.3 杭州湾南岸城镇人工地貌网络形成期

2010年以来，杭州湾南岸的产业结构进一步优化，人口的城市化等进一步发展，新旧城市建成区逐渐发生了更替。特别是旧城改造，空间上的水平增长基本达到了一个极限。杭州湾南岸城镇人工地貌面貌随着城市的不断发展也迈向一个新的高度。这一时期，面状将成为最为主要的城镇人工地貌基本形态，但是随着道路延伸，带状和点状城镇人工地貌依然极其重要，多核城镇人工地貌发展水平实现了区域内的优化，且此时又会产生新的较小的生长核心。在三个主要的生长核心和区域较小核心通过公路（汽车站点，慈溪市已经形成了6个汽车站中心节点及连接余姚高铁站和乡镇村节点的立体化公交路网）和社会经济活动连接成网络，这将是城镇人工地貌发展的又一个新高度。正是由于网络形成期的城镇人工地貌充分尊重了人类活动与自然、社会经济和生态的高度和谐发展，对区域城镇人工地貌发展维度要求较高，现阶段依然未成形。

7.3 坦帕湾流域人工地貌过程规律

7.3.1 人工地貌的区域扩张

人工地貌的类型多样，分布广泛，特别是城市是人工地貌的重要分布区域，在城市化率逐渐增高的现在，人口在城市高度集中使人类活动对地表的改造已经远远超过自然营力（李雪铭 等，2003），以道路、桥梁、房屋、人防工程、堤坝等为主要人工造貌体的永久性建筑物及其建筑工程形成了城市区域的主要类型人工地貌体，并随着人类活动的强度增大新的人工地貌体数量越来越多，甚至各种类型的人工地貌体以更复杂的形式存在于城市区域各空间范围。城市人工地貌（UML）的发育不同于自然地貌演变，其发育演替周期较短（通常十几年），空间演变复杂（李雪铭 等，2003），形成了单核心或多核心辐射的扩张过程，涉及地表与地下范围。乡村人工地貌以人居地貌体和农业地貌体为主，具有生产生活生态的多元化功能。乡村人工地貌的扩张演化是乡村地域人口迁移、社会结构重构、经济发展转型和空间重构的反映，也可能会受到全球变化、政治体制机制变革的影响。

人类活动对海岸地貌变化过程的影响剧烈，主要包括海岸工程、盐田开发、养殖池建设、地下水的开采、海岸侵蚀等（孙云华，2011）。根据遥感解译可以看出，象山港流域中下游地区靠近海域的沿海地区养殖用地及盐田分布较多并在逐年增加。而坦帕湾流域虽然在整个流域范围内娱乐休闲用地均有分布，但在坦帕湾流域下游靠近海域的地区娱乐休闲用地分布较多且呈逐年增加态势。

7.3.2 景观特征的人工地貌扩张

由于地理空间现象的复杂性及认知的有限性，所以需要对景观特征的人工地貌扩张研究与理解进一步提高。景观的特征尺度反映了人与自然交互作用的空间过程，合理识别景观空间结构及其特征尺度有助于遥感影像景观空间异质性分析（邱炳文 等，2010）。从景观特征尺度，可将人工地貌分为交通人工地貌、水利人工地貌、农田人工地貌、矿山人工地貌、油田人工地貌等。农田在广义上是地域景观与历史的延续（俞孔坚 等，2004）。中国象山港和美国坦帕湾有着基本相似的自然地理环境条件，农田人工地貌形成相关的气候因素等方面表现得最为明显，在地形因素却有所差别，加之中美两国人类的耕作方式与生产组织形式也有差别，所以有区别的耕作方式一定程度上造成了不同的农田人工地貌，基于此农田人工地貌格局与耕作方式就成为某种正相关关系。如中国象山港流域更多是以耕地为主，而美国坦帕湾以耕地与牧场为主，且随着人类活动范围扩大与海岸开发强度增加，其扩张范围和规模在逐渐扩大。

7.3.3　作用方式差异的人工地貌扩张

作为现代地貌营力之一的人类作用，既有直接和有目的的人类活动而产生的，也有人类活动直接或间接等偶然造成的人工地貌，其产状分布各异。人类活动会直接对地表造成侵蚀而改变地表形态，其产生的侵蚀效应同自然营力引起的作用可能会完全一致，但其强度与速率却往往比天然作用要大。土地利用或者植被破坏等活动会激发区域内的天然侵蚀营力，是自然过程中的激励-响应效果（牛文无，1987）得以放大，而产生另一种形式的人工地貌侵蚀效应即加速侵蚀（Brunsden et al，1987；斯特拉勒 等，1986）。

以人类活动在地球上已形成许多人为堆积体为例说明，如城市、滨海等地区这种人为堆积体的分布面积、厚度均达到相当规模（中国水文地质工程地质勘查院，1991）。目前人类活动的堆积体形，一方面人类作为一种直接的搬运营力，经有目的的搬运后重新堆积形成，多以工业垃圾、生活垃圾等人类废弃物和人工建造物为主。另一方面人类通过某些活动改变了自然过程中外营力作用方向、强度，造成原物质、能量之间的动态平衡关系产生变异自然堆积而成，多以天然堆积物为主，其堆积过程受自然分异规律制约（杨晓平，1996）。

7.3.4　形态特征的人工地貌扩张

自然地貌由多次重复、彼此相互交替的各种地貌形态所组成，地貌形态是现代构造运动的最终表现形式（唐克丽，1988；罗来兴 等，1955；张宗枯，1981）。人工地貌形态作为现代人工构造营力的产物表现方式之一，是人类活动过程及未来全球变化预测的重要因子。深入分析人工地貌形态并尽可能地去量化其地貌形态特征，研究相关特征指标与人工造貌因子的关系，对研究人工地貌过程有非常重要的意义。

依据形态特征，可将人工地貌扩张的路径分为不同形态特征的扩张，即点状人工地貌、线状人工地貌、面状人工地貌、三维人工地貌等人工地貌的扩张，以（公路）线状人工地貌扩张路径为例，中国象山港流域以下游沿海地带扩张最为密集，而坦帕湾流域则通过国家公路将其流域的各个城市联系起来。

7.3.5 结论

人工地貌发育过程研究应较多关注人类社会发展和地理环境变化关系，即研究重点不是关注史前（地质时代地理环境变化），而是以人类世以来的人地关系发展和人类活动影响下的生态环境变化等问题展开分析。人工地貌系统的复杂性决定了人工地貌扩张过程类型多样，其涵盖的相关信息也是海量的，

人类造貌是满足生存需要的基本手段，人工地貌扩张是社会文明发展的载体之一。人工地貌的研究不仅关注宏观层面的人工地貌还关注微观层面的人工地貌，在特定时空尺度下的人工地貌分析，同地球表层系统的地理对象研究方式一样，就具体问题需要从时空特征和属性特点进行综合分析。测度空间范围与地理位置、产生发展的历史存在阶段是人工地貌研究的时空特征，描述人工地貌的具体内容是人工地貌研究的属性特征。

人工地貌分类不同于自然地貌，其分类的基础可以是形态和成因的组合，也可以是控制因素与功能，或者综合相关因素进行。就人工地貌的区域扩张而言，以永久性建筑物及其建筑工程形成了城市区域的主要类型人工地貌体，就景观特征的人工地貌扩张而言，交通人工地貌、水利人工地貌、农田人工地貌、矿山人工地貌、油田人工地貌等叠加组合扩张。就作用方式差异的人工地貌扩张而言，以人类活动在地球上已形成许多人为堆积体为例说明，如城市、滨海等地区这种人为堆积体的分布面积、厚度均达到相当规模。就形态特征而言，将人工地貌扩张的路径分为不同形态特征的扩张。

和一般意义上的客观事物的发展规律比较相似，其稳定与变化辩证统一的相对关系而言，人工地貌的演化和稳定某种程度上也是一种绝对与相对的辩证统一。可以说是在外部环境发生变化之后逐渐从一种相对稳定的状态逐

渐变成另一种日趋稳定的状态。这样的稳定状态会因人类造貌过程速度和强度而决定其持续时间长短。即这种速度和强度如果发生变化则会对人工地貌的演化周期产生影响进而影响其相对的稳定持续状态，人工地貌也将继续演变直到适应新干扰环境。

8　基于人工地貌过程的海岸带生态环境演化

从快速城镇化背景下土地利用变化的角度来分析人工地貌过程的海岸带生态系统服务价值（Ecosystem Service Value，ESV）损益情况，将生态系统服务价值的估算引入海岸带开发决策，对海岸带资源的可持续利用具有重要意义。以遥感解译数据为基础，研究了快速城镇化背景下主要研究区海岸带人工地貌变化引起的土地利用类型变化，通过构建生态系统服务价值估算模型，估算了海岸带生态系统服务价值变化，用直接市场法、替代性市场法等构建了生态系统服务功能经济价值评估模型，定量分析了围填海影响下的生态系统服务功能经济价值损益以及围填海强度与生态系统服务价值之间的关系，并对象山港和坦帕湾海岸带生态系统服务价值进行了对比研究。

8.1　人工地貌建设背景下浙江省海岸带生态系统服务价值变化

生态系统服务是指生态系统及生态过程所形成及所维持的人类赖以生存的自然效用（谢高地 等，2008），其为人类提供了食物、医药及其他工农业生产原料，支撑与维持了地球生命支持系统，维持生命物质的生物地化循环与水文循环，维持生物物种遗传多样性，净化环境，维持大气化学的平衡与稳定（肖寒 等，2000）。工业革命以来，人口急剧增长且城镇化进程不断加快，全球生态系统遭受到了空前冲击和破坏，生态系统服务功能迅速衰退（石龙宇 等，2010）。1997 年 Costanza 等（Costanza et al；1997）对生态系统服务价值进行了评估，引起了国内外学者对生态系统服务价值的广泛研究，并取得较快进展（陈仲新 等，2000；李加林 等，2005）。近年来，国内对生态系统服务价值研究逐渐深入，多参考谢高地等得出的生态系统服务价值当量因子，对各区域生态系统服务价值进行估算（叶长盛 等，2010；王原 等，2014）。海岸带处于海洋和陆地之间的过渡地带，具有复杂多样的环境条件，丰富多彩的自然资源，生态系统类型多样，生态服务功能的区域差异也较大。海岸带在维护近岸地区生态系统稳定、海岸带经济可持续发展等方面具有极其重要的意义，作为一种特殊的生态系统，也有较多学者以其为研究区域进行研究（徐冉 等，2011；苗海南 等，2014）。近年来，海岸带成为人类活动最密集的区域，在海岸带开发热潮下，海岸带地区城镇化进程持续加快，其对海岸带的影响已经远远超过了自然营力作用（李加林 等，2015），而土地利用类型转变作为城镇化进程重要标志，研究其对海岸带生态系统服务价值造成的影响成为近年来的研究重点和热点（邢伟 等，2011；喻露露 等，2016）。

从快速城镇化背景下的土地利用类型转变角度来研究海岸带生态系统服务价值损益具有重要意义，也是评价海岸带地区土地利用变化对海岸生态环境产生影响的一个重要指标。只有将生态系统服务价值估算引入到海岸带城镇化进程决策中，才能促进海岸带资源合理开发和利用，实现海岸带地区城镇可持续发展。为此，选取浙江省海岸带作为研究区域，以 1990 年、2000 年和 2010 年三期遥感解译数据为基础，定量分析了快速城镇化背景下土地利用类型转变以及浙江省海岸带生态系统服务价值损益情况，以期为浙江省海岸带合理开发以及海岸带生态环境综合整治提供决策参考。

浙江省位于中国长江三角洲南翼，省陆域面积虽小，仅占全国面积的 1.06%（10.18 万 km^2），但海域面积广阔，拥有甬、台、温和杭等 7 个沿海城市，大陆岸线和海岛岸线长达 6 500 km，占全国海岸线总长的 20.3%（李加林 等，2016）。以浙江省海岸带为研究区域，参照 20 世纪 80 年代全国海岸带综合调查的土地利用调查原则，将海岸带向陆一侧边界定义为沿海乡镇边界，向海一侧定义为 1990 年、2000 年以及 2010 年大陆海岸线叠加后的最外沿边界，以此结合向陆、向海边界区域矢量数据后生成的闭合多边形区域即为研究区范围。

“一带一路”倡议构想的提出，必将对各区域土地资源利用格局产生深远影响。浙江省作为率先发展的沿海发达省份，在全国经济中扮演着重要角色，而浙江省海岸带兼具区位与交通优势，是全省重要沿海经济区，并在新形势下致力于转型为江海联运服务中心，势必成为在新丝绸之路经济带中的重要节点。浙江省海岸带岸线曲折，研究区内主要生态系统类型包括河口芦苇湿地、农田、水产养殖池塘、盐田、海岸带山地森林、海岸沙地和城镇等多种类型。随着城镇化进程加快，浙江省海岸带土地利用格局变动剧烈，其内部功能结构也随之变化，不仅破坏区域生态平衡，还威胁区域生态安全和社会经济的可持续发展。

8.1.1 数据来源与研究方法

8.1.1.1 数据来源与处理

以1990年、2000年和2010年三期浙江省海岸带TM遥感影像作为数据源(影像资料在研究区域均无云雾遮挡)，根据土地利用类型分类基础，利用eCognition8.7基于样本的分类方法进行初步分类，再通过分类后比较法及人机交互解译等方法得到研究区三期土地利用类型分类矢量图。将土地利用类型与生态系统类型联系起来，以此构建浙江省海岸带生态系统服务价值估算模型，计算出研究区生态系统服务价值总量及各单项生态系统服务功能价值，结合地统计学以及ArcGIS的Geostatistical Analyst模块，分析研究区生态系统服务价值的时空变化。

8.1.1.2 土地利用类型划分

以国家《土地利用现状分类》标准为基础，根据浙江省海岸带自然生态背景与土地利用现状及本书研究需要，将研究区内土地利用类型分为林地、耕地、建设用地、水域、养殖用地、滩涂、未利用地七大类。土地利用类型和生态系统类型虽非一一对应，但根据已有研究及浙江省海岸带实际，可利用与每种地类最接近的生态系统当量进行估算：将耕地与农田生态系统对应；林地与森林生态系统对应；水域、海域及养殖用地与水域生态系统对应；滩涂与湿地生态系统对应；未利用地与荒漠生态系统对应；建设用地为人工生态系统，其生态系统服务价值当量为零（叶长盛 等，2010）。

8.1.1.3 土地利用强度计算

(1) 土地利用强度分级

快速城镇化背景下，土地利用强度不仅显示出土地利用中土地本身的自然属性，同时也反映了人类因素和自然环境因素的综合效应（王秀兰 等，1999）。根据刘纪远等（庄大方等，1997）提出的土地利用程度综合分析方法，根据研究实际需要，将研究区内各土地利用类型强度划分为5级，级别越大，人类开发利用强度越大，具体分级情况见表8-1。

表 8-1 土地利用强度等级

强度等级	未利用级	轻利用级	低利用级	强利用级	极强利用级
土地利用类型	未利用地和滩涂	水体	林地	耕地	建设用地
赋值	1	2	3	4	5

（2）土地利用开发强度指数

生态系统服务价值变化受到自然和人为多种因素影响。浙江省海岸带处于城镇化进程快速发展区域，在较短时间内，人类大规模城镇建设成为区域生态系统服务价值变化主要原因，因此选取了土地利用开发强度指数来反映浙江省海岸带土地利用效率和城镇化进程中人类开发活动强度，其计算方法如下：

$$I = \sum_{i=1}^{n} (L_i \times P_i) \times 100\%$$

其中，I 表示土地利用开发强度指数，数值越大，表示城镇化建设对土地开发利用程度越大，L_i 表示 i 类土地利用类型的土地利用开发强度等级，P_i 为 i 类土地利用类型占土地总面积比例（庄大方 等，1997）。

（3）生态系统服务价值估算模型

依据谢高地等人对 Costanza 的生态系统服务价值当量修订后建立的中国生态系统服务价值评估模型（谢高地 等，2008），构建浙江省海岸带生态系统服务价值估算模型。由于谢高地改进后的评估模型适用于全国尺度，直接应用于本研究区的生态系统服务价值评估误差较大。因此，对中国生态系统单位面积生态系统服务价值系数进行修订，建立研究区生态系统服务价值当量表。生态系统服务价值当量系数是生态系统潜在服务价值的相对贡献率，该系数等于每年每公顷粮食价值的 1/7（刘桂林 等，2014），以此对价值系数进行修正。根据浙江省年鉴资料，研究区 1990－2010 年平均粮食产量为 5 352.55 kg/hm^2，全省 2010 年粮食均价为 1.967 元/kg，计算得研究区单位面积耕地的食物生产服务价值因子为 1 496.47 元/hm^2，得到土地利用类型的生态系统服务价值系数如表 8-2。

表 8-2 浙江省海岸带生态系统服务价值系数 （元/（hm^2·年））

生态系统服务与功能		林地	耕地	滩涂	水体	未利用地	建设用地
供给服务	食物生产	493.841 7	1 496.49	538.736 4	793.139 7	29.929 8	0
	原材料生产	4 459.54	583.631 1	359.157 6	523.771 5	59.859 6	0
调节服务	气体调节	6 464.837	1 077.473	3 606.541	763.209 9	89.789 4	0
	气候调节	6 090.714	1 451.595	20 277.44	3 082.769	194.543 7	0
	水文调节	6 120.644	1 152.297	20 112.83	28 089.12	104.754 3	0
	废物处理	2 573.963	2 080.121	21 549.46	22 222.88	389.087 4	0
支持服务	保持土壤	6 015.89	2 199.84	2 978.015	613.560 9	254.403 3	0
	维持生物多样性	6 749.17	1 526.42	5 522.048	5 132.961	598.596	0
文化服务	提供美学景观	3 112.699	254.4033	7 018.538	6 644.416	359.157 6	0
合计	合计	42 081.3	11 822.27	81 962.76	67 865.82	2 080.121	0

浙江省海岸带生态系统服务价值具体计算公式如下：

$$ESV = \sum_{k=1}^{n} (A_k \times VC_k)$$

式中，A_k 是第 k 种土地利用类型面积；VC_k 是第 k 种土地利用类型的生态系统服务价值系数。

（4）生态系统敏感性指数

敏感性指数（Coefficient of Sensitivity，CS）表示在一系列参考变量和比较变量的相互关系中，引变量变化百分比与自变量变化百分比的比值（毛健，2014）。对于土地利用类型的生态系统服务价值系数来说，其自身变化对生态系统服务价值的影响强弱明显，利用敏感性指数，可确定生态系统服务价值随时间变化对生态系统服务价值系数的依赖程度，以此判断设置的价值系数是否合适。生态系统服务价值敏感性指数公式如下：

$$CS = \left| \frac{(ESV_j - ESV_i)/ESV_i}{(VC_{jk} - VC_{ik})/VC_{ik}} \right|$$

VC、k 的含义同前，生态系统服务价值 i 代表生态系统服务价值初始值和生态系统服务价值 j 代表价值系数调整后的生态系统服务价值总量。CS>1，系数敏感性较强，则系数选取不当；CS<1，系数敏感性适中，则系数选取合适。

8.1.2 土地利用变化分析

8.1.2.1 土地利用时空格局变化

基于三期 TM 遥感影像解译数据，得到1990-2010 年研究区土地利用类型的分布图及其面积变化表（表 8-3）。研究区各地类中，林地和耕地分布最广，耕地主要集中分布在浙北平原区和浙东南沿海平原区，林地主要分布于浙东南沿海丘陵区。2010 年，研究区林地和耕地面积分别为3 421. 47 km^{2}和 3 130. 43 km^2，各占总面积的 34. 48%和 31. 55%。同期，未利用地面积为 322. 55 km^2，零星分布于全省，仅占总面积的 3. 25%，说明研究区土地利用程度高、后备资源略显不足。受地貌限制，城镇建设用地布局较为分散，仅在浙北平原区和浙东南沿海平原区集中分布。

表 8-3 1990-2010 年浙江省海岸带土地利用面积变化 （km^2）

年份	耕地	海域	建设用地	林地	水域	滩涂	未利用地	养殖用地
1990	3762. 82	767. 61	245. 78	3788. 64	518. 40	625. 50	63. 63	150. 04
2000	3664. 51	529. 72	522. 34	3576. 25	457. 17	703. 39	138. 68	330. 36
2010	3130. 43	0. 00	1421. 81	3421. 47	422. 22	540. 65	322. 55	663. 29
1990-2000	-98. 31	-237. 89	276. 56	-212. 39	-61. 23	77. 89	75. 05	180. 32
	-2. 61	-30. 99	112. 52	-5. 61	-11. 81	12. 45	117. 95	120. 18
2000-2010	-534. 08	-529. 72	899. 49	-154. 78	-34. 95	-162. 74	183. 87	322. 93
	-14. 57	-100. 00	172. 20	-4. 33	-7. 64	-23. 14	132. 59	97. 75
1990-2010	-632. 39	-767. 61	1176. 05	-367. 17	-96. 18	-84. 85	258. 92	503. 25
	-16. 81	-100. 00	478. 50	-9. 69	-18. 55	-13. 57	406. 91	335. 41

研究期内，浙江省海岸带土地利用格局变化显著（表 8-3）：建设用地、未利用地和养殖用地面积不断增加，其余地类面积均有所减小。其中，建设用地变幅最大，研究期间变化率为 478. 50%，表明城镇化水平的提高；其次为未利用地，其变化率为 406. 91%，但其占比最小。滩涂面积在前 10 年呈增加趋势，但后 10 年大幅度减小；耕地、林地及水域面积不断下降。

8.1.2.2 土地利用类型空间转变

为探讨各土地利用类型间的内部转变，利用 ArcGIS 的空间分析功能对各时期的土地利用类型图进行叠加分析，获得研究区三个时段的土地利用类型转变图，同时建立了 1990-2010 年间土地利用类型转移矩阵表（表 8-4）。

从各地类的转移模式来看，研究期间，建设用地不断扩张，主要由耕地转入，转化量达 861. 42 km²，原因在于研究期间浙江省沿海区域城镇经济快速发展过程中建设用地大量占用耕地。其次是林地和滩涂，各有 158. 46 km² 林地和 55. 58 km²滩涂转为建设用地。虽有其他地类转为耕地，但由于耕地的转出量远超转入量，其面积仍不断减少。同期约 198. 77 km²的耕地转为林地，但转为耕地的林地则多达 376. 20 km²，造成林地面积萎缩。滩涂的变化主要表现为向养殖用地和耕地转出，分别有 204. 79 km²和 80. 67 km²转出，滩涂转移率高达 69. 86%。近几十年浙江省海洋渔业迅猛发展，渔民多选择整合沿海耕地及新增滩涂，发展养殖用地以提高经济效益，有 176. 24 km²耕地转为养殖用地。

表 8-4 1990-2010 年浙江省海岸带土地利用变化转移矩阵

2010 年面积（km²）		耕地	建设用地	林地	水域	滩涂	未利用地	养殖用地	转移率
1990 年面积（km²）		3 127. 49	1 419. 73	3 416. 87	422. 15	538. 18	322. 05	662. 21	（%）
耕地	3 760. 24	2 453. 22	861. 42	198. 77	38. 78	18. 23	13. 59	176. 24	34. 76
海域	764. 119	60. 48	50. 20	4. 05	30. 37	278. 76	199. 49	140. 75	100. 00
建设用地	245. 56	35. 90	193. 21	9. 82	4. 40	0. 45	0. 80	0. 98	21. 32
林地	3 783. 18	376. 20	158. 46	3 173. 52	19. 76	11. 87	19. 78	23. 58	16. 11
水域	517. 948	81. 79	40. 87	4. 13	303. 99	37. 05	2. 13	47. 99	41. 31
滩涂	623. 738	80. 67	55. 58	12. 50	20. 97	187. 96	61. 25	204. 79	69. 86
未利用地	64. 28	9. 06	20. 74	13. 17	1. 11	1. 13	7. 66	11. 41	88. 09
养殖用地	149. 64	30. 17	39. 26	0. 90	2. 76	2. 73	17. 34	56. 48	62. 26

8. 1. 3 土地利用强度时空变化

运用 ArcGIS10. 2 构建 5 km×5 km 的渔网，将研究区分成了 636 个研究小区。参考土地利用强度计算方法，计算单个研究小区土地利用强度指数，分析了 1990 年、2000 年和 2010 年研究区土地利用强度空间分布。对比三期图像发现，近 20 年，研究区土地利用强度指数普遍偏高，且随着城镇化进程中人类对海岸带开发利用热度和强度不断上升，各研究小区土地利用强度仍不断转高，高土地利用开发强度的研究小区个数明显增加，在地形较为平坦、易于开发利用的杭州湾南岸、台州湾沿岸等海岸平原区域尤为明显。

8.1.4 生态系统服务价值变化分析

8.1.4.1 生态系统服务总价值变化

根据研究区生态系统服务价值评估模型，计算出1990—2010年各时期研究区生态系统服务价值总量和各土地利用类型的生态系统服务价值（表8-5）。由表8-5可知，三期生态系统服务价值分别为352.78亿元、341.15亿元和299.64亿元。各地类中，林地对生态系统服务价值总量贡献最大，其贡献率在44%~48%；而未利用地对生态系统服务价值总量贡献率最小，仅为0.01%左右。1990—2010年间，研究区生态系统服务价值总量从352.78亿元降至299.64亿元，降幅为15.06%。生态系统服务价值系数最高的滩涂和水体的生态系统服务价值也有所减少。

表8-5 浙江省海岸带1990—2010年生态系统服务价值变化

土地利用类型	生态系统服务价值（10^8元·年$^{-1}$）			生态系统服务价值变化（10^8元·年$^{-1}$）					
	1990	2000	2010	1990-2000	变化率（%）	2000-2010	变化率（%）	1990-2010	变化率（%）
林地	159.43	150.49	143.98	-8.94	-5.61	-6.51	-4.33	-15.45	-9.69
耕地	44.49	43.32	37.01	-1.17	-2.63	-6.31	-14.57	-7.48	-16.81
滩涂	51.27	57.65	44.31	6.38	12.44	-13.34	-23.14	-6.96	-13.58
水体	97.46	89.4	73.67	-8.06	-8.27	-15.73	-17.60	-23.79	-24.41
未利用地	0.13	0.29	0.67	0.16	123.08	0.38	131.03	0.54	415.38
建设用地	0	0	0	0	0	0	0	0	0
合计	352.78	341.15	299.64	-11.63	-3.30	-41.51	-12.17	-53.14	-15.06

8.1.4.2 单项生态系统服务功能价值变化

根据价值评估模型，计算出三期研究区各单项生态系统服务功能价值变化（表8-6）。1990—2010年各单项生态系统服务功能价值均处于下降趋势，其中食物生产、水文调节、废物处理和提供美学景观服务价值变化较大，变幅均高于15%。原材料生产服务价值变化最为缓慢，变化率仅为-10.96%。

表 8-6　1990—2010 年浙江省海岸带生态系统服务价值的结构变化

生态系统服务功能	单项生态系统功能价值（10^8元）			1990-2000 年		2000-2010 年		1990-2010 年	
	1990 年	2000 年	2010 年	功能价值变化（10^8元）	变化率	功能价值变化（10^8元）	变化率	功能价值变化（10^8元）	变化率
食物生产	8.99	8.68	7.54	-0.31	-3.45%	-1.14	-13.13%	-1.45	-16.13%
原材料生产	20.07	19.04	17.87	-1.03	-5.13%	-1.17	-6.14%	-2.2	-10.96%
气体调节	31.9	30.62	28.3	-1.28	-4.01%	-2.32	-7.58%	-3.6	-11.29%
气候调节	45.66	45.45	39.76	-0.21	-0.46%	-5.69	-12.52%	-5.9	-12.92%
水文调节	80.45	77.27	65.95	-3.18	-3.95%	-11.32	-14.65%	-14.5	-18.02%
废物处理	63	61.31	51.22	-1.69	-2.68%	-10.09	-16.46%	-11.78	-18.70%
保持土壤	33.83	32.51	29.83	-1.32	-3.90%	-2.68	-8.24%	-4	-11.2%
维持生物多样性	42.18	40.46	36.62	-1.72	-4.08%	-3.84	-9.49%	-5.56	-13.18%
提供美学景观	26.7	25.8	22.57	-0.9	-3.37%	-3.23	-12.52%	-4.13	-15.47%

从生态系统服务功能价值构成上分析，水文调节、废物处理、气候调节和维持生物多样性是研究区最主要的生态系统服务功能，研究期内上述功能占比均高于 10%。研究区位于东南沿海，水网密布且水量充沛，故水文调节功能价值最高，各时期所占比例均超过 20%。

8.1.4.3　生态系统服务价值的空间分布

运用 ArcGIS 空间分析功能，计算了各研究小区单位面积生态系统服务价值，并进行分级：小于 1 万元/hm^2为极低、1～3 万元/hm^2为低、3～5 万元/hm^2为中、5~7 万元/hm^2为高、大于 7 万元/hm^2为极高，得到各期研究区单位面积生态系统服务价值空间分布差异图。

研究期间，浙江省海岸带各研究小区不断由高价值区域转为低价值区域。其中，生态系统服务价值高、极高区域多为沿岸的水域或海域，主要为水体生态系统，多分布于杭州湾沿岸区域。随着杭州湾滩涂向海发育，此区域一些沿海小区的生态系统服务价值从高价值区域转为极高值区域，但 2010 年后，杭州湾沿岸围填海工程不断加快，生态系统服务价值又重新转低。生态系统服务价值为中的区域分布极广，与海岸带林地的范围大致吻合，但其面积大幅减小，逐步转为低或极低价值区域。生态系统服务价值为低的区域多为耕地，而生态系统服务价值极低区域与建设用地分布相吻合，且随城镇化进程加快而急剧扩大，尤以杭州湾、三门湾以及椒江口沿岸城市建成区内最为显著。

8.1.4.4　敏感性分析

将生态系统服务价值系数提高 50%，分析了生态系统服务价值变化及其对价值系数的敏感程度（表 8-7）。

表 8-7　生态系统服务价值系数敏感性指数

价值系数	生态系统服务价值（10^8元）			CS		
	1990 年	2000 年	2010 年	1990 年	2000 年	2010 年
林地 V+50%	432.50	416.40	371.63	0.45	0.44	0.48
建设用地 V+50%	352.78	341.15	299.64	0.00	0.00	0.00
耕地 V+50%	375.03	362.81	318.15	0.13	0.13	0.12
滩涂 V+50%	378.42	369.98	321.80	0.15	0.17	0.15
水体 V+50%	401.51	385.85	336.48	0.28	0.26	0.25
未利用地 V+50%	352.85	341.30	299.98	0.00	0.00	0.00

表 8-7 显示，由于林地价值系数较大、覆盖面积最广，故其敏感性指数在各年中均为最高值，可知林地对当地生态系统服务价值影响程度最高。水体敏感性指数也较大，耕地和滩涂敏感性指数较小。未利用地因覆盖面积较小，且其价值系数仅为 2 080.12 元/（hm^2 · 年），故敏感性指数几乎为零，不影响总体的评价。各地类价值系数的敏感性指数各异，但均小于 1，价值总量对价值系数的弹性不大，可知研究采用的价值系数较为合适。

8.1.5　讨论

8.1.5.1　土地利用变化对生态系统服务价值的影响

将 2010 年研究区土地利用强度空间分布与 1990-2010 年研究区生态系统服务价值变化率进行对比可见，两者的空间分布具有一致性，即土地利用强度指数较高区域的生态系统服务价值减损率也较高，说明快速城镇化背景下的土地利用变化对生态系统服务价值影响显著。

土地利用变化与生态系统服务之间联系紧密，导致土地利用变化对生态系统服务价值影响显著。首先土地是陆地上各种生态系统的载体，土地利用变化引起区域地类、面积和空间位置变化，而不同地类所提供的主要生态系统服务功能也有所差异，导致各生态系统类型、面积、价值以及空间格局分异；其次，土地利用格局变动造成相应生态过程的变化，并通过因子间相互作用间接导致生态系统服务功能及价值变化；另外，土地利用的强度不同对生态系统服务功能的影响也不同。

8.1.5.2 浙江省海岸带生态系统服务价值变化原因

作为著名的“鱼米之乡”，浙江省拥有优越的农业生产要素，且自然条件稳定，对土地利用影响甚微。浙江省海岸带地区经济发展迅速，快速城市化、工业化及人口增长，对生态系统影响的最直接体现便是土地利用变化。结合研究区生态系统服务价值整体下降的背景来看，快速城市化导致研究区城市急速扩张，建设用地急剧增加、林地和耕地面积锐减。产业结构调整，特别是水产养殖面积逐年增加，造成水域和滩涂面积萎缩。研究区土地利用变化直接影响了各生态系统类型的生态系统服务价值。1990—2000年，研究区生态系统服务价值下降的主要原因是林地及水体面积的下降，期间滩涂面积的增加减缓了生态系统服务价值的降幅；而2000—2010年，水体、滩涂、耕地和林地的减少引起生态系统服务价值大幅缩减。

从生态系统服务功能变化过程上看，随着研究区土地利用强度的提高，各单项服务功能价值均有所下降。在快速城镇化过程中，城市建成区的扩张以及围海造地活动，造成耕地、近海海域和滩涂面积不断下降。研究区土地利用变化对不同生态系统服务因其产生机理的不同会产生不同的影响效应，如生态系统的调节服务和支持服务功能与其土地利用类型的面积密切相关，在面积减少的同时其所负载的供给、调节等生态服务也将随之消失（石龙宇等，2010）。

因此，科学把握城镇化进程中土地利用类型转变过程和影响因素，不仅能为土地利用优化布局提供科学依据，且能有效地控制生态系统服务价值减损和生态环境恢复和重建，同时将促进海岸带生态环境科学管理和社会经济可持续发展。

8.1.6 结论

借鉴中国陆地生态系统服务价值评估当量因子，利用RS和GIS技术，对

1990—2010 年间，快速城镇化背景下浙江省海岸带土地利用及生态系统服务价值进行了分析和测算。主要结论如下：

1990—2010 年间，研究区土地利用类型在人类大规模开发活动下变化显著，主要表现为建设用地大量增加，林地与耕地面积减少。其中，耕地主要集中分布在浙北平原区和浙东南沿海平原区，林地主要分布于浙东南沿海丘陵区。浙江省海岸带 ESV 总量从 352.78 亿元降至 299.64 亿元，降幅达 15.06%。从生态系统服务功能看，研究区在水文调节、废物处理、气候调节和维持生物多样性上作用突出，但几十年来，各单项生态系统服务功能价值生态系统服务价值均处于下降趋势，生态环境呈现出明显退化趋势。

海岸带各研究小区生态系统服务价值不断由高价值区域转为低价值区域，在杭州湾、三门湾以及椒江口沿岸的城市建成区内转变尤为显著，城镇建设用地的无序增加引起的土地利用结构转变是海岸带生态系统服务价值不断减损的主要原因。浙江省海岸带土地利用强度呈上升趋势，且其空间分布与生态系统服务价值变化率空间分布具有一致性。研究区城镇化是以占用耕地、林地等生态用地类型为代价的，这直接导致了生态系统服务功能萎缩，生态系统服务价值迅速下降。

因此，政府及相关部门应制定详细规划来引导合理城镇化，保护海岸带生态环境，提高生态系统服务价值。快速城镇化引起的土地利用变化不仅直接引起生态系统服务价值变化，且通过引起土地利用转变的各种因子间的相互作用而间接影响生态系统服务价值变化，故继续深入探索土地利用类型和 ESV 的关系及作用机制是进一步的研究方向。

8.2 围填海影响下杭州湾南岸海岸带生态服务价值损益评估

围填海是指通过人工修筑堤坝、填埋土石方等工程措施将天然海域空间改变成陆地的人类活动（张明慧 等，2012），用于农用耕地或城镇建设（李京梅 等，2010），它是当前我国海岸开发利用的主要形式，也是沿海地区缓解土地供求矛盾、拓展生存和发展空间的有效手段（王静 等，2009），具有显著的社会经济效益。作为一种彻底改变海域自然属性的用海方式（苗丰民 等，2007），围填海改变近岸海域水动力条件（刘明 等，2013；陆荣华 等，2010）、加速沿海滩涂湿地生态系统功能退化（Qiuying et al，2006；赵迎东 等，2010），引发围填海附近海域生物多样性降低、优势种演替和群落结构变化（胡知渊 等，2008；李加林 等，2007）以及水质恶化（吴英海 等，2005；潘少明 等，2000）等诸多生态环境问题，影响海岸带生态系统正常提供生境、调节、生产和信息服务等功能（于格 等，2009）。

生态系统服务是指生态系统与生态过程所形成及所维持的人类赖以生存的自然环境条件与效用（Daily et al，1997）。20 世纪 70 年代“生态系统服务”提出至今（蔡晓明，2000），国内外学者在不同尺度生态系统服务价值（Ecosystem Service Value，简称 ESV）研究方面取得了大量成果（Costanza et al，1997；谢高地 等，2008；肖强 等，2014；宋豫秦 等，2014；岳东霞 等，2011；徐冉 等，2011），为协调区域社会经济发展和生态环境保护提供了决策依据。围填海工程作为向海要地的重要手段，在全球沿海国家与地区不同程度地存在。围填海工程对海岸带生态系统服务价值的影响也引起了学界的普遍关注，并成为生态经济学和环境经济学等学科的研究热点。国内也十分重视围填海工程的生态系统服务价值损益评估，但大多是基于某个时间点对某一围填海工程的评估（王静 等，2009；王衍 等，2015），缺乏动态评估且鲜见探究围填海强度与生态系统服务价值之间的内在联系。本节采用 RS 和 GIS 技术，提取 2005 年、2010 年和 2015 年宁波杭州湾新区土地覆盖信息，分析 2005-2015 年间围填海影响下宁波杭州湾新区生态系统服务的数量和空间变化，并尝试揭示围填海强度与生态系统服务价值变化之间的关系，以期为围填海区域发展规划的制定和合理开发利用滩涂资源提供基础数据和决策参考。

宁波杭州湾新区前身是慈溪经济开发区，于 2001 年由慈溪市城区迁入。2009 年，设立宁波杭州湾新区开发建设管委会，作为宁波市派出机构，在辖区内履行市级经济管理权限和县级社会行政管理职能。宁波杭州湾新区位于浙江省宁波市域北部，衔接宁波杭州湾跨海大桥南岸。全区规划陆域面积约 235 km^2，海域面积约 350 km^2（慈溪市地方志编纂委员会编，2015），区内现辖庵东镇，常住人口约 17.7 万（宁波杭州湾新区办公室，2015）。区内平原和滩涂呈南北向分布，地势自西向东略有倾斜，北面淤涨型滩涂平坦开阔，呈扇形向北凸出，南部平原土壤肥沃、水系发达。宁波杭州湾新区地处中纬度亚热带季节性气候区，雨季、旱季分明，气候温暖湿润，光热条件良好，且为长三角经济圈南翼三大中心城市经济金三角的几何中心，两小时交通圈覆盖沪、杭、甬等大都市，交通和区位优势突出。研究区所在陆域主要为 18 世纪中期以来海涂淤涨而成，根据《宁波杭州湾新区总体规划（2010-

2030）》，未来十几年内宁波杭州湾新区仍有大面积滩涂将被围垦用于开发建设（慈溪市地方志编纂委员会编，2015）。因此，有必要对宁波杭州湾新区海岸带生态服务价值进行货币化评估，将围填海造成的生态损害纳入宁波杭州湾新区社会经济发展成本之中，提高海岸带生态资源的利用率。

8.2.1 数据来源与研究方法

8.2.1.1 数据来源与预处理

本节选取了美国地质勘探局（United States Geological Survey，USGS）提供的2005、2010和2015年三个时期的Landsat TM/OLI遥感影像数据作为主要数据源，并以浙江省1：10万地形图为基准，利用ENVI5.2软件对3期遥感影像数据进行预处理，主要包括波段合成、几何纠正和图像增强等。在eCognition 8.7软件的支持下，建立分类信息知识库以提取研究区土地利用信息，提取方法与技术要求参考《海岛海岸带卫星遥感调查技术规程》（国家海洋局908专项办公室编，2005）。再根据研究区GPS野外调查数据以及其他背景资料建立各土地利用类型的解译标志，并在ArcGIS10.2环境下利用人工目视解译对分类结果进行校正，最终获得研究区2005年、2010年和2015年的土地利用类型矢量数据，解译精度均达90%以上，达到本研究所需。本节土地利用分类为草地、旱地、建设用地、林地、草滩湿地、水体、水田和滩涂（光滩）等8种。本节所涉及的其他数据主要来源于《慈溪统计年鉴》《宁波水资源公报（2005-2015年）》《慈溪土壤志》《宁波杭州湾新区总体规划（2010-2030）》等。

8.2.1.2 生态系统分类及其服务价值评估方法

本节参照千年生态系统评估项目的分类方式（Millennium Ecosystem Assessment，2005），根据宁波杭州湾新区实际情况将生态系统服务归结为4大类服务10项子服务，其中供给服务对应食品生产和原材料生产服务，调节服务对应气体调节、干扰调节、净化环境和水文调节服务，支持服务对应土壤保持、养分循环和维持生物多样性服务，文化服务对应提供美学景观服务。以经济学方法为主，辅以成果参照法评估出宁波杭州湾新区各时期不同土地利用类型的生态系统服务价值，并采用2005年不变价以消除各时期价格变动的影响，具体评估方法见表8-8。由此可计算出宁波杭州湾新区单位面积上各土地利用类型的生态系统服务价值，则各年份宁波杭州湾新区生态系统服务价值总量的计算公式如下：

$$V = \sum_{i=1}^{n} S_i \times V_i$$

式中：V 为研究区生态系统服务总价值（元）；S_i表示研究区第 i 种地类的面积（hm^2）；V_i表示研究区单位面积第 i 种土地利用类型的生态系统服务价值（元/hm^2）。

8.2.1.3 围填海强度

围填海强度指数即单位长度海岸线上的围填海面积，可定量反映区域围填海的规模与强度，有利于探究围填海活动与生态服务价值变化之间的关联。可用下式表示：

$$PD = S/L$$

式中：PD 为围填海强度指数（hm^2）；S 表示研究区累计围填海面积（hm^2）；L 表示研究区基准年内的海岸线总长度（km^2）。

8.2.1.5 相关性分析方法

相关分析是研究随机变量 x，y 之间是否存在某种依存关系，并探讨其依存关系的相关方向以及相关程度的一种常用统计方法（滕冲 等，2014）。本节利用 Pearson 简单相关系数来计算围填海强度与生态系统服务价值之间的相关系数，计算公式如下：

$$r_{xy} = \frac{\sum_{i=1}^{n} (x_i - \bar{x})(y_i - \bar{y})}{\sqrt{\sum_{i=1}^{n} (x_i - \bar{x})^2} \sqrt{\sum_{i=1}^{n} (y_i - \bar{y})^2}}$$

式中：x 为围填海强度，y 为生态系统服务价值，r_{xy}是围填海强度与生态系统服务价值的相关系数；$\bar{x}$、$\bar{y}$ 分别是 x、y 的均值；x_i、y_i 分别是 x、y 的第 i 个值；n 为样本数量。

8.2.2 生态系统服务价值演变时空特征分析

以宁波杭州湾新区 2005—2015 年每隔五年的土地利用数据为基础（表 8-8），根据上述生态系统服务价值计算方法，结合宁波杭州湾新区的自然、社会经济条件，估算出宁波杭州湾新区各生态系统服务的总价值和单位面积价值（表 8-9）。

表 8-8 宁波杭州湾新区生态系统服务价值评估方法

生态服务	子服务	计算方法	模型与数据
供给服务	食品生产	市场价值法	$V_1=R*\sum(Yi*Pi)$；V_1为食品供给服务价值（元）；R 为食品销售平均利润率，取 25%（彭本荣等，2005）；Y_i为研究区各年份各类食品的产量（kg）（慈溪市统计局等，2005-2014）；P_i为慈溪市 2005 年各类食品的平均市场价格（元/kg）（慈溪市统计局等，2005-2014）
	原材料生产	市场价值法	$V_2=R*\sum(Y*Pa)+S*Pb$；V_2为原材料供给服务价值（元）；R 为食品销售平均利润率，取 25%（彭本荣 等，2005）；Yi 为研究区各年份棉花的产量（kg）（慈溪市统计局等，2005-2014）；Pa 为慈溪市 2005 年棉花的平均市场价格，为 9.019 元/kg（慈溪市统计局等，2005-2014）；S 为研究区林地的面积（hm^2）①；Pb 为 2005 年研究区单位面积的林业产值（元/hm^2），取 1275.371 元/hm^2（国家统计局，2006；浙江省统计局，2006）
调节服务	气体调节	造林成本法、碳税法、工业制氧法	$V_{3a}=\sum Pi*Si*(1.63CCO_2+1.19CO_2)$；V3a 为固碳释氧服务价值（元）；$P_i$表示研究区不同植被和浮游植物净初级生产力（$t/hm^2a$），取 6.810$t/hm^2a$（2005 旱地）、5.006$t/hm^2a$（2010 旱地）、4.722$t/hm^2a$（2015 旱地）（慈溪市统计局等，2005-2014；张树文等，2006；国志兴 等，2009），5.847t/hm^2a（2015 水田）（慈溪市统计局等，2005-2014；张树文等，2006；国志兴 等，2009），9.402t/hm2a（草地）（孙成明 等，2013），5.8t/hm^2a（滩涂）（肖笃宁，2003），29.686t/hm^2a（草滩湿地）（李加林，2004），11.64t/hm^2a（林地）（方精云等，1996）；S_i为研究区当年旱地、水田、草地、滩涂、草滩湿地和林地的面积（hm^2）①；CCO_2为固定 CO_2的成本，取 771.2 元/tC（均值）（中国生物多样性国情研究报告编写组，1998；薛达元，1997）；CO_2为人工制氧的成本，取 400 元/t（中国生物多样性国情研究报告编写组，1998） $V_{3b}=\sum S_j*E_j*P_j$；V_{3b}为 N_2O 排放造成的损失（元）；S_j为研究区当年 N_2O 排放量较大的作物面积（hm_2）；E_j为各作物单位面积 N_2O 排放量（kg/hm^2），取 2.602（棉花）（李加林，2004）、2.64（豆类）（黄国宏，1995）、0.4（小麦）（于克伟等，1995）、7.1（玉米）（黄国宏，1995）；P_j为单位质量 N_2O 排放造成的损失，取 24.079 元/kg（李加林，2004）；$V_3=V_{3a}-V_{3b}$；V_3为气体调节生态服务价值（元）；V_{3a}为固碳释氧服务价值（元）；V_{3b}为 N_2O 排放造成的损失（元）
	干扰调节	影子工程法	$V_{4a}=\sum P*S_i*Vi/\alpha$；$V_{4a}$为保滩促淤服务价值（元）；P 为研究区 2005 年粮食自然产出的平均收益，为 798.906 元/hm^2（慈溪市统计局 等，2005）；S_i为研究区当年滩涂或草滩湿地的面积（hm^2）①；V_i表示研究区滩涂和草滩湿地的促淤速度（cm/a），取 3（草滩湿地）（李加林，2004）、1.5（滩涂）（李加林，2004）；α 表示我国耕作土壤的平均厚度，取 0.5m（中国生物多样性国情研究报告编写组，1998） $V_{4b}=L*W*H*V*P$；V_{4b}为消浪护岸服务价值（元）；L 为研究区当年海堤长度（m）①；W 为研究区海堤的宽度，为 15m（李加林，2004）；H 表示研究区草滩湿地消浪护岸效果使海堤（20 年一遇）安全高度可降低值，取 2m（李加林，2004）；P 表示石方价格，取 15 元/m^3（李加林，2004） $V_4=V_{4a}+V_{4b}$；V_4为研究区干扰调节价值（元）；V_{4a}为保滩促淤服务价值（元）；V_{4b}为消浪护岸服务价值（元）

续表

生态服务	子服务	计算方法	模型与数据
调节服务	净化环境	大气污染治理成本法、污水治理成本法	$V_{5a}=\sum Si*Ci*$［（HN/TN+HP/TP）$*1000+PBOD+PCOD$］；V_{5a}为研究区水质净化服务价值（元）；S_i为第i种生态系统的面积（hm^2）①；Ci表示污水人工处理成本（元/t），取值1.38（滩涂、草滩湿地、水体）（谭雪 等，2015），0.0467（水田）（刘利花 等，2015）；HN和HP分别代表草滩湿地和滩涂单位面积截留N、P的能力（kg/hm^2），取值189.245（草滩湿地HN）［44］，0.385（滩涂HN）（欧维新 等，2006），39.8（水体HN）（赵同谦 等，2003），34.066（草滩湿地HP）（欧维新 等，2006），0.042（滩涂HP）（欧维新 等，2006），18.6（水体HP）（赵同谦 等，2003）；TN和TP分别代表污水厂单位体积去除N、P的浓度（mg/L），取值32（除N）（王静 等，2009），4（除P）（王静 等，2009）；PBOD和PCOD分别代表水田单位面积消纳BOD和COD的能力（kg/hm^2），取值17.07（BOD）（刘利花 等，2015），26.34（COD）（刘利花 等，2015）。 $V_{5b}=\sum Si*(Ad*Cd+ASO_2*CSO_2+ANOx*CNOx)$；$V_{5b}$为研究区空气净化服务价值（元）；$S_i$为研究区森林、水田或旱地面积（$hm^2$）①；Ad、$ASO_2$和ANOx分别代表不同生态系统每年单位面积吸收粉尘、二氧化硫和氮氧化物的能力（t/hm^2），取值33.2（森林、水田滞尘）（中国生物多样性国情研究报告编写组，1998），0.1176（森林SO_2）（中国生物多样性国情研究报告编写组，1998），0.045（水田SO_2）（马新辉 等，2004），0.033（水田NOx）（马新辉 等，2004），30（旱地滞尘）（马新辉 等，2004），0.040（旱地SO_2）（马新辉 等，2004），0.030（水田NOx）（马新辉 等，2004）；Cd、CSO_2和ANOx分别代表人工处理粉尘、二氧化硫和氮氧化物的成本（元/t），170（滞尘），600（SO_2、NOx）（中国生物多样性国情研究报告编写组，1998） $V_5=V_{5a}+V_{5b}$；V_5为研究区净化环境价值（元）；V_{5a}为研究区水质净化服务价值（元）；V_{5b}为研究区空气净化服务价值（元）
	水文调节	影子工程法	$V_{6a}=Sf*Cr*(P-E)$；V_{6a}为研究区生态系统涵养水源的价值（元）；S_f为研究区林地面积①；Cr表示水库工程成本，取0.67元/m^3（欧阳志云 等，1999）；P为研究区多年平均降水量，取1250mm/a（慈溪市地方志编纂委员会编，2015）；E为研究区多年平均蒸发量，取950mm/a（慈溪市地方志编纂委员会编，2015）； $V^{6b}=\sum Cr*S_i*(D+V)$；V_{6b}为研究区生态系统调蓄洪水的价值；S_i为研究区水田、草滩湿地、滩涂和水体面积（hm^2）①；Cr表示水库工程成本，取0.67元/m^3（欧阳志云 等，1999）；D为水田、滩涂和草滩湿地的最大蓄水差额，取2m（肖笃宁 等，2001）；V表示研究区单位正常水位水面蓄水量，取24852.033m^3/hm^2（慈溪市统计局，2005） $V_6=V_{6a}+V_{6b}$；V_6为研究区水文调节价值（元）；V_{6a}为研究区林地涵养水源的价值（元）；V_{6b}为研究区生态系统调蓄洪水的价值（元）

续表

生态服务	子服务	计算方法	模型与数据
支持服务	土壤保持	市场价值法、机会成本法、	$V_7 = \sum Psj * Sj * dj/(\rho * \alpha * 10^4) + dj * S_j * 0.24 * Cr/\rho$；$V_7$为研究区土壤保持价值（元）；j 为土壤类型，Psj 为第 j 类土壤单位面积经济价值（元/hm^2），取值 1275.371（林地）（国家统计局 等，2006；浙江省统计局，2006），99.829（草滩湿地）（刘敏超 等，2005），5722.996（旱地））（中国生物多样性国情研究报告编写组，1998），8398.531（水田）（中国生物多样性国情研究报告编写组，1998），99.837（草地）（刘敏超 等，2005）；S_j为第 j 类土壤类型的面积（hm^2）①；dj 为第 i 类土壤的土壤保持量（t/hm^2），取值 793.96（林地），224.03（草滩湿地），645.37（旱地），521.27（水田），757.86（草地）（王敏 等，2014）；ρ 为土壤容重（t/m^3），取 1.25（林地），1.2（旱地），1.2（水田），1.2（草地）（李加林，2004），1.34（草滩湿地）（卜晓燕 等，2016），α 为我国耕作土壤平均厚度，取 0.5m（中国生物多样性国情研究报告编写组，1998）；Cr 表示水库工程成本，取 0.67 元/m^3（欧阳志云 等，1999）
	养分循环	替代价格法	$V_8 = \sum S_i * P1_i * P_{2i} * D_i$；V8 为研究区生态系统养分循环价值；i 为土壤类型（元），Si 为第 i 类土壤面积（hm^2）①；$P1_i$为第 i 类土壤中的氮、磷、钾含量，取 0.16%、0.03%、3.46%（林地）（李加林，2004），1.36%、0.14%、0.54%（草滩湿地）（李加林，2004），0.12%、0.02%、2.25%（旱地）（李加林，2004），0.17%、0.07%、1.98%（水田）（李加林，2004），0.49%、0.46%、0.57%（草地）（陈龙 等，2012）；P_{2i}为各类化肥售价（元/t），取 2005 年中国化肥平均市场价格，为 2175.673 元/t（夏栋，2012；中华人民共和国国家统计局编，2011）；Di 表示研究区不同植被和浮游植物净初级生产力（t/hm^2a），取 6.810t/hm^2a（2005 旱地）、5.006t/hm^2a（2010 旱地）、4.722t/hm^2a（2015 旱地）（慈溪市统计局，2014；张树文 等，2006；国志兴 等，2009），5.847t/hm^2a（2015 水田）（慈溪市统计局，2014；张树文 等，2006；国志兴 等，2009），9.402t/hm^2a（草地）（孙成明 等，2013），5.8t/hm^2a（滩涂）（肖笃宁，2003），29.686t/hm^2a（草滩湿地）（李加林，2004），11.64t/hm^2a（林地）（方精云 等，1996）；
	生物多样性维持	成果参照法	$V_9 = \sum Ai * S_i * R * P_a * P_b$；$V_9$为研究区生物多样性维持价值（元）；Ai 表示研究区第 i 种生态系统提供生物多样性维持功能服务的单位面积价值当量因子，取 0.13（旱地），0.21（水田），1.88（林地），1.27（草地），7.87（草滩湿地、滩涂），0.02（盐田），2.55（水体）（谢高地 等，2015）；Si 为研究区当年第 i 种生态系统的面积（hm^2）①；R 为生态服务价值当量系数，取 1/7（刘桂林 等，2014）；Pa 为 2005 年庵东镇粮食的市场均价（元/kg），取 1.373 元/kg（慈溪市统计局 等，2014）；P_b为庵东镇 2003–2013 年的平均粮食单产（kg/hm^2），取 4074.111kg/hm^2（慈溪市统计局 等，2014）

续表

生态服务	子服务	计算方法	模型与数据
文化服务	美学景观	成果参照法	$V_{10}=\sum Ai*Si*R*Pa*Pb$；V10 为研究区美学景观价值（元）；Ai 表示研究区第 i 种生态系统提供美学景观功能服务的单位面积价值当量因子，取 0.06（旱地），0.09（水田），0.82（林地），0.56（草地），4.73（草滩湿地、滩涂），0.01（盐田），1.89（水体）（谢高地 等，2015）；Si 为研究区当年第 i 种生态系统的面积（hm^2）①；R 为生态服务价值当量系数，取 1/7（刘桂林 等，2014）；Pa 为 2005 年庵东镇粮食的市场均价（元/kg），取 1.373 元/kg（慈溪市统计局 等，2014）；P_b 为庵东镇 2003-2013 年的平均粮食单产（kg/hm^2），取 4074.111kg/hm^2（慈溪市统计局 等，2014）

注：①数据来源于研究区遥感影像解译成果。

表 8-8　宁波杭州湾新区土地覆被类型

土地利用类型	2005 年		2010 年		2015 年	
	面积（km^2）	百分比（%）	面积（km^2）	百分比（%）	面积（km^2）	百分比（%）
草地	0.000	0.000	8.948	2.531	3.762	1.064
草滩湿地	45.006	12.728	58.882	16.653	21.540	6.092
旱地	70.328	19.890	66.915	18.925	65.463	18.514
建设用地	25.634	7.250	42.884	12.129	68.150	19.274
林地	0.543	0.154	0.543	0.154	0.519	0.147
水田	0.000	0.000	0.000	0.000	1.492	0.422
水体	27.137	7.675	39.755	11.243	110.077	31.131
滩涂	184.940	52.304	135.657	38.366	82.586	23.357

表 8-9 杭州湾宁波杭州湾新区 2005、2010、2015 年生态系统服务价值 （10^6元）

生态系统	年份	供给服务		调节服务				支持服务			文化服务		
		食品生产	原材料生产	气体调节	干扰调节	净化环境	水文调节	土壤保持	养分循环	维持生物多样性	提供美学景观	单价（元/m²）	总价值
草地	2010			14.58				0.10	0.28	0.91	0.40	1.82	16.26
	2015			6.13				0.04	0.12	0.38	0.17	1.82	6.84
草滩湿地	2005			231.55	14.41	76.77	60.31		5.94	28.30	17.01	9.65	434.28
	2010			302.93	16.41	100.43	78.90		7.77	37.02	22.25	9.61	565.72
	2015			110.82	22.50	36.74	28.86		2.84	13.54	8.14	10.10	223.45
旱地	2005	9.11	1.63	82.87		0.33		4.94	2.49	0.73	0.34	1.46	102.44
	2010	24.43	3.47	57.79		0.31		4.70	1.74	0.69	0.32	1.40	93.46
	2015	18.75	3.08	53.31		0.31		4.60	1.61	0.68	0.31	1.26	82.65
建设用地	2005	1.34										0.05	1.34
	2010	3.92										0.09	3.92
	2015	2.19										0.03	2.19
林地	2005		0.07	1.10		0.00	0.11	0.01	0.05	0.08	0.04	2.69	1.46
	2010		0.07	1.10		0.00	0.11	0.01	0.05	0.08	0.04	2.69	1.46
	2015		0.07	1.05		0.00	0.10	0.01	0.05	0.08	0.03	2.69	1.40
水田	2015	0.37		1.51		0.31	0.20	0.12	0.04	0.03	0.01	1.74	2.59
水体	2005	34.03				22.07	45.19			5.53	4.10	4.09	110.91
	2010	49.85				32.33	66.20			8.10	6.00	4.09	162.49
	2015	138.04				89.53	183.29			22.42	16.62	4.09	449.90
滩涂	2005	243.08		185.90	0.44	0.58	247.82			116.28	69.89	4.67	863.98
	2010	178.30		136.36	0.33	0.42	181.78			85.29	51.26	4.67	633.74
	2015	108.55		83.01	0.20	0.26	110.67			51.93	31.21	4.67	385.81

注：建设用地的食品生产服务仅包括禽畜等产品；表中空白表示无该项服务功能或不明显。

8.2.2.1 生态系统服务价值时间变化

2005-2015 年间，研究区生态系统服务总价值持续下降，且前五年研究区生态系统服务价值降幅显著低于后五年（表 8-10），说明宁波杭州湾新区生态系统不断退化且程度逐渐加深。各土地利用类型中，以滩涂、草滩湿地以及水体 3 者的价值变动最为剧烈。由于研究时段内宁波杭州湾新区城市化发展需求主导型的大规模围填海活动的实施，造成区内滩涂和草滩湿地面积急剧萎缩而水体面积迅速扩张（表 8-8），进而引发滩涂和草滩湿地总体价值大幅衰减、水体总价值大幅增长。以 2010 年为界将研究期分为两个时间段，草滩湿地总价值先增后减；滩涂总价值持续下降，且后期的降幅明显高于前期，水体总价值持续上升，且前期增幅远小于后期。这与两个时间段内，宁波杭州湾新区围填海活动的强度大小关系密切。前五年，宁波杭州湾新区围填海仅为慈溪经济开发区服务，围填海规模、强度均较小，2009 年，宁波市委、市政府作出《关于加快开发建设宁波杭州湾新区的决定》后，宁波杭州湾新区围填海规模和强度大幅上升，故除水田和水体外，其他生态系统服务的价值在研究前期有升有降，但在研究后期均有不同程度的下降。虽然研究期间水体价值的上升大幅减缓了滩涂和草滩湿地面积萎缩引起的研究区生态系统服务价值衰减程度，但这种上升只是滩涂围垦过程中短暂出现的中间产物，一旦过渡阶段结束，研究区生态系统服务价值必将出现更大比例的下降。

表 8-10 宁波杭州湾新区 2005 年、2010 年、2015 年土地利用生态系统价值变化

土地利用类型	总价值（10^6元/年）			总价值变化（10^6元）			总价值年均变化率（%）		
	2005	2010	2015	2005-2010	2010-2015	2005-2015	2005-2010	2010-2015	2005-2015
草地		16.26	6.84	16.26	-9.43	6.84		-11.59	0.00
草滩湿地	434.28	565.72	223.45	131.44	-342.28	-210.84	6.05	-12.10	-4.85
旱地	102.44	93.46	82.65	-8.98	-10.82	-19.80	-1.75	-2.31	-1.93
建设用地	1.34	3.92	2.19	2.58	-1.73	0.84	38.42	-8.84	6.29
林地	1.46	1.46	1.40		-0.06	-0.06	0.00	-0.88	-0.44
水田			2.59		2.59	2.59			
水体	110.91	162.49	449.90	51.57	287.42	338.99	9.30	35.38	30.56
滩涂	863.98	633.74	385.81	-230.24	-247.93	-478.16	-5.33	-7.82	-5.53
合计	1514.42	1477.06	1154.82	-37.36	-322.24	-359.60	-0.49	-4.36	-2.37

研究区内旱地、水体、滩涂和草滩湿地的覆盖面积广，因此研究区生态系统的主要服务类型有食物生产、气体调节和水文调节服务（表 8-11），但上述三种服务的价值在 2005-2015 年间均有所下降，其中气体调节在研究区所有与生态系统服务类型中的价值减少总量与降幅最大，分为 2.46 亿元和 -4.9%。在整个研究期间，宁波杭州湾新区生态系统服务价值总体呈下降趋势，除原材料生产、干扰调节和净化环境三项服务价值量上升外，其他服务类型价值量均有不同比例的下降，其中维持生物多样性服务的价值量减少仅次于气体调节服务。这是主要是因为草滩湿地和滩涂生态系统具有丰富的生态系统服务类型，且各项服务的经济价值相对较高，而围填海活动直接作用于草滩湿地和滩涂生态系统，迫使上述两种生态系统转为价值量较低且服务类型较少的其他生态系统类型，造成宁波杭州湾新区生态系统服务的种类和数量减少、质量下降。

表 8-11 2005-2015 年宁波杭州湾新区生态系统服务价值量及其变化

生态系统服务功能		生态系统服务功能价值（10^6元）			2005-2010 年		2010-2015 年		2005-2015 年	
		2005 年	2010 年	2015 年	价值变化（10^6元）	变化率（%）	价值变化（10^6元）	变化率（%）	价值变化（10^6元）	变化率（%）
供给服务	食物生产	287.56	256.50	267.89	-31.06	-2.16	11.39	0.89	-19.67	-0.68
	原材料生产	1.70	3.54	3.15	1.84	21.57	-0.39	-2.20	1.45	8.49
调节服务	气体调节	501.41	512.76	255.83	11.35	0.45	-256.93	-10.02	-245.58	-4.90
	干扰调节	14.86	16.74	22.70	1.88	2.53	5.96	7.13	7.84	5.28
	净化环境	99.75	133.51	127.15	33.76	6.77	-6.36	-0.95	27.40	2.75
	水文调节	353.42	326.99	323.12	-26.44	-1.50	-3.87	-0.24	-30.30	-0.86
支持服务	土壤保持	4.95	4.81	4.77	-0.14	-0.57	-0.04	-0.17	-0.18	-0.37
	养分循环	8.48	9.84	4.66	1.36	3.21	-5.19	-10.54	-3.83	-4.51
	维持生物多样性	150.92	132.10	89.06	-18.82	-2.49	-43.04	-6.52	-61.86	-4.10
文化服务	提供美学景观	91.36	80.27	56.49	-11.09	-2.43	-23.78	-5.92	-34.87	-3.82
合计		1514.42	1477.06	1154.82	-37.36	-0.49	-322.24	-4.36	-359.60	-2.37

8.2.2.2 生态系统服务价值空间分异特征

在 ArcGIS10.2 环境下构建 800 m×800 m 的渔网，根据宁波杭州湾新区不同土地覆被的生态系统的单位面积生态系统服务价值计算出单个网格的生态系统服务价值平均值，并运用普通 Kriging 法进行插值预测和模拟，选用的内插模型及其相关参数值见表 8-12。选取模型预测误差的平均值、均方根、标准平均值、标准均方根以及平均标准误差五项参数对模型的精度进行评价，结果表明各年份模型预测误差的平均值与标准平均值均接近于 0，均方根预测误差均很小，平均标准误差接近均方根预测误差，标准均方根预测误差均接近 1，说明本书选取的模型比较理想。由此，对生成的插值图进行分级，从低到高依次代表生态服务价值：低、较低、中、较高和高，获得宁波杭州湾新区 2005 年、2010 年和 2015 年的生态系统服务价值空间分异。

表 8-12　2005 年、2010 年、2015 年 Kriging 插值模型及其参数值

年份	内插模型	模型参数值			模型预测误差				
		克里金值 C_0	偏基台值 C	基台值 $C+C_0$	平均值	均方根	标准平均值	标准均方根	平均标准误差
2005	0. 30142 * Nugget+ 5. 1233 * Stable	0. 301	5. 123	5. 424	0. 00735	0. 700	0. 00995	0. 984	0. 719
2010	0. 52871 * Nugget+ 6. 3724 * Stable	0. 529	6. 372	6. 901	0. 00174	0. 852	0. 00135	0. 931	0. 919
2015	0. 38388 * Nugget+ 4. 4222 * Stable	0. 384	4. 422	4. 806	0. 00123	0. 788	0. 00143	0. 889	0. 888

克里金值 C_0 主要表示实验误差引起的变异，偏基台值 C 主要表示有空间自相关引起的变异，两者之和为基台值，可表示系统内总体的变异（许倍慎等，2011）。克里金值与基台值之比可以表明系统变量的空间相关性程度，比值越小则系统的空间相关性越强，反之则越弱。表 8-13 显示，宁波杭州湾新区三个时期生态系统服务价值均值的克里金值与基台值之比均小于 25%，表明各时期宁波杭州湾新区生态系统服务价值均值具有强烈的空间相关性。

宁波杭州湾新区生态系统服务价值的空间分异总体呈现出由中部高南北两侧低向北高南低演变的趋势，中部地区的生态优势逐渐减弱最终消失。研究区生态系统服务价值的空间格局与其土地覆被的单位面积生态系统服务价值的空间分布相对一致：生态系统服务价值中值区主要分布在宁波杭州湾新区北侧，与滩涂和水体的分布基本一致；南面是单位面积生态系统服务价值较低的旱地和建设用地，为全区生态系统服务价值低值区；生态系统服务价值高值区所在区域多分布着单位面积生态系统服务价值最高的草滩湿地。低值区沿东北方向不断蔓延与扩张，逐渐对中值区与高值区形成包围态势；高值区被低值区切断，从条带状转为条块状再转为碎片状，破碎度不断增加；中值区局部向高值区转变，但主要表现为被低值区侵占，面积萎缩。低值区的扩展方向与宁波杭州湾新区围填海工程的实施区域基本吻合，以城市化发展需求为主导的围填海工程人为改变了自然生态系统的演替方向和速度，迫使高生态系统服务价值的滩涂和草滩湿地大量转为生态系统服务价值相对较低的其他地类，尤其是生态系统服务价值极低的建设用地，造成研究区低值区不断扩张、高值区与中值区不断萎缩，生态系统服务价值衰减，生态系统功能退化。

8.2.3　围填海引起的直接生态服务价值损失

滩涂和草滩湿地是围填海活动的实施场所，剖析滩涂和草滩湿地在围填海前后的生态系统服务价值损益情况能够揭示围填海活动对海岸带生态系统的直接影响，同时分析两者在2005—2010年以及2010—2015年间的转移情况，追踪两者的价值流向，可深入研究围填海引起的海岸带生态系统服务价值的直接损失。

十年间滩涂和草滩湿地主要向水体和建设用地集中转变。表8-13显示，2005—2010年间，滩涂主体部分保留，发生转移的滩涂主要位于研究区西北角，这是因为宁波杭州湾新区总体规划将该处滩涂设定为湿地休闲板块。约20.75%的滩涂转为生态系统服务价值单价更高的草滩湿地，滩涂面积基数大，因此滩涂转移后生态系统服务价值不减反增，其增量占全区生态系统服务价值增量的92.45%，是研究区生态系统服务价值增加的主要来源。草滩湿地位于滩涂南侧，地理位置决定了草滩湿地是围填海活动的优先发生地，五年间约60%的草滩湿地转出为其他生态系统服务价值单价较低的其他地类，其中生态系统服务价值单价极低的建设用地占比最大，草地次之。发生转移后，草滩湿地生态系统服务价值共损失228.39百万元，几乎占全区生态系统服务价值减量的100%。2010—2015年间，东北部的滩涂大量转为水体，约占滩涂转移量的31.70%，还有少部分转为草滩湿地。由于水体生态系统服务价值单价与滩涂相差不大，转移后滩涂生态系统服务价值总体增加，仍是此段期间研究区生态系统服务价值总量增加的主要来源。但这部分新转入的水体是围填海后形成的围塘，仅是围填海工程的初步形态，根据宁波杭州湾新区总体规划最终将完全转为建设用地，可以预见，在未来十几年内此部分地区的生态系统服务价值总量将大幅下降。草滩湿地大幅转出，以水体为主，建设用地次之，转出的水体主要位于研究区西侧，是围填后形成的围塘。草滩湿地发生转移后，生态系统服务价值共损失 306.12 百万元，占全区生态系统服务价值减量的90%以上。可见，围填海活动导致滩涂和草滩湿地向其他地类的转变是引起宁波杭州湾新区在研究期间生态系统服务价值总量损益变化的主要原因。

8.2.4 围填海强度与生态系统价值变化的关联

2005-2015 年间，宁波杭州湾新区生态系统服务总价值持续减少，而围填海活动所覆盖的区域面积不断扩大，强度持续增强，宁波杭州湾新区生态系统服务价值与围填海强度呈现此消彼长的变化。为了进一步分析两者间的关系，首先分别计算出宁波杭州湾新区三个时期的围填海强度，并计算出宁波杭州湾新区围填海强度与生态系统服务价值之间的相关系数。其次作围填海强度与生态系统服务价值的散点图，在此基础上用最小二乘法拟合函数曲线，如图 8-1 所示。

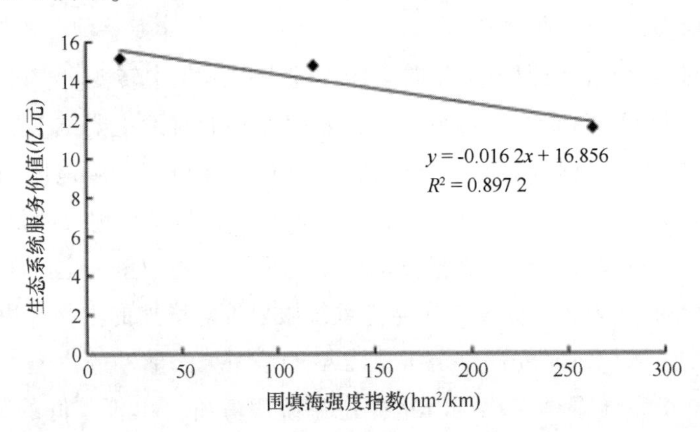

图 8-1 宁波杭州湾新区围填海强度与生态系统服务价值的关系

表 8-13 宁波杭州湾新区滩涂与草滩湿地转移面积及其价值变化表

时期			草地	草滩湿地	旱地	建设用地	水田	水体	滩涂	合计
2005–2010 年	滩涂	面积变化（hm^2）		3838.30	81.52	89.04		919.95	13565.30	18494.12
		转化率（%）		20.75	0.44	0.48		4.97	73.35	100
		转化后的价值（百万元）		368.78	1.14	0.08		37.60	633.72	1041.32
		转化前后损益（百万元）								177.34
		占全区总损益之比（%）								92.45
	草滩湿地	面积变化（hm^2）	863.84	1839.57		1502.18		294.38	0.36	4500.33
		转化率（%）	19.20	40.88		33.38		6.54	0.01	100
		转化后的价值（百万元）	15.70	176.74		1.37		12.03	0.02	205.86
		转化前后损益（百万元）								−228.39
		占全区总损益之比（%）								100.00
2010–2015 年	滩涂	面积变化（hm^2）		1003.89	81.19	207.45	137.91	4299.70	7835.53	13565.66
		转化率（%）		7.40	0.60	1.53	1.02	31.70	57.76	100
		转化后的价值（百万元）		101.40	1.02	0.07	2.39	175.74	366.05	646.67
		转化前后损益（百万元）								12.93
		占全区总损益之比（%）								79.55
	草滩湿地	面积变化（hm^2）		1124.47	70.98	1196.92	11.32	3125.27	358.66	5887.62
		转化率（%）		19.10	1.21	20.33	0.19	53.08	6.09	100
		转化后的价值（百万元）		113.58	0.90	0.38	0.20	127.74	16.76	259.54
		转化前后损益（百万元）								−306.12
		占全区总损益之比（%）								90.45

研究区围填海强度与生态系统服务价值的相关系数为-0.9472，且两者拟合曲线显示研究区生态系统服务总价值随围填海强度的增大呈下降趋势（图8-9），说明两者之间存在显著的负相关关系。因为围填海是彻底改变海域自然属性的一种用海方式，直接作用于生态系统，将高生态系统服务价值的生态系统替换为低生态系统服务价值的生态系统，且其产生的一系列负面生态环境效应同时反作用于生态系统，对自然生态系统产生不可逆的负面影响。故宁波杭州湾新区围填海强度越大，围填海的范围越广，其生态系统服务的价值越低。但这并不代表围填海强度越弱则生态系统服务价值越高，因为围填海并不是引起生态系统服务价值变化的唯一因素。宁波杭州湾新区生态系统作为一个整体，其生态过程复杂，各项服务之间存在着此消彼长的权衡和相互增益的协同关系，故而具有高度的空间相关性，任何一种服务的变化都可能引起整个系统的变化。

8.3 杭州湾南岸城镇人工地貌干扰风险评价

8.3.1 环境脆弱带及景观生态评价基本理论

8.3.1.1 环境脆弱带基本理论

20世纪60年代以来，环境脆弱带（刁承泰 等，1998）的研究逐渐引起学术界的关注。环境脆弱带表现为地球表面上两种不同物质体系之间的立体过渡带，具有一种差异渗透功能，常起到在不同物质体系之间交换物质、能量和信息的调节与过渡作用；其本身又具有抗干扰能力弱、界面变化速度快、空间迁移能力强等基本特点。本书以城镇人工地貌环境为研究对象，对城镇人工地貌地带和环境产生的交互作用，特别是对城镇人工地貌的分布、影响和格局的动态变化进行分析（刁承泰 等，1996）。

城镇人工地貌环境的脆弱程度取决于自然营力与人类活动的强度。随着人类改造自然能力的提升，城镇为主空间的自然环境遭遇了大规模的人类活动，地表形成了类型多样、数量众多、规模庞大的城镇人工地貌。各类建成区（城市和建制镇）是城镇人工地貌最密集之处，可称为“人工化后的地貌环境”。其特点是：城镇人工地貌类型占主导地位。地表以人工建造的不透水性地面为主，纯粹的自然过程的活跃受到了人类的强力干扰。在城市化中，不同要素组合中，为种种潜在的风险留下可能，如常有较强的物质——能量流向外输出（如降雨使城市排水系统排出大量高速流动的水流）。近年来，由于不加限制的城镇人工地貌建设活动，人类活动也能间接导致灾害发生（刁承泰，1992）。2012 年 7 月 21 日至 22 日 8 时左右，中国大部分地区遭遇暴雨，其中北京及其周边地区遭遇 61 年来最强暴雨及洪涝灾害。截至 8 月 6 日，北京已有 79 人因此次暴雨死亡。此次暴雨造成房屋倒塌 10 660 间，160.2 万人受灾，经济损失 116.4 亿元。多数地段暴雨无法通过排水系统排出，更多的下水管道堵塞无法泄洪等等。这一现象深刻暴露了人地系统中人类因为城市规划不合理而导致城市环境出现了严重后果。如何减少人类活动对人地环境系统的干扰，进一步规避此类因人工地貌活动而导致的灾害。

主动认识和研究人类活动在城镇人工地貌中的作用，过程和规律，并将这些规律用于指导城镇人工地貌建设，成为城镇人工地貌学研究的重要方面。在此基础上，城市地貌学加强了城镇人工地貌学的研究，加强对城镇人工地貌演变的一般规律研究，尤其关注了人口集中分布的城镇人工地貌演变规律的研究，并且取得许多研究成果，为人工地貌学的理论发展和实践应用作出了卓越的贡献，对城市规划与建设、生态环境利用与保护、资源开发与保护等方面产生了十分重要的理论与实践意义。本节将以城镇人工地貌脆弱带作为受体，评价人类活动的干扰下所产生响应的干扰风险空间分布情况（陶陶等，2003）。

8.3.1.2 景观生态风险评价基本理论

生态风险（傅伯杰 等，2001）是一个种群、生态系统乃至整个景观的生态功能受到外界胁迫，从而在当前和将来对该系统的健康、生产力、遗传结构、经济价值和美学价值产生不良影响的一种状况。景观生态风险分析可以从区域的角度出发，结合系统论和控制论理论，评估出人类活动及社会经济活动中的负外部性对区域内部的景观结构和功能产生危害的可能性大小及其影响程度。

国内外学者对不同区域生态风险进行了较为深入的探讨，国外由于工业化和城市化社会发展较早，相关研究也比较成熟，如道路对澜沧江流域的生态风险评价（刘世梁 等，2005）和基于区域尺度的生态风险评价。国内相关研究主要涉及海域生态风险评估（吴莉等，2014）、快速城市化生态风险评估（李景刚 等，2008）、土地利用风险评价（高宾 等，2011）等。目前国内外对景观生态风险演变的研究，特别是海岸带地区的景观生态风险演变研究相对较少，本书选取了杭州湾南岸作为研究区。在以上理论的支持下，需要强调的是，城镇人工地貌也是一个生态系统，其自身的结构、功能深刻影响着当地的自然环境，会对环境产生干扰风险（Chin et al，2014）。客观评价杭州湾南岸城镇人工地貌对人-地系统反应中的具体空间变化，需要借助于景观生态学的理论和空间分析方法（谢花林，2008）。此外，在最初的城镇人工地貌分类方案中，不同类型的城镇人工地貌即对应了不同类型的景观风险地类，两者具有统一性。人类活动作为影响城镇人工地貌风险的一种重要形式。而学界对人工地貌强度风险的研究没有统一化的指数。为了更好地描述杭州湾南岸人工地貌强度进行定量化的分析，在此，相关评价指标的选取主要参照了景观生态学中景观格局的相关参数，并适当修改完善，使其适用于杭州湾南岸城镇人工地貌干扰风险评价。

8.3.2 杭州湾南岸城镇人工地貌强度分析

8.3.2.1 杭州湾南岸城镇人工地貌强度主要指标

（1）城镇人工地貌影响指数

为了更好地评价各种类型人工地貌的实际影响，首先需要对杭州湾南岸各种人工地貌类型进行打分。依据专家打分法，请教了相关领域的专家学者，最终得到了各类城镇人工地貌的打分结果，城镇人工地貌影响指数用 PM 表示。不同历史阶段的城镇人工地貌高度不一、对地表的影响程度存在差异，因而实际影响系数不能一概而论。本节将 1985 年赋值为 1，其他年份 1995 年、2005 年和 2014 年依次赋予 2、4、8 倍的人类活动强度系数（李雪铭 等，2003）。同理，不同类型人工地貌影响指数用 PM 表示，见表 8-14。

表 8-14 人工地貌影响指数

人工地貌类型	分值解释	分值
城镇人工地貌	人类集中重要区域，影响次于矿山	8
建制镇人工地貌	城镇仅次于城市	7
水利建筑人工地貌	水利属于改变水渠的重要部分	6
公路人工地貌	各等级公路网影响较大	5
设施农地人工地貌	设施农用地较普通农田影响较大	4
矿山人工地貌	矿山属于人工地貌最剧烈的部分	10
风景观光人工地貌	观光用途对环境影响较小	3

(2) 城镇人工地貌强度指数

为了更好地评价杭州湾南岸城镇人工地貌对自然地貌的干扰强度，用以表征城镇人工地貌强度。根据杭州湾南岸的各类人工地貌数据。结合城镇人工地貌在时空分布上的特点，参考相关研究成果，本书提出了城镇人工地貌干扰强度指数（UTMLSI，Index of Urban-Town Manmade Landfroms Stength）对杭州湾南岸人工地貌进行定量研究。参考相关研究成果，城镇人工地貌强度指数计算公式如下：

$$UTMLSIi = \sum (Pi * Ai / \sum Pi * A) * PMi$$

式中：A 指的是单位网格面积。Ai 指第 i 个网格的各类型的人工地貌体面积，Pi 是城镇人工地貌影响指数，PMi 指的是各年份人工地貌影响指数。

此外，结合单位乡镇区划城镇人工地貌的面积计算。同时根据三十年来的变化，提出了基于面积变化的人工地貌强度年均增速，用 NSI（Index Of Normal Speed）表示。从年均变化的角度来考虑实际各年份的变化速率。这样计算的优点在于，能够均衡各街道和乡镇的历史基础的差异性，客观反映近三十年来的实际面积变化情况，计算公式如下：

$$NSI = [(UTMLSI2014 - UTMLSI1985) / 30] / UTMLSI1985$$

式中：UTMLSI2014 和 UTMLSI1985 表示 1985 年和 2014 年两个年份的实际人工强度的实际值。计算目的在于对增加的相对速度进行放大处理，消除路径依赖带来的负面影响，尽可能客观地分析各个街道乡镇城镇人工地貌强度情况。

8.3.2.2 杭州湾南岸城镇人工地貌强度分析

根据上述的城镇人工地貌强度计算公式，以镇为单位，本书得到了各城镇的年均城镇人工地貌强度增速情况，本书主要就各种因素优化处理。不仅考虑到一个镇的人工地貌面积占实际地表面积，而是综合考虑了增加的面积比例和实际占地面积相互关系。从不同年份的人工地貌发展情况，可以看出，各镇的情况不一，强度增长速度也各有差异。按自然间断点法得到了各镇实际的城镇人工地貌的增加速率。根据各镇不同的增速，经过均一化处理，得到了杭州湾南岸年均城镇人工地貌强度增加速率（表 8-15）。

表 8-15 1985-2014 年杭州湾南岸城镇人工地貌强度及其强度增速

乡镇街道	1985 年	1995 年	2005 年	2014 年	干扰强度增速
浒山街道	0. 48	1. 02	2. 62	5. 57	0. 35
观海卫镇	0. 09	0. 18	0. 44	0. 88	0. 29
周巷镇	0. 17	0. 33	0. 72	1. 49	0. 27
庵东镇	0. 01	0. 01	0. 05	0. 13	0. 78
龙山镇	0. 09	0. 18	0. 56	1. 23	0. 43
掌起镇	0. 11	0. 23	0. 54	1. 11	0. 29
附海镇	0. 15	0. 32	0. 77	1. 56	0. 32
桥头镇	0. 08	0. 16	0. 46	0. 96	0. 37
匡堰镇	0. 11	0. 22	0. 53	1. 03	0. 29
逍林镇	0. 27	0. 55	1. 31	2. 75	0. 30
胜山镇	0. 21	0. 42	1. 04	2. 18	0. 32
新浦镇	0. 16	0. 32	0. 91	1. 85	0. 36
横河镇	0. 10	0. 21	0. 46	1. 02	0. 30
宗汉街道	0. 45	0. 90	2. 18	4. 52	0. 31
坎墩街道	0. 17	0. 36	1. 12	2. 28	0. 42
崇寿镇	0. 06	0. 11	0. 60	1. 27	0. 73
长河镇	0. 14	0. 36	0. 71	1. 48	0. 32

各镇情况是不同的，根据计算的年均城镇人工地貌增加百分比，制作了能真实地反映某镇的实际城镇人工地貌的强度增加状况。将 0. 3 以下作为低强度等级区，0. 3~0. 4 作为中等强度等级区，0. 4 以上作为高强度等级区。此外，杭州湾南岸农垦场和逍林镇农垦场情况不明确，此处并没有计算在内，表 8-16。

表 8-16 1985-2014 年杭州湾南岸城镇人工地貌强度增速等级表

强度增速等级	范围	代表街道、镇
高	大于 0. 4	庵东镇、坎墩街道、龙山镇、浒山街道、崇寿镇等
中	0. 3~0. 4	附海镇、宗汉街道、胜山镇等
低	小于 0. 3	掌起镇、观海卫镇、横河镇等

从图中可以看出，庵东镇、龙山镇及崇寿镇和坎墩街道属于高强度发展区域，浒山街道、附海镇等 6 镇属于中等发展区，余下掌起镇等 7 镇和街道

属于低强度发展区。

8.3.3　杭州湾南岸城镇人工地貌干扰风险评价

8.3.3.1　杭州湾南岸城镇人工地貌格网及信息获取

专家打分法和景观生态学的方法的综合处理后，后续需要进行地统计学分析。地统计学计算，特别是区域进行插值和趋势分析，要求充分的数据参与运算。理论上更多的有效点参与运算，其最终的结果也越接近现实情况。样方法处理得到了本研究所需要的基础数据，其中 2014 年杭州湾南岸城镇人工地貌最终得到了 1 236 个有效的人工地貌格网及其中心点数值，数量最多；其他年份相对较少，这与实际城镇人工地貌的在空间上是不断拓展的客观事实相符合。

（1）杭州湾南岸城镇人工地貌格网设计

方形格网采样。在 ArcGIS 中使用 Fishnet（渔网）工具，创建正方形格网，样方法是生态学方面的方法，而本书中主要也是结合景观生态学的知识。拓展到了地学，顺理成章地成为地学的一种科研方法。生态样方本来是用于了解生物丰度，种群的分布及其内在规律的一种研究方法。将各区域的不同质的各种城镇人工地貌，作为一个整体，通过系统分类和打分的方法评测该区域的各点干扰强度指数，可以有效地评测该地区的干扰强度演变状况。样方的优点在于，便于统计，适合计算，精度较三角格网低。缺点是对边缘区域的植株难以清晰的划分具体区域，网格利用率较低（图 8-2）。

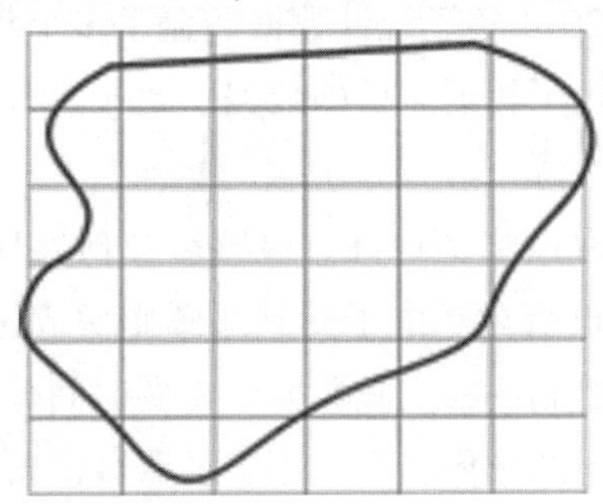

图 8-2　方形生态样方

注：图上是 6 * 6 的格网

杭州湾南岸城镇人工地貌格网设计。经过对研究区的多次试验，结合科研的严肃性和数据精确度，采用方形格网可以很好地解决各个单元内的干扰强度情况。采样网格设计为 800 m×800 m，得到 2 208 个格网（图 8-3）。

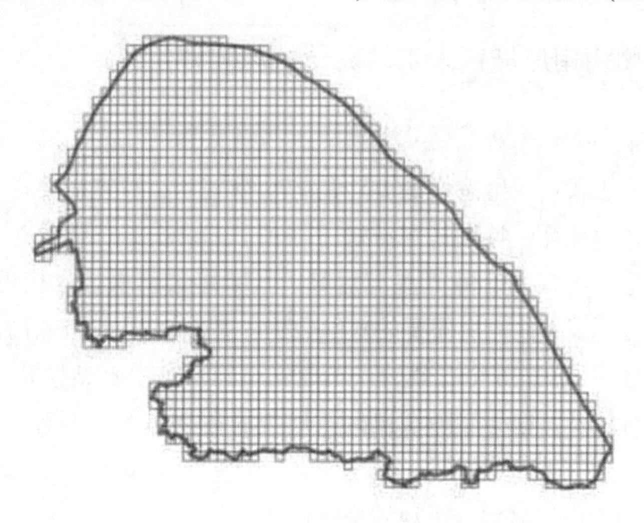

图 8-3 杭州湾南岸方形生态样方

（2）城镇人工地貌网格属性的获取

由卫星影像解译得到的城镇人工地貌各类图斑，基本能够覆盖所有种类的信息。以 2005 年城镇人工地貌图斑为基准，与 2014 年城镇人工地貌图斑进行交叉，得到 10 年来的变化。其他年份可以做类似处理。根据实地调查和房地产数据，得到各种人工地貌体的面积、高度等信息，并且给各类人工地貌体赋予权值。研究方法中，主要涉及遥感数据和统计数据，遥感数据主要包括 20 世纪 80 年代到 2014 年。统计数据涵盖了多个年份，考虑到部分年份数据缺失，部分年份采用了相近年份的数据。此外，本节从《慈溪市地方志》中获取相关的信息。

摄影测量的方法获取地物的标高。遥感影像预处理中介绍了各种处理遥感噪音的方法，在此不再赘述。由于受到遥感影像成像条件、成像的方式和其他影响成像效果因子的制约，实际研究中需要时间分辨率、光谱分辨率高，受到干扰程度小的高分遥感影像，主要用于提取城镇人工地貌的高程等参数，特别是建筑物高度。假设 H 为楼高，L 为其影子长度（在高分影像中清晰可见），以及通过传感器参数获取当时的太阳高度角∂，通过勾股定理，即可反演高度 H（图 8-4）。

$$H=\cot(\partial) * L$$

外业调查和房产数据获取地物的标高。携带手持 GPS，获取无法从直接

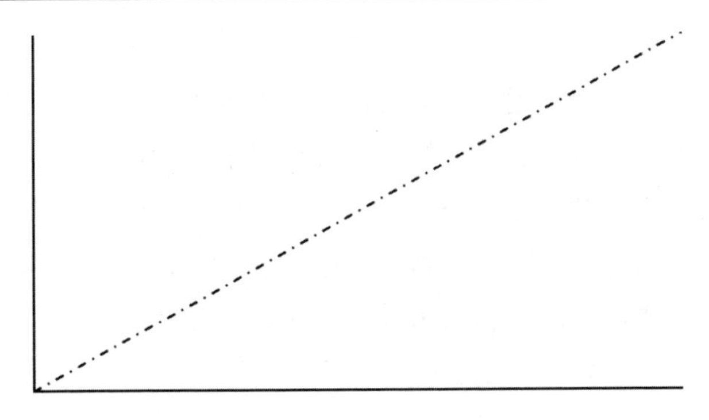

图 8-4 利用勾股定理反演高度方法

获取的地物高度和验证建筑物的实际高度。野外的数据采集后，回到室内进行后续处理。主要通过 ArcGIS 平台的 GSP_ Tools 导入采集带坐标的点数据，为进一步数据综合处理打下基础。基于地理信息平台的数据综合。在地理信息技术平台下，将多源数据综合、多维度地分析地理数据信息中所隐含的信息。数据库主要包括遥感影像、航空图片、地籍数据等。

8.3.3.2 杭州湾南岸城镇人工地貌干扰风险主要指标

前文以各类功能用地的方式获取各类城镇人工地貌的分类信息，主要考虑到景观生态学层面的土地受体在评价城镇人工地貌的景观生态风险具有天然的优势。景观生态学指出了各类城镇人工地貌用地本身的特性会存在潜在的生态风险。实际研究中，城镇人工地貌包含在特定几类的用地种类中。本书根据城镇人工地貌的分类要求选择了对应的用地种类，也是为了更具针对性地分析城镇人工地貌景观干扰风险源。此外，景观生态风险受体和城镇人工地貌建筑的共同基础是土地，因而两者具有密切的内在联系。在此基础上，本书利用获取的各类数据以评价城镇人工地貌景观对环境的实际影响。因而，评价中引用了景观生态风险评价方法，并且引进了其他辅助性概念或者定义对城镇人工地貌景观对人地系统的潜在干扰风险进行科学评价。

本节提出了城镇人工地貌干扰风险指数，旨在评价人工化的各类城镇人工地貌受体对地质自然环境和社会潜在的干扰，及其风险干扰的空间演化。以新兴的城镇区域和经济开发区为例，城镇规划和建设需要了解城镇人工地貌干扰风险的具体情况。同时，城镇人工地貌干扰风险的分析，为城镇合理化的布局提供了基础性的指导作用。

(1) 城镇人工地貌干扰度指数(E_i)

表示城镇人工地貌景观受到人类活动影响的干扰大小,同时本书将研究区的城镇人工地貌类型脆弱度分为 7 个等级赋值,对应了此前在城镇人工地貌强度分析所采用的打分法,两者具有相似性。本书综合了实际城镇人工地貌的空间分离度和空间优势度等指数,通过加权和归一化处理后得到了城镇人工地貌干扰度指数(E_i)和城镇人工地貌脆弱度指数(S_i,采用了相似的方法,在此不再赘述)。公式如下:

$$E = aB_i + bC_i + cD_i$$

式中:a,b,c 为相应各景观指数的权重,且 $a + b + c = 1$,根据分析比较,Bi 破碎度指数最为重要,其次是 C_i 分离度指数和 D_i 优势度指数,分别赋予 3 个指数 0.5,0.3,0.2 的权值。

(2) 城镇人工地貌损失度指数(R_i)

主要用来表征不同城镇人工地貌景观类型受体所代表的生态系统在受到外部干扰强度风险源(包括自然因素和人为因素)的干扰时其空间范围被剥夺的可能性,由城镇人工地貌干扰度指数和城镇人工地貌脆弱度指数的乘积共同决定。公式如下:

$$R_i = E_i \times S_i$$

(3) 城镇人工地貌干扰风险指数(ERIi)

用来表征一个城镇人工地貌风险小区内综合的景观损失的相对大小,从而通过样方法将城镇人工地貌的干扰风险格局转化为空间化的干扰强度值。其算式如下:

$$ERI_i = \sum_{i=1}^{\pi} \frac{A_{ki}}{A_k} R_i$$

式中,ERI_i 是第 i 个干扰强度风险小区的城镇人工地貌干扰强度指数,A_{ki} 是第 k 个干扰强度风险小区第 i 类景观的面积,A_k 是第 k 个干扰强度风险小区内的城镇人工地貌总面积,各指数含义参见文献(孔圆圆 等,2007)。

8.3.3.3 空间分析方法

地学空间统计中用于解释空间自相关的方法主要有 Moran'I 法和半方差分析法。Moran'I 法对局部区域自相关解释度不足,于是产生了解释局部空间自相关的 LISA 作为补充,但对连续变量的解释仍然有缺陷。半方差分析是一种描述和识别格局的空间结构和空间局部最优化插值(用于解释空间连续变量)

的方法。景观干扰强度风险指数作为一种连续的空间变量，半方差是度量其空间依赖性和空间异质性的综合指标，本节借助地统计学分析方法中的半方差变异函数对格网中心点数据进行拟合。地统计方法主要有球形模型、克里金模型和反距离权重模型。经过实验和相关系数的对比发现，本节发现反距离权重模型相对符合要求，根据提供的样本点，进而计算并得到了干扰风险指数的空间分布图。

8.3.3.4 杭州湾南岸城镇人工地貌干扰风险等级分析

（1）从杭州湾南岸城镇人工地貌分析干扰强度风险空间变化

1985 年，从空间风险指数大致分析到，因人类活动范围比较有限，低、较低和中等干扰风险占据主导地位，高风险区域很少。

1985-1995 年，较高干扰风险区域依然不占据主要区域，但是从空间扩散的角度，高和较高干扰风险有加大的趋势。在此期间，占据主导地位的是低和较低干扰风险类型。说明了在此期间人类活动对人-地系统的影响较小。

1995-2005 年，沿海的人类活动进一步加大，人类活动伸向了海洋，因而海岸带附近的高和较高风险区域增多；以南部山区的矿山开采和原始街道的发展，也使得高和较高干扰风险区域进一步加大。中等干扰风险区域有所减少，低和较低干扰风险进一步减少。

2005-2014 年，主要的变化有沿海区域的高和较高风险有所降低，可能是保护海洋的观念得以加强和保护海洋的措施得以执行所带来的转变。此外，南部山区和靠近山区的城镇人工地貌高等级干扰风险范围进一步缩小，等级有所下降。整体高和较高干扰风险区域集中在城镇聚集区，科学的城镇发展规划和道路等规划让城镇发展更加有序，最终导致了风险区空间范围基本保持稳定，此外，低和较低干扰风险区域也趋于稳定。说明了此时的城镇人工地貌干扰风险空间总体趋于稳定。

2014 年，高干扰风险等级区域主要集中在城市和建制镇和矿山为主的区域，较高干扰风险等级区域主要沿着道路分布，占据重要地位。中等干扰风险等级区主要以城乡结合部为主，比重有所下降。较低景观干扰强度区基本除城镇之外风景观光或者农田等，低和较低干扰风险占据重要地位，此外，无矿山的自然山区是人工地貌涉及最少的区域，因而属于低干扰风险区。

（2）杭州湾南岸城镇人工地貌干扰风险等级面积分析

根据地理信息软件平台的空间分析和插值分析的结果，本节采用 Fragstats

软件进行城镇人工地貌景观干扰风险分析，得到以下各干扰风险等级的面积空间演变情况。

表 8-17 1985—2014 年杭州湾南岸城镇人工地貌干扰风险等级面积表 (km^2)

干扰风险等级	1985 年	1995 年	2005 年	2014 年
高	3. 12	22. 34	105. 23	188. 12
次高	23. 02	55. 41	200. 25	266. 34
中等	389. 14	530. 32	500. 12	300. 45
较低	400. 23	345. 27	267. 78	388. 53
低	507. 36	370. 18	250. 11	180. 10

对表 8-17 进行初步分析，可知：1985 年，高等级干扰强度风险区域集中在最初的建市四个街道。这一时期，最主要的干扰强度风险等级以低、较低干扰强度风险等级为主，总共 907. 60 km^2。其次是中等干扰强度风险区域 389. 14 km^2，总体而言，杭州湾南岸城镇人工地貌以较低干扰强度等级为主。1985-1995 年，随着经济社会的发展，高干扰强度和较高干扰强度等级总共增加了 51. 61 km^2，中等干扰强度等级增加达 141. 18 km^2，是增加最显著的干扰强度等级区域，约占全区 50%面积；减少最显著的则是低干扰强度风险区。1995 年-2005 年，高干扰强度和较高干扰强度等级增加值达到了 227. 73 km^2，约占全区面积的 25%以上。中等干扰强度风险等级依旧显著，而低和较低等级基本持平，呈现下降趋势，面积分别为 267. 78 km^2和 250. 11 km^2。2005 年-2014 年，此时的杭州湾南岸城镇人工地貌干扰强度等级中，中等干扰强度等级以下约占三分之二，而高干扰强度等级为 188. 12 km^2和次高干扰强度等 266. 34 km^2增速有放缓趋势，反映了在当前的我国基础建设投资下，城镇人工地貌总面积在不断增加，但其内部结构依然在优化。特别地，从空间角度看，靠近海岸带和南部山区的实际干扰风险等级有所下降，这也反映了杭州湾南岸在经济社会发展中的环境外部性（空气污染、水污染等状况）唤醒了民众心中的环保意识，在人们改善与环境的关系以及具体的治理手段下，最终达到人地关系再次和谐。

8.3.4 杭州湾南岸城镇人工地貌格局演化分析

8.3.4.1 杭州湾南岸城镇人工地貌格局分析

1985年以前，改革开放初期，城镇人工地貌，以交通便捷度较高的浒山街道、宗汉街道和坎墩街道比较繁华之外，其余的镇城镇人工地貌发展都是比较滞后和单一的。

1985-1995年，随着改革开放的深入，沿海地区作为改革的前沿阵地，乡镇企业合作社逐渐建立，工业化使得大量的农民转变为工商业者，农民进城工作，收入的不断增加使得杭州湾南岸的非农人口比例不断提高。此外，城镇人工地貌的建设不断得到发展。

到2005年，以“慈东新区”为代表的经济开发区，使得杭州湾南岸东部得到发展，经济开发区大规模的占用土地，随着路网的延伸，厂房和小区等逐渐增多。由于“慈东新区”靠近宁波市区，天然的区位优势吸引了更多人到此处就业生活。

2005年后，经研究决定更名的杭州湾新区，下面称为“新区”，将由宁波市直接管辖。特别在杭州湾大桥通车后，节约了杭州湾新区到上海时间成本。“新区”内集聚了世界五百强中的多个企业，如吉利汽车等，多是高新技术产业和高端装备制造，使得区域内城镇人工地貌大规模增加，也促进了经济总量持续增长。

8.3.4.2 杭州湾南岸城镇人工地貌格局定量分析

根据景观生态学方法，运用相关软件和计算统计手段得到了各年份各镇的城镇人工地貌斑块数量和面积两项指标，这将会是评价区域城镇人工地貌空间分布的关键所在。总体而言，杭州湾南岸不同年份城镇人工地貌各类型数量有所增加。从具体的斑块变化看，1985-2014年的地貌斑块总量分别是4 571个、4 666个、5 525个和7 083个。数量变化表明，前十年杭州湾南岸城镇人工地貌破碎度总体较低，2000年以后，斑块数量得到了较大的增长，杭州湾南岸城镇人工地貌破碎度增加明显，城镇人工地貌干扰强度风险指数有明显提高（表8-18）。不同年份的杭州湾南岸城镇人工地貌各具特色，但是特点也极其显著。以行政单元镇作为划分依据，不同镇的发展基础是有差异的，因而各镇的城镇人工地貌的斑块数量和面积的增加程度各不相同，各镇和街道具有区内一致性与区间的特殊性。具体从城镇角度看，杭州湾南岸内的各乡镇街道地貌斑块数量增幅较大，特别是城镇人工地貌和建制镇人工地貌，此外，道路也随着杭州湾南岸城镇人工地貌的发育而增加明显，其中庵东和龙山两镇较市区的坎墩街道增速更快。

表 8-18　1985—2014 年杭州湾南岸城镇人工地貌斑块数量变化表　（个）

乡镇街道	1985 年	1995 年	2005 年	2014 年
浒山街道	639	652	778	1058
观海卫镇	348	352	372	449
周巷镇	478	478	498	595
庵东镇	52	55	147	314
龙山镇	456	456	584	781
掌起镇	277	279	339	372
附海镇	121	142	137	158
桥头镇	170	175	216	265
匡堰镇	160	165	181	192
逍林镇	197	207	210	272
胜山镇	200	204	221	282
新浦镇	133	137	199	230
横河镇	262	273	290	523
宗汉街道	429	433	510	619
坎墩街道	155	156	232	249
天元镇	269	273	273	329
崇寿镇	78	79	188	213
长河镇	147	150	150	182

斑块数量反映了城镇人工地貌的数量变化情况，只能从数据的角度分析基本面。而城镇人工地貌的面积是实际变化反映的信息更多，例如城镇人工地貌的空间分布，空间集聚度，空间邻近性等（图 8-5~图 8-7）。

总体看来：1985-1995 年这一期间城镇人工地貌面积变化相对较小，而 1995-2005 年，城镇人工地貌面积有了较大的增长；最近十年内，变化无论是面积还是城镇人工地貌的内容都是十分显著（表 8-19）。从各镇角度分析城镇人工地貌的增加情况，浒山街道等四大街道是主要的面积增加区域。其

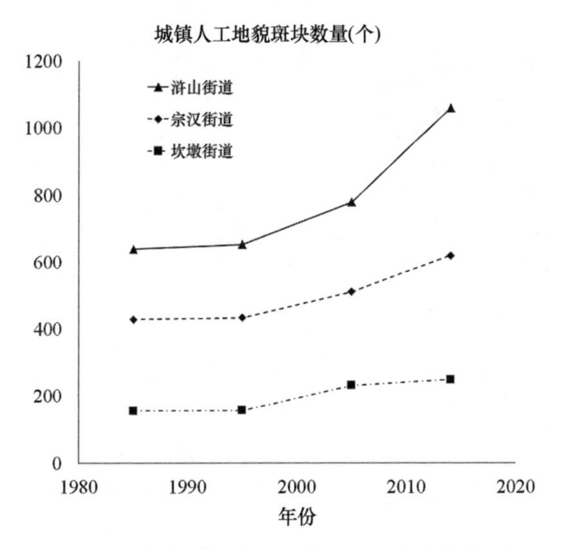

图 8-5 传统生长中心城镇人工地貌斑块总量

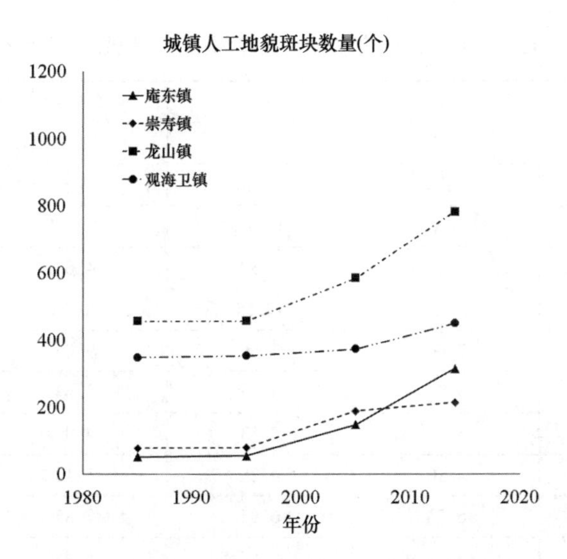

图 8-6 新兴生长中心城镇人工地貌斑块总量

次，靠近市区的四周乡镇发展的速度和沿主要道路的镇发展较快。最后从地理邻近性考虑，靠近宁波市区的南部山区，虽有较好的地理位置优势，由于区位优势不明显，发展较缓且程度较低（图 8-8～图 8-10）。

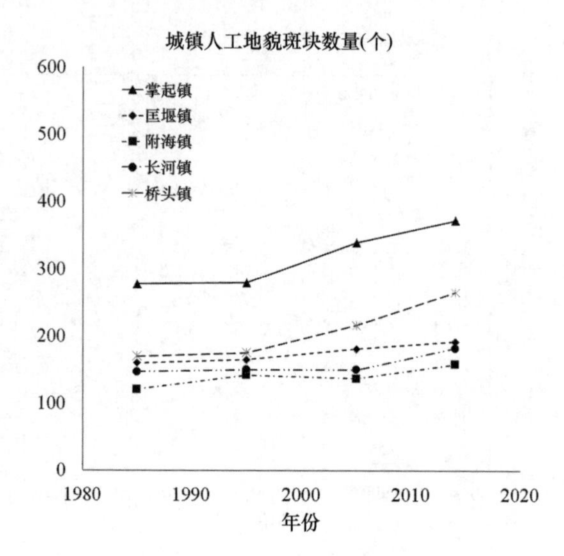

图 8-7 弱生长中心城镇人工地貌斑块总量

表 8-19 1985—2014 年杭州湾南岸城镇人工地貌面积变化表 (km^2)

乡镇街道	1985 年	1995 年	2005 年	2014 年
浒山街道	21.57	22.91	29.52	31.36
观海卫镇	13.90	13.96	16.69	16.90
周巷镇	13.12	13.12	14.27	14.73
庵东镇	1.87	2.30	4.68	5.66
龙山镇	12.65	12.65	20.01	21.98
掌起镇	7.66	7.66	9.03	9.25
附海镇	3.43	3.65	4.43	4.48
桥头镇	3.42	3.53	4.90	5.18
匡堰镇	4.10	4.25	5.14	5.04
逍林镇	6.54	6.64	7.85	8.24
胜山镇	4.55	4.65	5.73	5.99
新浦镇	6.02	6.11	8.68	8.78
横河镇	8.45	8.89	9.57	10.71
宗汉街道	14.69	14.92	17.96	18.66
坎墩街道	5.09	5.33	8.44	8.56
崇寿镇	1.11	1.13	3.00	3.19
天元镇	6.67	6.67	6.81	7.08
长河镇	3.78	4.81	4.80	5.01

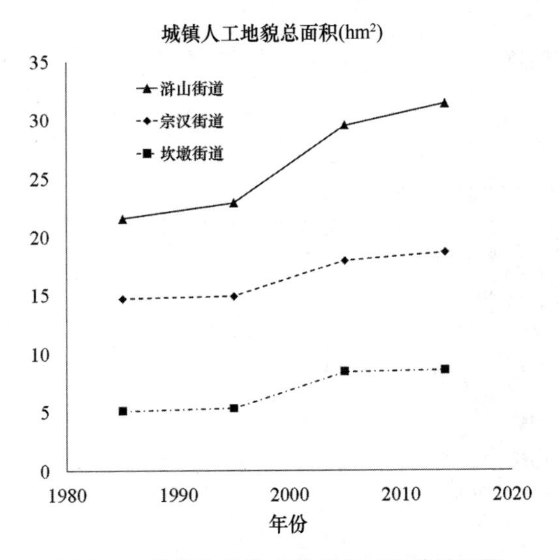

图 8-8 传统生长中心城镇人工地貌总面积

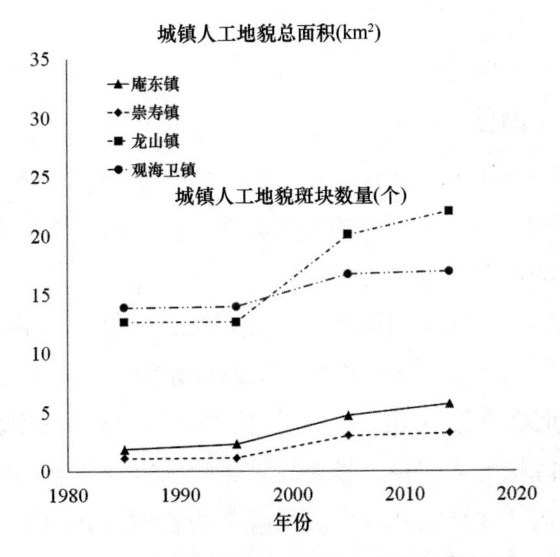

图 8-9 新兴生长中心城镇人工地貌总面积

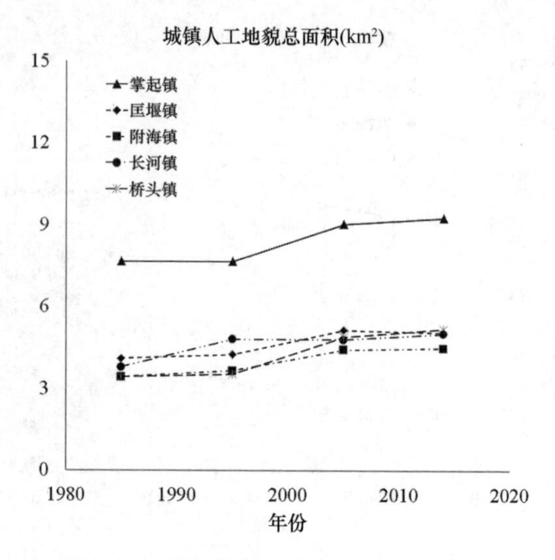

图 8-10　弱生长中心城镇人工地貌总面积

8.3.5　结论

本研究构建了围填海区域生态系统服务价值估算模型，据此定量分析了围填海工程影响下宁波杭州湾新区在 2005-2015 年间土地覆被的生态系统服务价值的时空演变特征，并利用相关性分析法，揭示了围填海强度与生态系统服务价值变化的内在关联。结果表明：

整个研究期间，宁波杭州湾新区生态系统服务价值总量呈下降趋势，且价值损失趋于加速。2005-2015 年间，宁波杭州湾新区生态系统服务价值总量从 15.14×10^8元减少至 11.55×10^8 元，且 2010-2015 年间宁波杭州湾新区生态系统服务价值降幅为 4.36%，显著高于 2005-2010 年间的降幅 0.49%。十年间，宁波杭州湾新区绝大部分生态系统类型各项服务的总价值以及单项生态系统服务类型的价值量缩减，且 2010 年后生态系统服务功能衰退速度加快、程度加深。各类生态系统中，滩涂价值的年均减少率最高，草滩湿地次之，水体价值的年均增长率最高；单项生态系统服务中，气体调节服务价值减少最为剧烈，净化环境服务价值增量最大。

宁波杭州湾新区生态系统服务价值的空间分异总体呈现出由中部高南北两侧低向北高南低演变的趋势，中部地区的生态优势逐渐减弱最终消失。宁波杭州湾新区生态系统服务价值低值区沿东北方向不断蔓延与扩张，逐渐对中值区与高值区形成包围态势；高值区被低值区切断，从条带状转为条块状再转为碎片状，破碎度不断增加；中值区局部向高值区转变，但主要表现为被低值区侵占，面积萎缩。2005-2015年间，围填海活动是引起宁波杭州湾新区生态系统服务价值损益变化及其空间分异变化的主要原因，且宁波杭州湾新区生态系统服务价值与围填海强度呈现显著的负相关关系。2005-2010年间和2010-2015年间，围填海项目直接作用于草滩湿地造成的生态系统服务价值减少均占同期宁波杭州湾新区生态系统服务价值减少总量的90%以上，且宁波杭州湾新区生态系统服务价值低值区的蔓延方向与围填海工程实施区域的扩展方向基本吻合，且当围填海强度随时间增大时，生态系统服务价值相应减小。

8.4 坦帕湾与象山港流域生态系统服务价值动态比较研究

“生态系统”一词最先由英国植物生态学家 A. G. Tansley 于 1935 年提出(蔡晓明，2000)。生态系统是指有机体和其他生物物理环境之间的基本联系组成了一个相互作用并不断变化的系统（彭木荣 等，2006)，是自然界独立的生命支持系统功能单元，包含生物因子（植物、动物、微生物等）和非生物因子（光、温度、水分、土壤和无机盐等）（李文华，2008）（图 8-11)。20 世纪 60 年代以来。随着世界人口的急剧增加，全球变化特别是全球气候变化趋近显著的背景下，“地球村”各类生态系统服务价值因人类长期的经济活动决策过程中忽略，使人类所依靠的资源环境受到严重破坏。近年来，随着全球性资源生态环境问题加剧，尤其是海岸带人类活动开发强度与开发范围扩大，全球性的重大课题如国际生物学计划（IBP)、人与生物圈计划(MAB）以及国际地圈-生物圈计划（IGBP）等，对生态系统的服务功能研究逐渐重视。由于生态系统类型的变化涉及多要素，其过程错综复杂，中美流域的生态系统类型变化包括生态系统类型的面积变化、空间格局变化以及质量的变化，其中生态系统类型面积的变化反映在不同生态系统类型的总量变化上，通过分析生态系统类型的总量变化，可以进一步地去了解生态系统类型变化总的发展态势和生态系统类型结构的演化。

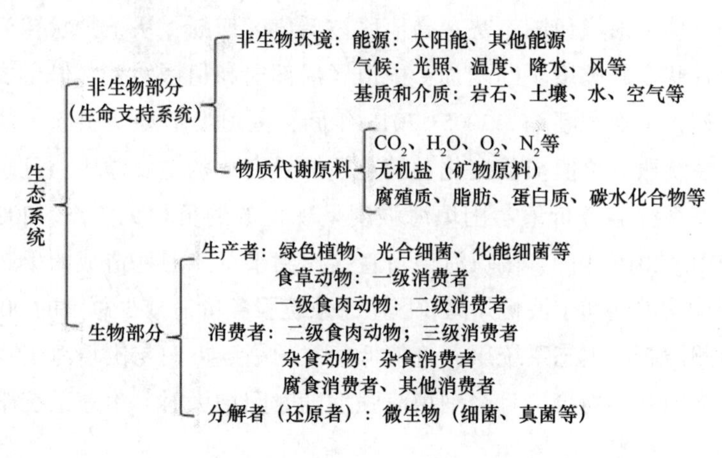

图 8-11 生态系统的组成成分（蔡晓明，2002）

8.4.1 流域生态系统类型数据来源及其提取方法

8.4.1.1 象山港流域生态系统类型数据来源及其提取方法

以 1985 年、1995 年、2005 年及 2015 年 LandsaTM/OLI 遥感影像作为数据源，在 ENVI4.7 软件的支持下，以象山港 1∶25000 地形图为基准并结合 GPS 野外调查控制点对 1985 年、1995 年、2005 年及 2015 年四个时期的 LandsaTM/OLI 遥感影像数据进行几何纠正、地理配准、镶嵌拼接、研究区裁剪等综合处理。在此基础上，参考《土地利用现状分类》（GB/T 21010-2007）和全国遥感监测土地利用/覆盖分类体系的分类方法，将研究区的生态系统类型划分为农田生态系统、森林生态系统、水体生态系统、湿地生态系统、荒漠生态系统以及城市生态系统，利用 Ecognition Developer 8.7 基于样本的分类方式进行初步分类，再通过分类后比较法（刘慧平 等，1999）以及人机交互式解译等方法，借助 ArcGIS10.2 对分类结果进行校对、更正，得到研究区 1985 年、1995 年、2005 年及 2015 年的生态系统类型矢量图。在此基础上，对 4 期遥感图像的分类结果进行精度检验，分别在每幅景观类型图中产生检验点 200 个，解译精度为 0.87，达到研究需求。

8.4.1.2 坦帕湾流域生态系统类型数据来源及其提取方法

以 1985 年、1995 年、2005 年及 2015 年的 LandsaTM/OLI 遥感影像为基础数据，采用的 Landsat 影像数据都由美国地质调查局（USGS）网站美国地质调查局官方网站影像数据下载、地理空间数据云免费提供地理空间数据云官方网站下载，在 ENVI4.7 软件支持下，以坦帕湾 1∶50 000 地形图为基准并结合 GPS 野外调查控制点对四期 LandsaTM/OLI 遥感影像数据进行综合校正处理，在此基础上，参考坦帕湾河口保护计划官方网站提供的佛罗里达州土地利用/土地覆被矢量数据坦帕湾官方网站坦帕湾水图集，将研究区的生态系统类型划分为农田生态系统、森林生态系统、水体生态系统、湿地生态系统、荒漠生态系统以及城市生态系统，利用 eCognition Developer 8.7 基于样本的分类方式进行初步分类，通过分类后比较法（刘慧平 等，1999）以及人机交互式解译等方法，借助 ArcGIS10.2 对分类结果进行校对、更正，得到研究区 1985-2015 年的生态系统类型矢量图。在此基础上，对 4 期遥感图像的分类结果进行精度检验，分别在每幅景观类型图中产生检验点 200 个，解译精度为 0.87，达到研究需求。

8.4.2　流域生态系统类型分类系统

系统分析论强调构成系统的相关子系统是相互作用而联系的，所以流域生态系统及其服务的界定、识别和分类是流域生态系统服务价值研究的前提。生态系统服务价值评估的挑战在于清楚地描述和评估自然系统的结构、功能、人类从中获得的收益以及价值之间的关系（彭本荣，2005），其前提是如何将生态系统的复杂性（结构和过程）转化为一系列有限数量的生态系统功能为人类生活提供产品和服务。

构成地球生命支持系统的各大圈层之间相互影响并存在有机联系，使其在实际的生态资源环境管理实践中，需要基于微观尺度的决策分析，所以多尺度的生态系统边界划定显得尤为重要。综合考虑流域系统作为一个内部组成要素之间相互作用较为强烈的特殊生态系统，可根据流域内部相关组成要素划定流域生态系统边界范围。其中，考虑的要素基于影响程度分为的流域内部的自然要素（生物特征、土壤类型、植被、气候、地形地貌、水文特征即水位、河流流量、河流含沙量、河流汛期、河流水能、河流径流的变化及其流速差异等）或社会经济要素（城市开发强度、人工地貌范围、人类活动轨迹及其变化）等。同时，因研究区各自特征属性存在突变性或不可预测的变化性，所以在具体的实际分析过程当中，根据具体的研究现实需要来确定所需要的生态系统边界，如《千年生态系统评估》是根据气候、地球物理、人类主要利用方式、表面覆盖、资源管理体系和制度等因素，将全球生态分成了 10 类。

基于LUCC的陆地生态系统类型划分，将流域生态系统划分为三类（石垚等，2012），即自然、人工和近自然生态系统，并按照国家农业区划办公室1984年颁布的土地利用分类标准，分为农田、园地、森林、草地、水域、城镇、道路生态系统和其他未开发生态系统等8种类型（表8-20），其中人工生态系统包括城镇和道路，自然生态系统包括森林、草地和水域中的部分，近自然生态系统包括农田、园地和其他未开发地等。

表8-20 基于土地利用/覆被的中国陆地生态系统类型

类型	土地利用/覆盖类型
农田	灌溉水田、望天田、旱地、菜地
园地	果园、桑园、茶园、橡胶园、其他园地
森林	有林地、灌木林、疏林地、未成林造林地、苗圃
草地	天然草地、改良草地、人工草地、荒草地
水域	河流、湖泊、水库、坑塘、苇地、滩涂、沟渠、沼泽
城镇	城镇、居民点、独立工矿、盐田、特殊用地
道路	铁路、公路、农村道路、机场、港口码头
其他未开发生态系统	盐碱地、沙地、其他

注：参考中国1984年LUCC分类标准

中国象山港和美国坦帕湾同属热带气候向温带气候带过渡地区，采用的遥感解译后土地利用类型与Costanza、谢高地等的生态资产划分为森林、农田、草地、水面、荒漠不尽相同，因此，为便于本书的进一步研究有必要进行合理调整。因此，本书的生态系统类型划分参考已有研究土地利用的二级分类方法，并根据象山港与坦帕湾流域的实际情况和已有众多学者的相关研究成果，将生态系统类型价值估算的前提即生态系统类型转接到遥感解译的土地利用类型上。所以，分别将中国象山港的建设用地、娱乐休闲用地、未利用地、耕地与牧场、河流与湖泊、林地、滩涂与沼泽和美国坦帕湾的建设用地、未利用地、耕地、湖泊河流、滩涂、养殖用地及盐田、林地对应一种其最接近的生态系统，即农田、森林、草地、水域、城市和荒漠，从而最终建立起中国象山港和美国坦帕湾流域生态系统类型分析框架（表8-21），其基本涵盖了生态系统服务价值变化所要求的主要土地覆被类型，通过遥感监测等调查发现具有一定的实用性和普适性。

表 8-21 生态系统类型与土地覆被类型对照表

生态系统类型	土地利用类型	特征
农田	耕地	以耕种农作物为主，人的作用非常明显，包括灌溉水田、水浇地和旱地
森林	林地	山地、丘陵等地带
水体	湖泊与河流	河流、湖泊、养殖用地等由于苇地和滩涂所占比重较小，且附属于湖泊和河流，故一并划为水体
荒地	未利用地	以难以利用的土地或者目前没有利用的土地为主
城市	建设用地	城市及郊区、农村居民居住区域，风景名胜区、交通道路、娱乐休闲用地等建设设施
湿地	滩涂与沼泽	以滩涂与沼泽为主

8.4.3 流域生态系统类型的数量分析

流域生态系统类型变化包括生态系统类型的面积变化、空间格局变化以及生态系统类型的质量变化。对生态系统类型变化的数量、结构等方面的总量分析，有利于从总体上把握生态系统类型的时空格局过程的态势和特征。

8.4.3.1 流域生态系统类型的变化幅度

分别对中国象山港和美国坦帕湾流域 1985 年、1995 年、2005 年以及 2015 年四个时期的生态系统类型数据进行统计分析，从其结果可以看出（表 8-22），近 30 年来，中国象山港和美国坦帕湾流域生态系统类型变化呈现以下特征：近 30 年来象山港流域农田生态系统变化较大，从 1985 年的 35 075.96 hm^2减少至 2015 年的 26 228.32 hm^2，比例由 1985 年的 23.76%降至 2015 年的 17.76%，而坦帕湾流域从 1985 年的 153 185.92 hm^2减少至 2015 年的 139 364.21 hm^2，比例从 24.39%降至 22.19%。

表 8-22 象山港与坦帕湾流域生态系统类型

中国象山港								
生态系统类型	1985 年		1995 年		2005 年		2015 年	
	面积（hm^2）	比例（%）	面积（hm^2）	比例（%）	面积（hm^2）	比例（%）	面积（hm^2）	比例（%）
农田	35075.96	23.76	31010.73	21.00	27049.21	18.32	26228.32	17.76
森林	99538.38	67.41	99129.34	67.14	98870.64	66.96	97896.29	66.30
水体	3322.40	2.25	4515.03	3.06	6942.20	4.70	6881.66	4.66

续表

中国象山港								
生态系统类型	1985 年		1995 年		2005 年		2015 年	
	面积（hm^2）	比例（%）	面积（hm^2）	比例（%）	面积（hm^2）	比例（%）	面积（hm^2）	比例（%）
湿地	1495.53	1.01	1134.66	0.77	742.78	0.50	622.64	0.42
荒漠	696.08	0.47	801.51	0.54	933.28	0.63	1013.81	0.69
城市	7525.34	5.10	11062.34	7.49	13115.54	8.88	15010.96	10.17
农田	153185.92	24.39	149288.67	23.77	144117.69	22.95	139364.21	22.19
森林	186982.46	29.77	184270.52	29.34	180626.43	28.77	177211.75	28.22
水体	29858.13	4.75	29092.6	4.63	29760.42	4.74	29355.44	4.68
湿地	10895.18	1.73	10743.71	1.71	10722.87	1.71	10377.4	1.65
荒漠	9218.36	1.47	8981.24	1.43	10883.24	1.73	12301.84	1.96
城市	237857.15	37.88	245623.28	39.11	251806.85	40.10	259306.15	41.30

30 年来，象山港生态系统类型在研究时段内以农田和森林生态系统类型为主，两种生态系统类型占研究区域总面积的 85%以上。其中，森林的面积占比最大，在 4 个时期分别占 61.41%、67.14%、66.96%、66.30%，因此可以看出象山港生态系统类型基质是森林；荒漠的面积最小，呈逐年增加的态势，4 个时段分别占象山港总面积的 0.47%、0.54%、0.63%、0.69%。而美国坦帕湾则以城市生态系统类型为主要的生态系统类型，30 年来逐渐增加的态势，由 1985 年的 37.88%增加至 2015 年的 41.30%。面积最小的和象山港一样同为荒漠生态系统类型，但在研究时段内都出现了逐年增加的态势，由占坦帕湾总面积的 1.47%增加至 2015 年的 1.96%。1985—2015 年以来，象山港流域农田面积总体减少了。

8.4.3.2　生态系统类型变化的速度

运用生态系统类型相对变化率可以定量的分析中国象山港和美国坦帕湾流域生态系统类型变化的速度，这对于比较中美流域生态系统类型变化的国别或区域差异和研判未来的生态系统类型演化态势有着非常重要的积极作用。根据生态系统类型的相对变化公式计算得出中美港湾 1985—1995 年、1995—2005 年以及 2005—2015 年三个阶段各种生态系统类型的净变化尺度。可反映出人类活动强度及其对该区域的影响。分析其变化，可为流域生态环境的管理实际提供依据。生态系统类型的面积相对变 Nc，公式如下：

$$N_c = \frac{U_b - U_a}{U_a} \times 100\% = \frac{\Delta U_{in} - \Delta U_{out}}{U_a} \times 100\%$$

式中 U_a、U_b分别为研究初期和末期某种类型的生态系统类型的面积；ΔU_{out}为研究时段内该生态系统类型转变为其他生态系统类型的面积；ΔU_{in}为其他土地利用类型转变为该生态系统类型的面积。

宏观整体来看，如图 8-12，1985-2015 年象山港流域生态系统类型面积变化较大，其中，水体、荒漠和城市生态系统类型的面积持续增加，分布变化的面积为 3 559.27 hm^2、317.73 hm^2、7 485.62 hm^2 其净变化分别为 107.13%、45.65%、99.47%，而农田、森林以及湿地生态系统类型面积在呈现减少趋势，分布减少了 8 847.63 hm^2、1 642.09 hm^2、872.90 hm^2，其净变化比例分别为-25.22%、-1.65%、58.37%。整体来看，30 年来面积变化由大到小的依次为农田>城市>水体>森林>湿地>荒漠生态系统，净变化比例由大到小的依次分别为水体>城市>湿地>荒漠>农田>森林生态系统。而坦帕湾流域则图 8-13 所示，1985-2015 年坦帕湾流域生态系统类型面积变化较大，其中，荒漠和城市生态系统类型的面积持续增加，分布变化的面积为 3 083.48 hm^2、21 449 hm^2，其净变化分别为 33.45%、9.02%，而农田、森林、水体以及湿地生态系统类型面积在呈现减少趋势，分布减少了 13 821.71 hm^2、9 770.70 hm^2、502.69 hm^2、517.78 hm^2，其净变化比例分别为-9.02%、-5.23%、1.68%、4.75%。整体来看，30 年来面积变化由大到小的依次为农田>城市>森林>荒漠>湿地>水体生态系统，净变化比例由大到小的依次分别为荒漠>城市>农田>森林>湿地>水体生态系统。

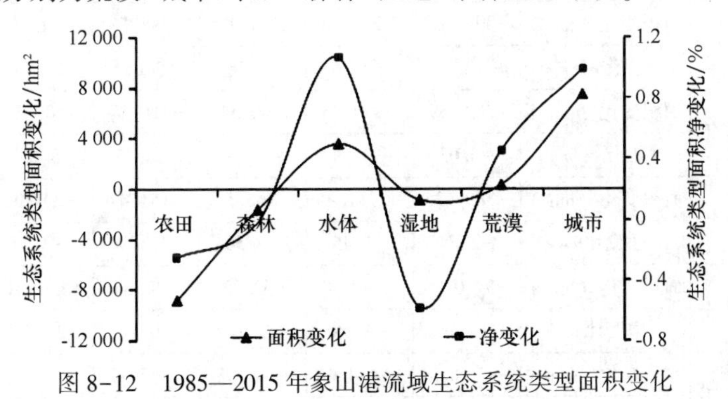

图 8-12　1985—2015 年象山港流域生态系统类型面积变化

如表 8-23 所示，分阶段来看，1985—1995 年象山港流域农田、森林和湿

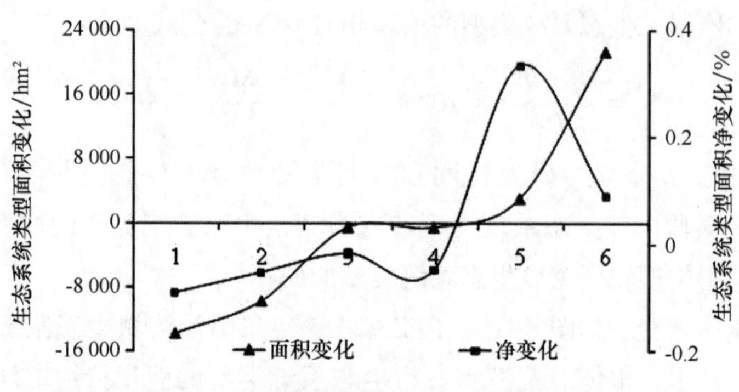

图 8-13　1985—2015 年坦帕湾流域生态系统类型面积变化

地面积在减少，其中湿地的净变化最大；水体、荒漠和城市面积在增加，其中城市的净变化最大；1995—2005 年象山港流域农田、森林和湿地面积在减少，其中湿地的净变化最大；水体、荒漠和城市面积在增加，其中水体的净变化最大；2005—2015 年除荒漠和城市有所增加之外，其他生态系统类型均有减少。并且，与前 20 年相比较，生态系统类型的增加或减少速度都在降低。就整个研究时段来看，城市和荒漠增加的速度在逐渐地降低，净变化速度从高到低依次为水体、城市、湿地、荒漠等。

表 8-23　1985—2015 年中国象山港和美国坦帕湾流域生态系统类型变化特征

中国象山港							
生态系统类型		农田	森林	水体	湿地	荒漠	城市
1985—1995 年	面积变化（hm²）	-4065.23	-409.05	1192.63	-360.87	105.44	3537.00
	净变化（%）	-11.59	-0.41	35.90	-24.13	15.15	47.00
1995—2005 年	面积变化（hm²）	-3961.52	-258.70	2427.17	-391.89	131.76	2053.20
	净变化（%）	-12.77	-0.26	53.76	-34.54	16.44	18.56
2005—2015 年	面积变化（hm²）	-820.89	-974.35	-60.54	-120.14	80.53	1895.42
	净变化（%）	-3.03	-0.99	-0.87	-16.17	8.63	14.45
1985—1995 年	面积变化（hm²）	-3897.25	-2711.95	-765.53	-151.47	-237.12	7766.13
	净变化%	-2.54	-1.45	-2.56	-1.39	-2.57	3.27
1995—2005 年	面积变化（hm²）	-5170.98	-3644.09	667.82	-20.84	1901.10	6183.57
	净变化%	-3.46	-1.98	2.30	-0.19	21.18	2.52
2005—2015 年	面积变化（hm²）	-4753.48	-3414.68	-404.98	-345.47	1418.60	7499.30
	净变化（%）	-3.30	-1.89	-1.36	-3.22	13.03	2.98

而美国坦帕湾流域在1985—1995年期间，农田生态系统面积减少最大，减少了-3 897.25 hm^2，增加最多的为城市生态系统，增加了7 766.13 hm^2，其面积净变化由大到小依次为城市（3.27%）>荒漠（-2.57%）>水体（-2.56%）>农田（-2.54%）>森林（-1.45%）>湿地（-1.39%），在1995—2005年期间，农田生态系统面积减少最大，减少了5 170.98 hm^2，增加最多的是荒漠生态系统，增加了1 901.10 hm^2，其面积净变化由大到小依次为荒漠（21.18%）>农田（-3.46%）>城市（2.52%）>水体（2.30%）>森林（-1.98%）>湿地（-0.19%）。2005—2015年期间，农田生态系统面积减少最大，减少了4 753.48 hm^2，增加最多的是荒漠生态系统，增加了1 418.60 hm^2，其面积净变化由大到小依次为荒漠（13.03%）>农田（-3.30%）>湿地（-3.22%）>城市（2.98%）>森林（-1.89%）>水体（-1.36%）。

8.4.4　流域生态系统类型的空间格局分析

1985-2015年间，中国象山港和美国坦帕湾的生态系统类型空间格局发生了明显变化。可以看出，随着城市化进程的推进和工业化步伐的不断加快，城市面积不断增加，使得城市分离度减小，在地域上的分布趋于集中，成为影响流域生态系统类型格局演变的重要因素。从2015年的生态系统类型来看，农田仍处于主导地位。总体来看，自然生态系统类型面积不断减少的同时，人工生态系统类型的面积在不断增加。

根据生态系统类型图8-32可以看出，象山港流域的河流谷底和近海平原地带，土地利用方式和强度的空间差异造成了生态系统类型结构和生态空间格局差异变化。人类活动作用强度较大的生态系统类型，如城市生态系统、荒漠生态系统、农田生态系统等面积呈现增长趋势，而森林生态系统、水体生态系统等面积呈现减少态势。其中面积增长较快的是城市生态系统类型。这是由于随着象山港大桥的开通，象山港区域得天独厚的禀赋优势得以凸显，在浙江省加快开发象山半岛区域作为海洋经济战略发展新平台的动力支撑下，从全域城市化的战略高度统筹象山港区域，不管是从行政区划调整的角度进行优化象山港区域还是在战略高度将其纳入宁波大都市区范围，建设美丽滨海新区。与此同时，近年来的海洋渔业三大公报显示，象山港区域海域生态环境总体趋好，但入海排污口存在不同程度的超标排放现象，近岸海域水体呈现富营养化状态。区域的生态系统健康评价指数逐渐降低，即从亚健康状态进入不健康状态，导致区域内的各类高档鱼、贝等逐渐减少等生态破坏现象。

根据遥感解译结果可以看出，在研究时期，坦帕湾流域随着人类活动对其资源环境时空控制力的提升生态系统格局变化显著，且人工生态系统明显大于自然生态系统面积，具体表现城市生态系统、荒漠生态系统等人工生态系统面积不断增加，农田、森林、湿地等自然生态系统面积不断减少的态势。特别是1995年以来研究区人类活动及港湾资源利用趋势继续加快，使境内的派内拉斯和希尔斯伯勒县近海平原都市圈发展较为成熟，重点开发区域也转移至帕斯科县东南部、波尔克县西部和萨拉索塔县北部，人工生态系统主导地位进一步强化，成为影响流域生态系统格局演变的重要因素。

可以看出，近30年来坦帕湾流域城市生态系统主要分布在：旧坦帕湾派内拉斯县东南部、希尔斯堡湾希尔斯伯勒县西岸中部近海低地区域、中坦帕湾马纳提县西北部及希尔斯伯勒西南部。该区域是佛罗里达州开发较早的区域，形成了以“克利尔沃特市、圣彼得斯堡市、坦帕市”为中心的都市圈，人口众多，交通发达，建成区面积较大，是人类活动最为剧烈的区域。森林生态系统面积减少，这是由于20世纪90年代房地产开发建设快速转移至此，生态系统人工化强度显著变化。在海岸平原区开发历史悠久，城市化水平高，人口稠密，人工生态系统广布。尤其是20世纪90年代以来，该区房地产开发、港口建设、渔业发展等对耕地的需求加大，使港湾资源环境开发过度，人类活动作为一种外在力量叠加于自然景观演变之上，加剧了流域生态环境的恶化。与此同时重点产业继续发展，虽然海湾保护计划已经实施，但生态环境恶化逆转周期较长仍处在比较差的状态。

生态系统类型变化是当今全球变化研究的热点和核心领域。生态系统类型在土地利用中表现为土地利用类型，土地利用作为人类最基本的实践活动，通过区域生态进程和服务间的相互作用直接影响区域生态服务价值（张军辉，2008）。随着全球海岸带开发与城市化发进程推进，土地利用类型变化日趋频繁，直接引起各类生态系统类型、面积及空间格局的变化，并进一步影响生态系统服务价值的变化。通过对区域土地利用土地援被的变化对生态系统服务价值的影响进行研究，实现区域土地资源的生产价值与生态系统服务价值的相互协调，不仅是解决资源与环境问题的根本立足点，也是经济增长与区域可持续发展过程的重要前提。

生态系统功能与效应是地球生命系统的支持系统，是人类赖以生存的物质基础，土地生态系统是区域社会经济与环境可持续发展的基本要素。然而在人类对土地利用和改造过程中，往往只重视自然资源的直接消费价值，而忽略了生态系统的生态功能服务效益价值。人们在资源开发和社会发展过程中有过无数次的深刻教训，人类或一个国家及地区能否真正实现可持续发展，最终在很大程度上取决于人们对生态效益价值的正确认识，一定区域的生态资产的总量是一个随时间动态变化的量值，它是区域内所有生态系统类型提供的所有服务功能及其自然资源价值的总和，并随着区域所含有的生态系统的类型、面积、质量的变化而变化。本节以土地生态系统为研究对象。由于土地利用变化是动态变化，相应的其提供的服务功能及其自然资源价值的总和也发生了变化，本节主要探讨生态系统服务价值及其土地利用变化过程中的变化。

8.4.5 研究区生态系统服务功能分析

生态系统服务在 19 世纪 60 年代早已提出，不同领域学者运用不同的研究方法，对不同尺度的生态系统服务进行了评估研究，但因研究目的与应用领域差异，不同学者给出了不同的定义。尽管对于“生态系统服务”的定义表述不同学者有不同的侧重，但归结起来其目的均在于为生态环境的决策提供相对的参考。目前，国内外对生态系统服务的研究相差悬殊，国外对此研究已经经历了较长时间，且有了比较完善的框架体系和方法，而国内对此的研究还处于起步阶段。国内外学者对生态系统服务的定义差异较大，尤其是生态系统的过程、功能与服务的内涵及其它们之间关系的理解有所差异。尽管在学术界关于生态系统服务的理解存在着很多的差别，基于以上分析可知，生态学及生态经济学相关文献中，对生态系统功能的理解各有千秋，具有代表性的含义（表 8-24）。

表 8-24 生态系统服务的概念及其内涵

作者	生态系统服务定义	强调重点
Ferdinando[1]	更强调生态系统服务评价的社会公平性问题	评价的社会公平性
Richard[2]	侧重用经济学、社会学视域来考察生态系统服务对国民经济账户和人类真实福利的影响	多视角解析对人类影响
Cairns1997[3]	认为生态系统服务是对人类生存和生活质量有贡献的生态系统产品和生态系统功能	对人类的贡献

续表

作者	生态系统服务定义	强调重点
Daily, et al1997[4]	指自然生态系统及组成它们的物种维持和满足人类生命的条件和过程，维持生物多样性及生态系统产品的生产	功能和过程
Costanza, et al 1997[5]	人类直接或间接从生态系统功能中获得的收益（产品和服务角度），生态系统生境、生物学性质或生态系统过程（功能角度）	人类从生态系统功能中所获收益，功能与过程同时提供服务

[1] Ferdinando Villa, Matthew A. Wilson, Rudolf d`e Groot, Steven Farber, Robert Costanza, Roelof M J. Boumans. Designing an integrated knowledge base to support ecosystem services valuation [J]. Ecological Economics, 41 (2002): 445-456.

[2] Richard B. Howarth, Stephen Farber. Accounting for the value of ecosystem services [J]. Ecological Economics, 41 (2002): 421-429.

[3] Cairns, J. Protecting the delivery of ecosystem service [J]. Eocosys. Health, 1997, 3 (3): 185-194.

[4] Daily G C. Natures Services: Societal Dependence on Natural Ecosystems [M]. Washington D C. Island Press, 1997.

[5] Costanza R, Folke C V. Valuing Ecosystem Services with Efficiency, Fairness, and sustainability as goals [M]. in Nature´s services, edited by Daily G C. Washington, D C: Island press, 1997. 49-68.

生态系统服务功能是指自然生态系统及其物种所提供的能够满足和维持人类生活需要的条件和过程（李加林，2004）。1997 年美国生态学家 CosstnLza 将生态系统的服务功能划分为 17 项：大气调节、气候调节、干扰调节、水调节、水供给、侵蚀控制和沉积物保持、土壤形成、养分循环、废弃物处理、授粉、生物控制、庇护、物质生产、原材料、遗传资源、休闲、文化。并列举了生态系统服务与生态系统功能之间的对应关系，如表 8-26 所示。生态系统服务功能分为两类：直接的生态系统产品，如食物、工业原材料、药品等；间接的生态系统服务功能（张军辉，2008），其中，间接的生态系统服务功能体现在以下方面（表 8-25）。

表 8-25 生态系统服务功能

生态系统服务	生态系统功能	例证
大气调节	调节大气化学组成	CO_2O_2平衡、防护 Uv-B 和 s 水平
气候调节	调节全球气温、降水及在全球与区域水平上对其他气候过程的生物调节	温室气体调节以及影响云形成的 DMS 生成
干扰调节	对环境波动的生态系统容纳、延迟和整合能力	防止风暴、控制洪水、干旱恢复以及由植被结构控制的生境对环境变化的反应
水分调节	调节水文循环过程	为农业（如灌溉）、工业和运输提供水分
水分供给	水分的储存与保持	集水区、水库和含水层的水分供给
侵蚀控制与沉积物保持	生态系统内的土坡保持	防止风、径流和其他运移过程侵蚀土坡及在湖泊、湿地的积累
土壤形成	成土过程	岩石风化与有机物的积累
养分循环	养分的获取、形成、内部循环和存储	固氧和 N、P 等元素的养分循环
废弃物处理	流失养分的恢复和过剩养分、有毒物质的转移与分解	废弃物处理、污染控制和毒物降解
授粉	植物胚子的移动	提供授粉以便植物种群繁殖
生物控制	对种群营养级的动态调节	关键捕食者控制被食种群，顶级捕食者使食草动物减少
庇护	为定居和临时种群提供栖息地	育雏地、迁徙动物栖息地、本地种栖息地或越冬场所
物质生产	总初级生产力中可提取的食物	通过渔、猎、采集和农耕收获的鱼、猎物、作物、果实等
原材料	总初级生产力中可提取的原材料	木材、燃料和饲料的生产
遗传资源	特有的生物材料和产品的来源	医药、材料科学产品，用于作物抗病和抗虫的基因、家养物种
休闲	提供休闲娱乐	生态旅游、体育、钓鱼及其他户外活动
文化	提供非商业用途	生态系统美学、艺术、教育、精神及科学价值

文献来源：Costanza，R；dArge，R；deGroot，R，et al. The value of the world's ecosystem services and natural capital. Nature，1997，（387）：253-260.

本节研究采用前文关于生态系统类型分析的分类系统，由于 Costanza 提出的 17 项生态系统服务功能不一定在象山港和坦帕湾流域的生态系统都具备，所以在对中美流域进行生态系统服务功能分析时需要对其生态系统服务功能进行分析。参考 Costanza 的研究成果并结合中国象山港与美国坦帕湾流域的实际分析各生态系统服务功能（表 8-26）生态系统具有多种多样的服务功能，各种功能之间相互联系、相互作用。生态系统服务功能分类是价值评估的基础，直接影响价值评估的结果，所以其分类不能过于细致也不能过于宽泛（李文华，2008）。国内外关于生态系统服务功能分类开展了较多的研究，其中联合国千年评估根据评价与管理的需要，将生态系统服务功能分为四大类即供给服务、调节服务、文化服务以及支持服务（表 8-26）。

表 8-26　生态系统服务功能的分类

Ⅰ级指标	Ⅱ级指标
供给服务	食物、淡水、薪材、纤维、药材、遗传资源
调节服务	气候调节、疾病控制、水调节、水净化、传粉
文化服务	精神和宗教、娱乐和生态旅游、美学、灵感、教育、地方感、文化传承
支持服务	土壤形成、营养循环、初级生产

来源：《生态系统服务与人类福祉：评估框架》，见《千年生态系统评估报告集》，北京，中国环境科学出版社，2007

8.4.6　流域生态系统服务价值估算方法

流域生态服务价值的估算和模拟可以较为客观的对生态系统进行评价，也一直是国内外学者研究的焦点（钱翠 等，2014）。鉴于此，谢高地等（谢高地 等，2003）针对上述不足，同时参考其可靠的部分成果，在对中国 200 位生态学者进行问卷调查的基础上，制定出中国生态系统生态服务价值当量因子表（表 8-28），系统地分析了生态系统服务价值单价订正及价值计算，该方法得到了价位广泛的应用（苏雷 等，2014；张彩霞 等，2009；李进鹏 等，2010），生态系统服务对人类福利贡献大多数是纯公益性质的，不以货币表现而增加人类功益。甚至很多时候人类不能意识其存在。一种市场商品上的供应（=边际成本）和需求（=边际利润）曲线：市场价格 P×数量 q（即面积 pbqc）即为计入 GNP（国民生产总值）的价值。（1）供应线下的面积 cbq 为生产成本；（2）市场价格和供应线之间的面积 pbc 是某种资源的生产者盈余或纯租金；（3）市场价格和需求曲线之间的面积 abp 则是消费者盈余或消费者得到的在市场上偿付的价格以上的福利和总量。资源的总经济价值是

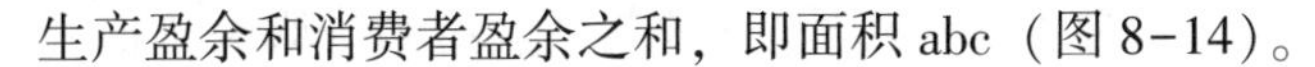
生产盈余和消费者盈余之和，即面积 abc（图 8-14）。

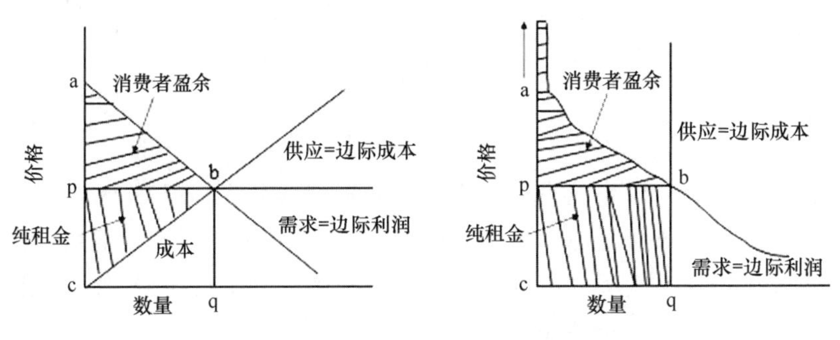

图 8-14 供应和需求曲线（蔡晓明，2000）

8.4.6.1 不同生态系统类型的生态系统服务价值系数评估

谢高地等的研究成果呈现的是全国平均状态，其研究的典型案例也以青藏高原为主，如何将此当量表应用到全国其他区域是本书研究的出发点。显然，直接据表赋值，忽略了区域差异，理论上并不可行，需作一定的修订。各土地利用类型的生态系统服务价值系数，即单位面积土地生态系统服务功能经济价值量。森林、草地、农田、湿地、水域以及难利用地的生态系统服务价值系数是根据谢高地等在提出的评价模型的基础上，对国内多位生态学者进行问卷调查，总结出的中国生态系统服务价值当量因子表。

1997 年 Costanza 等在《自然》杂志发表了“全球生态系统服务价值和自然资本 ”，使生态系统服务价值估算原理及方法从科学意义上得以明确（Costanza et al，1997），此后 ，该方法在中国被迅速应用于评估各类生态系统的生态服务经济价值 ，在生态系统服务领域的多个方面都获得了一些研究成果（谢高地 等，2006），但毫无疑问，Costanza 的方法及其在中国的应用仍然存在很大争议和缺陷，用什么方法评估生态系统服务价值可能永远有争议 ，在没有更恰当科学和正确的方法的情况下 ，基于 Costanza 的方法并根据中国生态系统和社会经济发展状况进行改进 ，是有意义的一项工作（谢高地 等，2008）。各土地利用类型的生态系统服务价值系数，即单位面积土地生态系统服务功能经济价值量。森林、草地、农田、湿地、水域以及难利用地的生态系统服务价值系数是根据谢高地等在等提出的评价模型的基础上。总结出的中国生态系统服务价值当量因子表。

8.4.6.2 生态系统服务价值的计算

提取每种土地利用/覆被类型的单位面积生态系统服务价值系数后，运用

Costanza 等的计算方法来分析各种土地利用/覆被类型的生态系统服务价值和单项功能的服务价值，计算公式：

$$ESV = \sum (A_K \cdot VC_k)$$

$$ESV_f = \sum (A_K \cdot VC_{fk})$$

式中：ESV 为生态系统服务价值（元）A_k 为研究区第 k 种土地利用类型的面积；VC_k 为第 k 种土地利用类型的单位面积生态系统服务价值系数；生态系统服务价值 f 为生态系统第 f 项功能的服务价值；VC_{fk} 为第 k 种土地利用类型所对应生态系统第 f 项功能的服务价值系数。

参考 Costanza 等关于全球生态系统服务价值变化的研究成果，结合中美两个港湾土地利用特征，对生态系统服务价值系数进行修订（表 8-27），根据修订的生态系统服务价值系数测算不同时间段内耕地、森林、湖泊/河流/养殖用地、沼泽/滩涂、未利用地、建设用地等用地类型的生态系统服务价值的变化。根据蔡邦成（蔡邦成 等，2006）、万利（万利 等，2009）等的方法将中美两港湾的土地利用类型与表 8-26 划分的生态系统进行对照，得到土地利用类型相对应的生态系统类型及其生态系统服务价值系数。森林以热带林为代表。沼泽滩涂代表生态系统类型。建设用地的生态系统服务价值系数主要参考蔡邦成、万利、刘永强（刘永强 等，2015）等研究。未利用地的生态系统服务价值，主要参考段瑞娟等（段瑞娟 等，2006）研究并采用其未利用地生态系统服务价值系数。

表 8-27　生态系统服务价值系数　（元/（hm^2 · 年））

生态系统类型	农田	森林	水体	湿地	荒漠	城市
对应土地类型	耕地	林地	水域	沼泽/滩涂	未利用地	建设用地
系数 1	764	16 658	70 533	162 126	-	-
系数 2	41 753	40 365	93 840	342 413	-	49 958
修订后 3	41 753	40 365	93 840	342 413	371	377

系数 1 根据文献 Costanza R，D'Arge R，De Groot R，et al. The value of the world's ecosystem services and natural capital. Nature，1997，387：253-260. 得出，系数 2 根据文献 Costanza R，De Groot R，Sutton P，et al. Changes in the global value of ecosystem services. Global environmental Change，2014，26：152-158。

8.4.7　流域生态系统服务价值变化

8.4.7.1　流域生态系统服务的总价值

计算象山港流域 1985—2015 年生态系统服务价值（表 8-28）。可以看出象山港流域生态系统服务价值在30年来内呈下降态势，按照三种系数计算分别计算中国象山港和美国坦帕湾的生态系统服务价值，可以看出中美两个港湾在系数1和系数2参数下分布计算，从1985—2015年其生态系统服务价值出现波动下降趋势，但在系数3为参数的计算结果为研究时段内两个港湾出现有序下降的态势。

表8-28 象山港与坦帕湾生态系统服务功能价值

中国象山港			美国坦帕湾		
年份	生态系统服务价值（10^6元）	比例（100%）	年份	生态系统服务价值（10^6元）	比例（100%）
$1985^{(1)}$	2161.71	24.42	$1985^{(1)}$	7104.16	25.51
$1985^{(2)}$	6682.21	25.05	$1985^{(2)}$	32358.92	25.03
$1985^{(3)}$	6309.35	25.89	$1985^{(3)}$	20569.15	25.71
$1995^{(1)}$	2177.41	24.59	$1995^{(1)}$	6977.46	25.05
$1995^{(2)}$	6661.01	24.97	$1995^{(2)}$	32351.01	25.02
$1995^{(3)}$	6112.83	25.09	$1995^{(3)}$	20176.10	25.22
$2005^{(1)}$	2277.73	25.73	$2005^{(1)}$	6956.53	24.98
$2005^{(2)}$	6681.32	25.04	$2005^{(2)}$	32352.47	25.02
$2005^{(3)}$	6031.38	24.75	$2005^{(3)}$	19871.67	24.84
$2015^{(1)}$	2237.13	25.27	$2015^{(1)}$	6811.44	24.46
$2015^{(2)}$	6655.59	24.95	$2015^{(2)}$	32234.52	24.93
$2015^{(3)}$	5911.71	24.26	$2015^{(3)}$	19382.42	24.23

从以上分析可以看出，1985—2015年近30年来，中国象山港和美国坦帕湾的生态系统服务价值变化以生态系数价值3为参数计算比较合理并具有一定的科学性。在此，选择价值系数3的计算结果进一步分析生态服务价值结构和生态系统类型面积结构，可以看出，中国象山港流域生态系统价值与生态系统面积变化呈现正相关关系。其中1985年，生态系统服务价值湿地最高达到60%，森林次之25%，而城市最低为16%，1995年其生态系统服务价值由大到小依次为湿地>农田>森林>城市>荒漠>水体，比例分别为45%、26%、25%、24%、23%、21%。2005年，生态系统服务价值水体最高达到32%，湿地次之30%，而农田最低，为23%，2015年生态系统服务价值由大到小依次为水体>城市>荒漠>森林>滩涂>农田。而生态系统类型的面积基本与生态系

统服务价值的面积变化，除湿地外，其他生类型结构成正相关关系，即随着生态系统类型面积的变化而生态系服务价值也相应发生变化（图 8-15）。

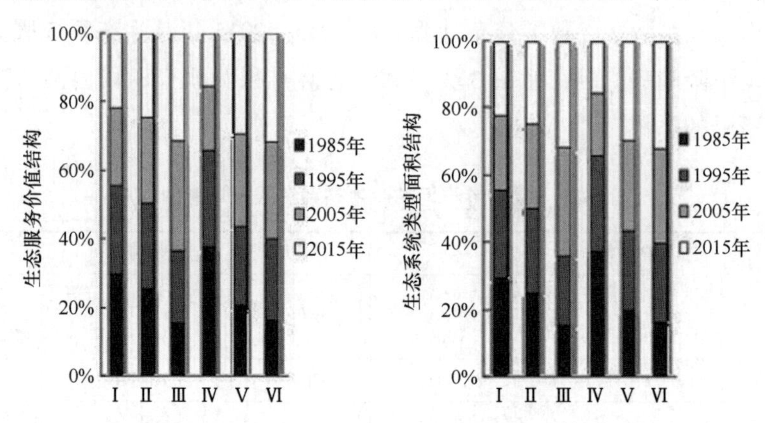

图 8-15 象山港流域生态系统类型面积结构与生态服务价值结构

Ⅰ 农田；Ⅱ 森林；Ⅲ 水体；Ⅳ 湿地；Ⅴ 荒漠；Ⅵ 城市

从以上分析可以看出，1985—2015 年近 30 年来美国坦帕湾的生态系统服务价值变化以生态系数价值 3 为参数计算比较合理并同样具有一定的科学性。在此，选择价值系数 3 的计算结果进一步分析生态服务价值结构和生态系统类型面积结构，可以看出，美国坦帕湾流域生态系统价值与生态系统面积变化呈现正相关关系。其中，1985 年生态系统服务价值森林和农田最高，达到 26%，水体和湿地次之为 25%，而城市最低为 24%，1995 年其生态系统服务价值除荒漠为 22%较其他生态系统类型稍低外，其他生态系统类型基本一致。2005 年，生态系统服务价值荒漠最高达到 26%，而其他生态系统类型较低且相差不大。2015 年生态系统服务价值荒漠为最高达到 30%，城市次之为 26%，最低的为森林和农田均为 24%。而生态系统类型的面积基本与生态系统服务价值的面积结构变化成正相关关系，即随着生态系统类型面积的变化而生态系服务价值也相应发生变化（图 8-16）。

参考 Costanza R，De Groot R，Sutton P，et al.，2004 的价值系数所得到的研究时段各个时期的生态系统服务价值仍明显高于参考 Costanza R，D'Arge R，De Groot R，et al. 1997 的生态系统服务价值评价方法，究其原因是根据 Costanza R，De Groot R，Sutton P，et al.，2004 所确定的森林生态系数 40 365 元/（hm^2 · 年）远高于 Costanza R，D'Arge R，De Groot R，et al. 1997 所确定的值 16 658 元/（hm^2 · 年）。我们也可以看出，价值系数 2 所确定的生态系

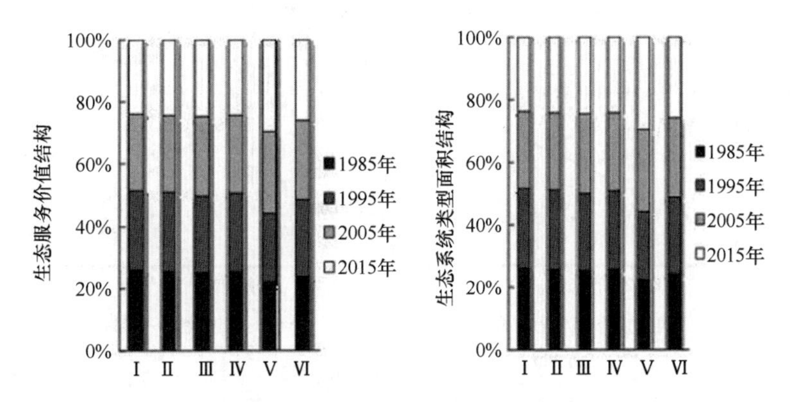

图 8-16 坦帕湾生态系统类型面积结构与生态服务价值结构

Ⅰ 农田；Ⅱ 森林；Ⅲ 水体；Ⅳ 湿地；Ⅴ 荒漠；Ⅵ 城市

统服务价值系数大多高于价值系数 3 所确定的生态系统服务价值系数。由于森林的生态系统服务价值在两个流域生态系统服务价值中占主体地位，其他的生态系统类型服务价值在总价值中所占的比例较低，所以选择价值系数 2 的基础上，根据本书的研究实际进行了修订，最终确定了以价值系数 3 为主要的生态系统服务价值结果进行分析。

8.4.7.2 不同生态系统类型的服务价值

根据公式计算中国象山港流域 1985—2015 年个时期的生态系统服务价值见表 8-30，从表 8-30 可以看出，中国象山港流域生态系统服务价值在 1985—2015 年时段呈下降态势。按照三种价值系数评价中国象山港流域近 30 年来生态系统服务价值随时间不会的情况分别用线性方程表示（图 8-17）。

$Y_1=32.65X_1+2131$（$R^2=0.615$，Y_1 为生态系统服务价值，X_1 为时间序数）；

$Y_2=-5.955X_2+6684$（$R^2=0.313$，Y_2 为生态系统服务价值，X_2 为时间序数）；

$Y_3=-127.4X_2+64099$（$R^2=0.968$，Y_3 为生态系统服务价值，X_3 为时间序数）。

根据公式计算美国坦帕湾流域 1985—2015 年个时期的生态系统服务价值见表 8-31，从表 8-31 可以看出，中国象山港流域生态系统服务价值在 1985—2015 年时段呈下降态势。按照三种价值系数评价美国坦帕湾流域近 30 年来生态系统服务价值随时间变化的情况分别用线性方程表示（图 8-18）。

$Y_1=-1217X_1+19795$（$R^2=0.016$，Y_1为生态系统服务价值，X_1为时间序数）；

$Y_2=-1321X_2+26263$（$R^2=0.019$，Y_2为生态系统服务价值，X_2为时间序数）；

$Y_3=2395X_2+13586$（$R^2=0.088$，Y_3为生态系统服务价值，X_3为时间序数）。

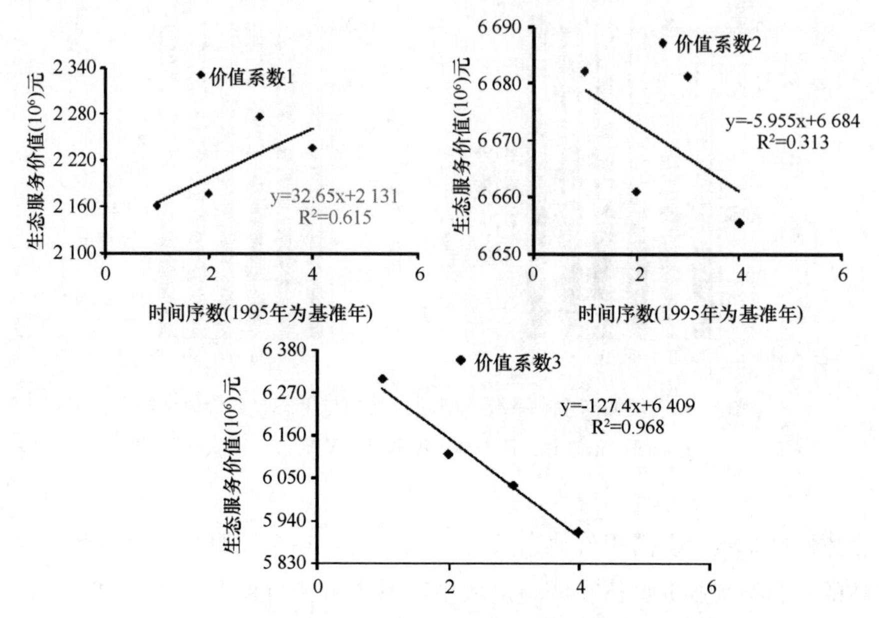

图 8-17 不同价值系数的象山港流域生态系统服务价值

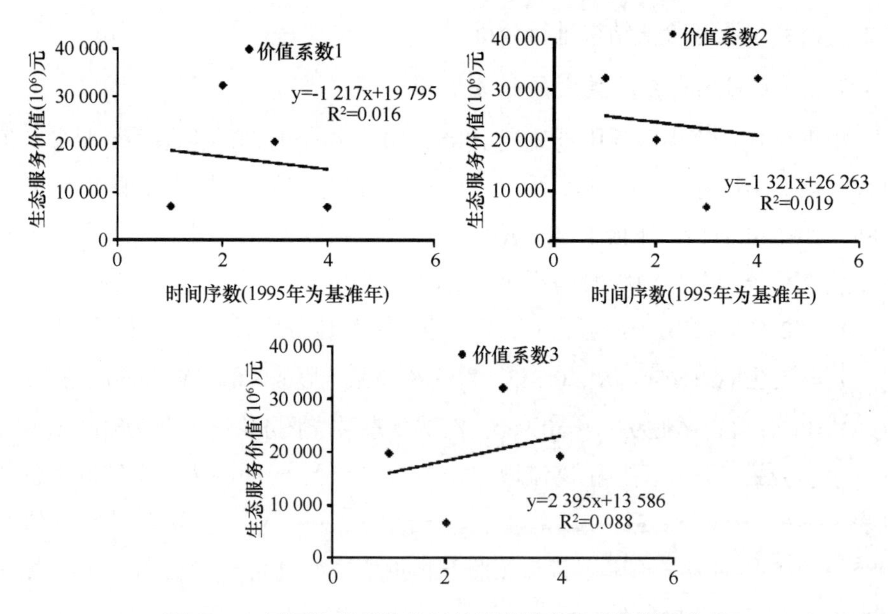

图 8-18 不同价值系数的坦帕湾流域生态系统服务价值

按三种价值系数的评价结果都表明森林的生态系统服务价值在中国象山港流域生态系统服务价值中所占比例最大，其次是水体，荒漠和城市生态系统的所占比例相对较低。从表 8-29、表 8-30 的结果也可以看出根据这三种价值系数计算得到各个生态系统类型的生态系统服务价值不同年份的差异变化较大，尤其是价值系数 1 比价值系数 2、价值系数 3 的变化较大。以 1985 年为例，森林生态系统服务价值系数 1 计算的结果明显比价值系数 2 和价值系数 3 计算得到的结果低，分别为 1 658. 11×10^6元、4 017. 87×10^6元，其相对高差达到 2 359. 76×10^6元；而 2015 年为例，森林生态系统服务价值系数 1 计算的结果明显比价值系数 2 和价值系数 3 计算得到的结果低，分别为 1 630. 76×10^6元、3 951. 58×10^6元，其相对高差达到 2 320. 82×10^6元。中国象山港流域在研究时段内的生态系统服务价值按照三种价值系数计算，以森林生态系统为例，1985—2015 年的生态系统服务价值按照三种价值系数计算分别下降了 27. 35×10^6元、66. 29×10^6元、66. 29×10^6元，其相对高差达到 38. 94×10^6元。

表 8-29　象山港流域生态系统服务功能价值　（10^6元）

年份	农田	森林	水体	湿地	裸地	城市
1985(1)	26. 80	1658. 11	234. 34	242. 46	0	0
1985(2)	1464. 53	4017. 87	311. 77	512. 09	0	37595
1985(3)	1464. 53	4017. 87	311. 77	512. 09	0. 26	2. 84
1995(1)	23. 69	1651. 30	318. 46	183. 96	0	0
1995(2)	1294. 79	4001. 36	423. 69	388. 52	0	552. 65
1995(3)	1294. 79	4001. 36	423. 69	388. 52	0. 30	4. 17
2005(1)	20. 67	1646. 99	489. 65	120. 42	0	0
2005(2)	1129. 39	3990. 91	651. 46	254. 34	0	655. 23
2005(3)	1129. 39	3990. 91	651. 46	254. 34	0. 35	4. 94
2015(1)	20. 04	1630. 76	485. 38	100. 95	0	0
2015(2)	1095. 11	3951. 58	645. 77	213. 20	0	749. 92
2015(3)	1095. 11	3951. 58	645. 77	213. 20	0. 38	5. 66

表 8-30　坦帕湾流域生态系统服务功能价值　（10^6元）

年份	农田	森林	水体	湿地	裸地	城市
1985(1)	117. 03	3114. 75	2105. 98	1766. 39	0	0
1985(2)	6395. 97	7547. 55	2801. 89	3730. 65	0	11882. 87

续表

年份	农田	森林	水体	湿地	裸地	城市
1985(3)	6395.97	7547.55	2801.89	3730.65	3.42	89.67
1995(1)	114.06	3069.58	2051.99	1741.84	0	0
1995(2)	6233.25	7438.08	2730.05	3678.79	0	12270.85
1995(3)	6233.25	7438.08	2730.05	3678.79	3.33	92.60
2005(1)	110.11	3008.88	2099.10	1738.46	0	0
2005(2)	6017.35	7290.99	2792.72	3671.65	0	12579.77
2005(3)	6017.35	7290.99	2792.72	3671.65	4.04	94.93
2015(1)	106.47	2951.99	2070.53	1682.45	0	0
2015(2)	5818.87	7153.15	2754.72	3553.36	0	12954.42
2015(3)	5818.87	7153.15	2754.72	3553.36	4.56	97.76

8.4.7.3 生态系统服务价值数量变化

(1) 生态系统服务价值变化

根据生态系统服务价值计算公式和修订后的生态系统服务价值系数即价值系数3为例，对1985年、1995年、2005年以及2015年四个时期的生态系统服务价值计算。由象山港流域1985—2015年生态系统服务价值变化（表8-31），30年来，象山港流域生态系统服务价值减幅较大，减少了388.66×10^6元，动态度为5.58%。生态系统服务价值呈增加趋势的生态系统类型为水体和城市，其中水体的增幅最大，增加了334×10^6元，其次为城市，增加了2.82×10^6元；农田、湿地和森林生态系统类型的生态系统服务价值呈减少趋势，分别减少了369.42×10^6元、289.89×10^6元、66.29×10^6元。

表8-31 1985—2005年象山港流域生态系统服务价值变化 （10^6元）

类型	1985-1995年	1995-2005年	2005-2015年	1985-2015年
农田	-169.74	-165.4	-34.28	-369.42
森林	-16.51	-10.45	-39.33	-66.29
水体	111.92	227.77	-5.69	334
湿地	-123.57	-134.18	-41.14	-289.89
裸地	0.04	0.05	0.03	0.12
城市	1.33	0.77	0.72	2.82

从象山港流域研究期内的不同研究时段即 1985—1995 年、1995—2005 年、2005—2015 年的各生态系统类型的生态系统服务价值的变化来看，农田生态系统类型在 1985—1995 年间减幅最大，减少了 169. 74×10^6元，在 2005—2015 年间减幅最小，减少了 34. 28×10^6元；森林生态系统类型在 2005—2015 年间减幅最大，减少了 39. 33×10^6元，在 1995—2005 年间减幅最小，减少了 10. 45×10^6元；水体在研究时段内先增后减，其中在 1995—2005 年间增幅较大，增加了 227. 77×10^6元，而在 2005—2015 年间成为减少的趋势，减少了 5. 69×10^6元；湿地生态系统类型在研究的各个时段都在减少，其中 1995—2005 年间减少的幅度最大，减少了 134. 18×10^6元；荒漠生态系统类型在 30 年来的各个时段变化不大，但生态系统服务价值基本处在较低的状态，也是波动减少趋势；城市生态系统服务价值处在不断减少趋势，其中由 1985—1995 年间的 1. 33×10^6元减少到 2005—2015 年间的 0. 72×10^6元。

由坦帕湾流域 1985—2015 年生态系统服务价值变化（表 8-32），可以看出 30 年来，坦帕湾流域生态系统服务价值减幅较小，减少了 1 186. 73×10^6元，动态度为 0. 72%。生态系统服务价值呈增加趋势的生态系统类型为荒漠和城市，其中城市的增幅最大增加了 8. 09×10^6元，其次为荒漠，增加了 1. 14×10^6元；农田、森林、水体和湿地生态系统类型的生态系统服务价值呈减少趋势，分别减少了 577. 10×10^6元、394. 40×10^6元、47. 17×10^6元、177. 29×10^6元。

表 8-32 1985—2005 年坦帕湾流域生态系统服务价值变化 （10^6元）

类型	1985-1995 年	1995-2005 年	2005-2015 年	1985-2015 年
农田	-162. 72	-12250. 6	-198. 48	-577. 1
森林	-109. 47	-14729. 07	-137. 84	-394. 4
水体	-71. 84	-5522. 77	-38	-47. 17
湿地	-51. 86	-7350. 44	-118. 29	-177. 29
裸地	-0. 09	-7. 37	0. 52	1. 14
城市	2. 93	-187. 53	2. 83	8. 09

从坦帕湾流域研究期内的不同研究时段即 1985—1995 年、1995—2005 年、2005—2015 年的各生态系统类型的生态系统服务价值的变化来看，农田生态系统类型在 1995—2005 年间减幅最大，减少了 12 250. 60×10^6元，在 1985—1995 年间减幅最小，减少了 162. 72×10^6元；森林生态系统类型在 1995—2005 年间减幅最大，减少 14 729. 10×10^6元，在 1985—1995 年间减幅

最小，减少了 109.47×10^6元；水体在研究时段于 1995—2005 年间减幅较大，减少了5 522.77×10^6元，而在 2005—2015 年间减少速度降低，减少了 38×10^6元；湿地生态系统类型在研究的各个时段都在减少，其中 1995—2005 年间减少的幅度最大，减少了 7 350×10^6元；荒漠生态系统类型在 30 年来的各个时段变化不大，但生态系统服务价值基本处在较低的状态，处在波动增加的趋势；城市生态系统服务价值处在减少趋势，其中由 1985—1995 年间的 2.93×10^6元减少到 2005—2015 年间的 2.83×10^6元。

（2）动态度变化

生态系统服务价值动态度（李保杰 等，2015）是描述某种土地利用类型或者区域生态系统一定时间范围内生态系统服务价值的变化速度。它能较好地比较各土地利用类型间或区域间生态系统服务价值的变化的差异，并对生态系统服务价值的变化趋势进行预测。$k>0$，生态系统服务价值呈增大趋势；$k<0$，生态系统服务价值呈减少趋势；$k=0$，生态系统服务价值保持不变。其计算公式如下：

$$k = \frac{ESV_b - ESV_a}{ESV_a} \times \frac{1}{T} \times 100\%$$

式中：ESV_a 和 ESV_b 分别为研究初期和末期某一区域或土地利用类型的生态系统服务价值；T 为研究时段。

从象山港流域各生态系统类型的生态系统服务价值的动态度来看（表 8-33），生态系统服务价值动态度大于零的生态系统类型有水体、荒漠以及城市，表明上述生态系统类型的生态系统服务价值呈逐渐增大的趋势，其中水体的生态系统服务价值动态度最大，为 3.57%；动态度小于零的生态系统类型有农田、森林以及湿地，表明以上生态系统类型的生态系统服务价值呈减少的趋势，其中森林生态系统类型的生态系统服务价值动态度最小，为 -0.05%。分时段来看各生态系统类型的生态系统服务价值动态度，农田生态系统服务价值动态度从 1985—1995 年间的-0.39%上升到 2005—2015 年的 -0.01%；森林则从 1985—1995 年间的-0.01%上升到 2005—2015 年的 0，表明生态系统服务价值有减小趋势到保持不变态势；水体的生态系统服务价值动态度从 1985—1995 年间的 1.20%下降到 2005—2015 年的 0.04%，表明水体的生态系统服务价值在逐渐降低但依旧保持增大趋势，即增大趋势的速度在降低；湿地生态系统服务价值动态度一直保持小于零，而荒漠和城市的生态系统服务价值动态度在各时段都保持大于零，说明研究各时段生态系统服务价值出现增大趋势，但其增大趋势的速度也都在降低。

表 8-33 1985—2005 年象山港流域生态系统服务价值动态度 (%)

类型	1985-1995 年	1995-2005 年	2005-2015 年	1985-2015 年
农田	-0.39	-0.43	-0.01	-0.84
森林	-0.01	-0.01	0	-0.05
水体	1.2	1.79	0.04	3.57
湿地	-0.8	-1.15	-0.03	-1.95
裸地	0.51	0.56	0.02	1.54
城市	1.56	0.62	0.05	3.31

从坦帕湾流域各生态系统类型的生态系统服务价值的动态度来看（表 8-34），生态系统服务价值动态度大于 0 的生态系统类型有荒漠以及城市，表明上述生态系统类型的生态系统服务价值呈逐渐增大的趋势，其中荒漠的生态系统服务价值动态度最大，为 1.11%；动态度小于 0 的生态系统类型有农田、水体、森林以及湿地，表明以上生态系统类型的生态系统服务价值呈减少的趋势，其中森林生态系统类型的生态系统服务价值动态度最小，为-0.17%。分时段来看各生态系统类型的生态系统服务价值动态度，农田生态系统服务价值动态度从 1985—1995 年间的-0.08%变为 2005—2015 年的-0.11%；森林则从 1985—1995 年间的-0.05%变化到 2005—2015 年的-0.06%，表明生态系统服务价值的有减小趋势；水体的生态系统服务价值动态度从 1985—1995 年间的-0.09%上升到 2005—2015 年的-0.05%，表明水体的生态系统服务价值增大趋势的速度在降低；湿地生态系统服务价值动态度一直保持小于 0，而荒漠和城市的生态系统服务价值动态度在 2005—2015 年间都保持大于 0，说明近年来该研究时段生态系统服务价值出现增大趋势，但其增大趋势不太明显，其动态度分别为 0.43%、0.10%。

表 8-34 1985—2005 年坦帕湾流域生态系统服务价值动态度

类型	1985—1995 年	1995—2005 年	2005—2015 年	1985—2015 年
农田	-0.08	-6.55	-0.11	-0.3
森林	-0.05	-6.6	-0.06	-0.17
水体	-0.09	-6.74	-0.05	-0.06

续表

类型	1985—1995 年	1995—2005 年	2005—2015 年	1985—2015 年
湿地	-0.05	-6.66	-0.11	-0.16
裸地	-0.09	-7.38	0.43	1.11
城市	0.11	-6.75	0.1	0.3

可以看出，随着人类造貌能力的加强与开发利用范围的扩大，在人类干预和其他非常规自然演化因素的推动下，大量的生态系统处于不良状态，这可能会导致人口资源环境的超负荷负担。因此，中国象山港需要加强对自然、半自然和人工等不同生态系统自调控阈值的研究，以维持其正常的运行机制，尤其是要研究自然和人类活动引起局部和全球环境变化带来的一系列生态效应，分析潮滩湿地生物多样性、群落和生态系统与周围限制性环境因素间的作用效益及机制。

8.4.8 流域生态系统服务价值空间异质性研究

生态系统服务功能是生态系统与生态过程形成及维持的人类赖以生存的自然环境条件与效用（James et al，2007；Millennium Ecosystem Assessment，2005），可用生态系统服务价值（Ecosystem Service Value）来度量其经济价值，是全球可持续发展水平的重要标志。然而人类开发活动追求生存和发展的同时植根于陆表环境的改变，对土地系统超负荷挖掘与利用引起自然与人工生态系统比例失调，进而损伤了人类可持续发展的生态基础（李加林等，2005）。与此同时，人类开发活动引起的生态系统服务价值变化研究在社会经济快速发展背景下被广泛关注（冯异星等，2009），并将其作为绿色国民经济核算体系建立的基础工作（Study of Critical Environmental Problems，SCEP，1970），服务于人类福利及经济可持续发展（Millennium Ecosystem Assessment，MA，2005），成为当前人文地理学、生态经济学及应用生态学等学科研究的热点（李加林 等，2005）。港湾生态系统演化对人类开发活动程度的响应主要体现在陆表流域及近海生态变化等方面，可利用生态系统组分和海洋生态相关构成指标来表达。象山港作为中国东部沿海半封闭型港湾的典型代表，纵观其人类开发活动推进的快速城镇化过程，人与生态环境之间的适应或诸多负面效应显现在各个时段与地区，所以地学视域导控的象山港便是海岸带研究的热点案例。

8.4.8.1　流域生态系统服务价值空间分布分析

作为生态系统结构分布的重要形式，生态系统服务价值空间特征可衡量生态功能分布的区域差异。运用 ArcGIS 空间分析功能，根据生态系统服务价值计算结果，对比分析中美两港湾生态系统服务价值空间分异，由弱至强划分为五个等级，极低（Ⅰ级$<1\times10^8$元）、低（1×10^8元$\leqslant$Ⅱ级$<2\times10^8$元）、中（2×10^8元$\leqslant$Ⅲ级$<6\times10^8$元）、高（6×10^8元$\leqslant$Ⅳ级$<1\,000\times10^8$元）、极高（Ⅴ级$\geqslant1\,000\times10^8$元）。象山港流域面积 1 455 km^2，1985 年平均生态系统服务价值为 945.88×10^6元，而 2015 年平均生态系统服务价值为 936.78×10^6元。

根据生态系统服务价值计算结果，以不同生态系统类型为单元，得到象山港流域生态系统服务价值空间分布情况。总体来看，流域内陆上游包括凫溪、大佳何溪、下沈港、西周港、淡港河及松岱溪等条带或片状区域生态系统服务价值高于 $1\,129.39\times10^6$元，反之下游近海平原地区人口密度较大对其冲击明显而使生态系统服务价值相对较低。象山港流域生态系统服务价值空间分异显著，在城市化程度较高的沿海地区出现较低值的生态系统服务价值集聚区，并呈半环状向外围递减，出现以河流下游为辐射源的单核集聚特征，2015 年生态系统服务价值低值集聚的核心区主要包括下湾溪下游、大嵩江流域中下游、降渚溪和下陈溪下游、颜公河流域、西周港流域下游以及珠溪、钱仓河和贤庠河流域下游地区。而生态系统服务价值高值区域则在流域上游地区集中分布。可见，象山港流域生态系统服务价值呈近海低内陆高的空间特征，说明生态系统服务价值分布与自然地理环境条件、区域经济发展水平呈显著正相关性。此外，交通轴线、农耕等人类活动生态干扰因子诱导生态系统类型转型也会影响生态系统服务价值分布。

而坦帕湾流域面积 1 455 km^2，1985 年平均生态系统服务价值为 $3\,428.19\times10^6$元，而 2015 年平均生态系统服务价值为 $3\,230.40\times10^6$元。根据生态系统服务价值计算结果，以不同生态系统类型为单元，得到坦帕湾流域生态系统服务价值空间分布情况。总体来看，流域内陆上游包括赫南多南部、帕斯科北部、希尔斯伯勒北部以及马纳提东南部等团块或片状区域生态系统服务价值高于 $5\,818.17\times10^6$元，和象山港流域一样反之下游近海平原地区人口密度较大对其冲击明显而使生态系统服务价值相对较低。和中国象山港流域一样美国坦帕湾流域生态系统服务价值空间分异显著，在城市化程度较高的沿海地区出现较低值的生态系统服务价值集聚区，特别是在旧坦帕湾、希尔斯伯勒湾以及中坦帕湾北部呈半环状向陆域地区递减，2015 年生态系统服务价值低值集聚的核心区主要包括圣彼得堡、皮拉尼斯、甘迪以及克利尔沃特地区，在坦帕市周围也有分布。而生态系统服务价值高值区域则在流域上游地区集中分布。可见，坦帕湾流域生态系统服务价值呈近海低内陆高的空间特征，总体上是东南部与东北部高于西部地区，说明生态系统服务价值分布与自然地理环境条件、区域经济发展水平呈显著正相关性。此外，交通轴线、大都市圈形成辐射等人类活动生态干扰因子诱导生态系统类型转型也会影响生态系统服务价值分布。

8.4.8.2 流域生态系统服务价值空间相关性分析

生态系统在不同尺度上的变化对于人类的影响是不同的。某一局地生态系统的变化对地方某些福利的影响（例如局地的森林砍伐对当地水源的影响）可能较小，但在较大的空间尺度上，该变化将产生重要的影响（张宏锋 等，2007）。流域作为经济、资源和环境相互作用较强，整体性相对突出的区域，在生态系统服务研究中逐渐得到重视（陈能汪 等，2012）。

（1）全局空间自相关分析

全局自相关是对属性在整个区域空间特征的描述，反映空间邻接或空间邻近区域单元观测值的相似程度。一般在涉及空间全局自相关的研究中都应用 Moran's I 指数表示。其值在正负 1 之间，大于零表示存在空间正相关，小于零为负相关，等于零则表示不存在空间相关性。

$$I = \frac{\sum_{i=1}^{n} \sum_{j \neq 1}^{n} W_{ij}(x_i - \bar{x})(x_j - \bar{x})}{S^2 \sum_{i=1}^{n} \sum_{j \neq 1}^{n} W_{ij}}$$

式中：$S^2 = \frac{1}{n}\sum_{i=1}^{n}(x_i - \bar{x})^2$；$\bar{\mathrm{x}} = \frac{1}{\mathrm{n}}\sum_{\mathrm{i}=1}^{\mathrm{n}}\mathrm{x_i}$；$x_i$ 和 x_j 为位置 i 和位置 j 的属性值，在文中为各县域的人口密度。W_{ij} 为前述空间权重矩阵。一般采用 z 检验来检验区域之间是否存在空间自相关关系，Z 的计算公式为：

$$Z = \frac{I - E(I)}{\sqrt{VAR(I)}}$$

（2）局部空间自相关分析

局部自相关是衡量每个空间要素属性在局部的相关性质。本节采用 Local Moran's I 指数。观测单元 i 的局部自相关统计定义为如下形式：

$$I_i = \frac{(x_i - \bar{x})}{S^2}\sum_{j \neq 1}^{n} W_{ij}(x_j - \bar{x})$$

式中：n、x_i、x_j、W_{ij}含义同前。I_i 的绝对值越大，表示子区域空间关联性程度越高。I_i 的 z 检验为：

$$Z = (I_i - E[I_i]) / \sqrt{VAR(I_i)}$$

本节分析结果以置信度>95%时可信，即概率<0.05 时为显著特征，因此 Z 的绝对值应>1.96，为显著空间自相关。式中：n 为生态系统类型种类，w_{ij} 为第 i 个和第 j 个区域的邻近权重矩阵，x_i 和 x_j 分别为它们的属性值，$\bar{x}$ 为均值，Z（I）为标准差，E（I）为 I 的期望，Var（I）为方差，I_i 为第 i 个生态系统类型价值的空间自相关程度，Z（I_i）为标准，E（I_i）为期望，Var（I_i）为方差。

不同尺度的生态系统变化受人类开发活动的影响有所差异，局地生态系统变化对较小范围某些生态福利影响（如局地森林砍伐对当地水源的影响）可能较弱，但在较大空间尺度该变化将产生重要影响。这使流域作为经济与资源环境相互作用程度较高的系统而在生态系统服务研究中逐渐得到重视，所以对生态系统服务价值分布的空间可视化表达是研判生态功能空间分异的有效方法。基于邻接（Contiguity）关系的权重矩阵，利用 GeoDa 软件计算 1986—2015 年象山港流域生态系统服务价值分布的全局 Moran's I，得到全局空间关联统计值（表 8-35）。

表 8-35　1985—2015 年象山港流域生态系统服务价值的 Moran's I 值

年份	1985 年	1995 年	2005 年	2015 年
Moran's I	−0.356 0	−0.360 3	−0.338 5	−0.361 4
EI	−0.000 9	−0.000 8	−0.000 8	−0.000 8
Z	−14.302 8	−17.751 1	−18.496 3	−15.352 1

由表 8-35 可见，全局 Moran's I 估计值均为负值，且检验结果显著，表明象山港流域生态系统服务价值在空间上有较高的负相关性，生态系统服务价值较高和较低区域分别出现空间集聚特征，即生态系统服务价值高的区域集聚分布，生态系统服务价值低的区域集聚分布。就变化趋势角度，Moran's I 值呈波动下降态势，表明空间集聚随时间序列推移而不断增强，主要是因为象山港流域城镇化过程推进较快，特别是人类开发活动强度提升的联动效应，

使近海平原交通道路网络通达性提高及其城市基础设施建设日益完善，人口集聚导致建成区密度上升逐渐演化成为块状形态使海岸带生态系统流紊乱，一定程度上也缩减了流域下游地区人口环境容量。同理基于邻接（Contiguity）关系的权重矩阵，利用 GeoDa 软件计算 1985—2015 年坦帕湾流域生态系统服务价值分布的全局 Moran's I，得到全局空间关联统计值（表 8-36）。

表 8-36 1985—2015 年坦帕湾流域生态系统服务价值的 Moran's I 值

项目	1985 年	1995 年	2005 年	2015 年
Moran's I	-0.065 6	-0.062 5	-0.061 1	-0.044 3
EI	0	0	0	0
Z	-18.954 8	-19.277 4	-17.309 7	-13.595 5

由表 8-36 可见，全局 Moran's I 估计值均为负值，且检验结果显著，表明坦帕湾流域生态系统服务价值在空间上有较高的负相关性，生态系统服务价值较高和较低区域分别出现空间集聚特征，即生态系统服务价值高的区域集聚分布，生态系统服务价值低的区域集聚分布。就变化趋势角度，Moran's I 值呈波动上升态势，表明空间扩散随时间序列推移而不断增强，主要是因为坦帕湾流域圣彼德斯堡-克里尔沃特-坦帕都市圈形成并逐渐扩大，特别是人类开发活动集中，人口众多，使近海平原海、陆、空交通道路网络通达性成熟，城市周期的休闲旅游娱乐业发展较为迅速，人口集聚导致建成区密度上升逐渐演化成为块状形态使海岸带生态资源环境造成了冲击，一定程度上也缩减了流域下游地区人口环境容量。

为深入辨明象山港流域和坦帕湾流域生态系统服务价值局部空间特性，利用 Locla Moran's I 系数来测度生态系统服务价值的局部空间关联特征，即研究区内空间对象与邻近空间单元生态系统服务价值特征的相关性。空间邻接或空间邻近区域单元生态系统服务价值特征的相似程度，用 LISA 集聚图表示。

从整体来看，象山港流域近 30 年的发展过程中裘村溪、松岱溪流域地区持续成为生态系统服务价值的高-高集聚区，但规模有所缩减。特别是下沈港、西周港流域中上游等区域向流域下游方向延伸至河流入海口地带，由于人类活动强度日趋上升，为所属县（市）区提供了经济活动的物质资源基础，加之海岸带适宜的气候环境更易形成沿海岸带条块带状的集聚格局。而低-低值集聚区则主要集中在象山港湾内底部，地形上包括颜公河流域全流域以及大佳何溪中下游流域地区，但在北仑、鄞州、奉化、宁海等县（市）区近海沿岸也有零星分布，形成了鲜明的生态系统服务价值集疏演化冷点带即象山港流域大多上游地区和部分流域下游区域。从整体来看，坦帕湾流域近1985-2015年的发展过程中帕斯科、克利尔沃特东部等地区生态系统服务价值的高-高集聚区，特别是2005年以来在赫南多和帕斯科交界区域、波克南部以及帕里什西南部和森城南部地区高-高值集中分布较为明显。而低-低值集聚区则主要集中在坦帕湾流域上游及南部下游地区，行政上包括波克、布雷登顿、圣彼得堡西部以及旧坦帕湾沿岸区域。

8.4.9　结论

随着全球性资源生态环境问题加剧，尤其是海岸带人类活动开发强度与开发范围扩大，以及一些全球性质的重大命题也在关注生态服务功能分析。生态类型演化很多时候涉及较多过程要素，中美港湾流域的生态系统类型变化包括生态系统类型的面积变化、空间格局变化以及质量的变化。近30年来象山港港湾流域农田生态系统变化较大，从1985年35 075.96 hm^2减少至2015年26 228.32 hm^2，比例由1985年的23.76%降至2015年的17.76%，而坦帕湾港湾流域从1985年的153 185.92 hm^2减少至2015年的139 364.21 hm^2，比例从24.39%降至22.19%。

宏观整体来看，1985-2015年象山港流域30年来面积变化由大到小的依次为农田>城市>水体>森林>湿地>荒漠生态系统，净变化比例由大到小的依次分别为水体>城市>湿地>荒漠>农田>森林生态系统。而坦帕湾港湾流域30年来面积变化由大到小的依次为农田>城市>森林>荒漠>湿地>水体生态系统，净变化比例由大到小的依次分别为荒漠>城市>农田>森林>湿地>水体生态系统。中国浙江省象山港流域和美国佛罗里达州坦帕湾流域的生态系统类型空间格局发生了明显变化。可以看出，随着城镇化和大都市圈进程的推进，城市面积不断增加，使得都市在一定范围内的分离度减小，在较大的区域内分布格局尤为集中，逐渐成为主导港湾地区的生态类型分布的主要影响因子。从近年生态类型来看，农田仍处于主导地位。总体来看，不断减少的大部分为自然生态系统类型，而人工生态类型在逐渐增加。

人类世以来的土地利用类型随着开发强度的增加其转化速率也在增大，由此引起的生态系统类型表现出空间分异，带来的生态系统服务价值出现较大变化。在人类活动开发历史悠久的海岸带港湾地区，生态系统服务价值演化尤为显著。1985-2015 年中国浙江省象山港流域生态系统服务价值减少了 388.66×10^6元，动态度为 5.58%，减幅较大。生态系统服务价值呈增加趋势的生态系统类型为水体和城市，其中水体的增幅最大，增加了 334×10^6元，其次为城市，增加了 2.82×10^6元；农田、湿地和森林生态类型的生态系统服务价值分别减少了 369.42×10^6元、289.89×10^6元、66.29×10^6元。30 年来坦帕湾流域生态系统服务价值减幅较小，减少了 1 186.73×10^6元，动态度为 0.72%。生态系统服务价值呈增加趋势的生态系统类型为荒漠和城市，其中城市的增幅最大，增加了 8.09×10^6元，其次为荒漠，增加了 1.14×10^6元；农田、森林、水体和湿地生态类型的生态系统服务价值分别减少了 577.10×10^6元、394.40×10^6元、47.17×10^6元、177.29×10^6元。

随着人类造貌能力的加强与开发利用范围的扩大，在人类干预和其他非常规自然演化因素的推动下，较多的生态系统变成了亚健康的状态。中国象山港需要加强对自然、半自然和人工等不同生态系统自调控阈值的研究，以维持其正常的运行机制，尤其是要研究自然和人类活动引起局部和全球环境变化带来的一系列生态效应，分析潮滩湿地生物多样性、群落和生态系统与周围限制性环境因素间的作用效益及机制。坦帕湾港湾流域生态价值呈近海低内陆高的空间特征，总体上是东南部与东北部高于西部地区，由此可以看出地理环境与生态系统服务价值的空间分布构成显著正相关性。此外，交通轴线、大都市圈形成辐射等人类活动生态干扰因子诱导生态类型转型也会影响生态价值分布。全局 Moran's I 估计值均为负值，且检验结果显著，表明象山港流域和坦帕湾流域生态系统服务价值在空间上有较高的负相关性。

参考文献

毕秀晶. 2014. 长三角城市群空间演化研究. 华东师范大学.

卜晓燕, 米文宝, 许浩, 等. 2016. 基于多源数据融合的宁夏平原不同湿地类型生态服务功能价值评估. 浙江大学学报(农业与生命科学版), 42(2):228-244.

蔡晓明. 2000. 生态系统生态学. 北京:科学技术出版社, 1-17.

蔡运龙, 陆大道, 周一星, 等. 2004. 地理科学的中国进展与国际趋势, 地理学报, 59(6):803-810.

柴宗新. 1986. 按相对高度划分地貌基本形态的建议//中国 1∶100 万地貌图编辑委员会, 中国科学院地理研究所. 地貌制图研究文集. 北京:测绘出版社, 90-97.

常静. 2004. 城市中心区人工地貌垂直发育模式研究:以大连市为例. 大连:辽宁师范大学.

车冰清, 孟德友, 陆玉麒, 等. 2017. 江苏省空间开发适宜性与土地利用效率的协调性分析. 中国土地科学, 31(5):20-30.

陈吉余, 罗祖德, 胡辉. 2000. 2000 年我国海岸带资源开发的战略设想. 黄渤海海洋, 3(1):71-77.

陈吉余. 2000. 中国围海工程. 北京:中国水利水电出版社, 34-109.

陈龙, 谢高地, 裴厦, 等. 2012. 澜沧江流域生态系统土壤保持功能及其空间分布. 应用生态学报, 23(8):2249-2256.

陈桥驿. 1985. 浙江地理简志. 杭州:浙江人民出版社.

陈晓玲, 吴华意. 1993. 沿江城市人工地貌的环境效应. 北京:地震出版社.

陈晓玲. 1992. 武汉市城市地貌图的编制思想. 湖北大学学报(自然科学版), 14(3):290-293.

陈彦光, 刘继生. 2001. 城市土地利用结构和形态的定量描述:从信息熵到分数维. 地理研究, 5(2):146-152.

陈兆林. 2005. 不同结构离岸式潜堤消浪效果试验研究. 海岸工程, 24(2):1-6.

陈仲新, 张新时. 2000. 中国生态系统效益的价值. 科学通报, 2000, 45(1):17-22, 113.

程维明, 刘樯漪, 申元村. 2016. 国家自然科学基金项目资助的地貌学研究现状与效应. 地理学报, (7):1255-1261.

程维明, 周成虎. 2014. 多尺度数字地貌等级分类方法. 地理科学进展, (1):23-33.

慈溪市地方志编纂委员会编. 2015. 慈溪市志. 杭州:浙江人民出版, 304-529.
慈溪市统计局, 慈溪市统计学会编. 2014. 慈溪统计年鉴. 宁波:宁波出版社, 2005-2014.
丛宁, 张振克, 夏非. 2010. 人类活动与全球变暖影响下长江口海岸地貌动态与灾害趋势研究. 河南科学, 28(5):605-611.
戴雪荣, 师育新, 俞立中, 等. 2005. 上海城市地貌环境的致灾性. 地理科学, (5):126-130.
德梅克 J. 1984. 国际地理联合会地貌调查与地貌制图委员会详细地貌制图手册. 北京:科学出版社.
邸向红, 侯西勇, 吴莉. 2014. 中国海岸带土地利用遥感分类系统研究. 资源科学, 36(03):463-472.
刁承泰, 曹康琳, 张友刚. 1996. 城市地貌环境的脆弱性研究. 西南师范大学学报(自然科学版), (2):173-178.
刁承泰, 黄明星, 李敏 等. 2000. 简论人类造貌营力. 西南师范大学学报(自然科学版), 25(4):462- 466.
刁承泰, 张友刚. 1998. 简析城市地貌环境脆弱带. 热带地理, 18(1):50-52.
刁承泰. 1990. 城市地貌学的探讨. 地球科学进展, 5(6):42-47.
刁承泰. 1992. 城市地貌环境致灾性评价:以重庆为例. 灾害学, (4):18-22.
刁承泰. 1993. 重庆城市地貌图的设计与编制. 地理学报, 48(6):544-551.
刁承泰. 1993. 重庆城市地貌研究的设计与实践. 地球科学进展, 8(2):71-75.
刁承泰. 1999. 城市地貌学. 重庆:西南师范大学出版社.
董鉴泓. 2004. 中国城市建设史(第三版). 北京:中国建筑工业出版社,
杜清, 徐海量, 赵新风, 等. 2014. 新疆喀什噶尔河流域 1990-2010 年土地利用/覆被及景观格局的变化特征. 冰川冻土, 36(6):1548-1555.
方精云, 刘国华, 徐嵩龄. 1996. 我国森林植被的生物量和净生产量. 生态学报, 16(5):497-508.
傅伯杰, 陈利顶, 马克明, 等. 2001. 景观生态学原理及应用. 北京:科学出版社.
高宾, 李小玉, 李志刚, 等. 2011. 基于景观格局的锦州湾沿海经济开发区生态风险分析. 生态学报, 31(12):3441-3450.
高玄彧, 王青. 2006. 地貌分类指标的钢柔性探索. 世界科技研究与发展, 28(2):79-85.
高义, 苏奋振, 孙晓宇, 等. 2011. 近 20a 广东省海岛海岸带土地利用变化及驱动力分析. 海洋学报, 33(4):95-103.
高义, 苏奋振, 周成虎, 等. 2011. 基于分形的中国大陆海岸线尺度效应研究. 地理学报, 66(3):331-339.
高义, 王辉, 苏振奋, 等. 2013. 中国大陆岸线 30a 的时空变化分析. 海洋学报, 35(6):31-42.
郭意新, 李加林, 徐谅慧, 等, 2015. 象山港海岸带景观生态风险演变研究. 海洋学研究, 33

(1):62-68.

国家海洋局908专项办公室. 2005. 海岛海岸带卫星遥感调查技术规程. 北京:海洋出版社, 1-51.

国家统计局, 国家环境保护总局. 2006. 中国环境统计年鉴. 北京:中国统计出版社.

国家自然基金委员会, 中国科学院. 2013. 未来10年中国学科发展战略(地球科学), 北京:科学出版社.

国志兴, 王宗明, 刘殿伟, 等. 2009. 三江平原农田生产力时空特征分析. 农业工程学报, 25(1):249-254.

韩晓庆, 李静, 张芸, 等. 2011. 人工干预下河北省淤泥质海岸岸线演变及其环境效应分析. 海洋科学, 35(11):11-18.

侯西勇, 侯婉, 毋亭. 2016. 20世纪40年代初以来中国大陆沿海主要海湾形态变化. 地理学报, 71(1):118-129.

侯西勇, 徐新良. 2011. 21世纪初中国海岸带土地利用空间格局特征. 地理研究, 30(8):1370-1379.

胡世雄, 王珂. 2000. 现代地貌学的发展与思考. 地学前缘, (S2):67-78.

胡知渊, 李欢欢, 鲍毅新, 等. 2008. 灵昆岛围垦区内外滩涂大型底栖动物生物多样性. 生态学报, 28(4):1498-1507.

黄国宏, 陈冠雄, 吴杰, 黄斌, 于克伟. 1995. 东北典型旱作农田N2O和CH4排放通量研究. 应用生态学报, 6(4):383-386.

黄宁, 杨绵海, 林志兰, 等. 2012. 厦门市海岸带景观格局变化及其对生态安全的影响. 生态学杂志, 31(12):3193-3202.

黄巧华, 朱大奎. 1996. 中国的城市地貌研究. 地理学与国土研究, 12(1):55-58.

季小强, 陆培东, 喻国华. 2011. 离岸堤在海岸防护中的应用探讨. 水利水运工程学报, 39(1):35-43.

姜忆湄, 李加林, 龚虹波, 等. 2017. 围填海影响下海岸带生态服务价值损益评估-以宁波杭州湾新区为例. 经济地理, 37(11):181-190.

孔圆圆, 徐刚, 杨娟, 刘成, 程中玲. 2007. 基于城市规划和土地利用的城市地貌环境研究综述. 资源开发与市场, (1):49-52.

况明生. 1990. 沙坪坝地区城市地貌分类与制图, 西南师范大学学报:Natural Science Edition, 15(4):498-505.

李炳元, 潘保田, 韩嘉福. 2008. 中国陆地基本地貌类型及其划分指标探讨. 第四纪研究, 28(4):535-543.

李飞雪, 李满春, 刘永学, 等. 2007. 建国以来南京城市扩展研究. 自然资源学报, 22(4):524-535.

李行, 张连蓬, 姬长晨, 等. 2014. 基于遥感和GIS的江苏省海岸线时空变化. 地理研究, 33

(3):414-426.

李行, 周云轩, 况润元. 2010. 上海崇明东滩岸线演变分析及趋势预测. 吉林大学学报(地球科学版), 40(2):417-424.

李吉均, 张青松, 李炳元. 1994. 近15年中国地貌学的进展. 地理学报, 49(S1):641-649.

李加林, 刘永超. 2016, 人工地貌学学科体系框架构建初探. 地理研究, 35(12):2203-2215.

李加林, 王艳红, 张忍顺, 等. 2006. 潮滩演变规律在围堤选线中的应用. 海洋工程, 24(2):100-106.

李加林, 徐谅慧, 杨磊, 等. 2016. 浙江省海岸带景观生态风险格局演变研究. 水土保持学报, 30(1):293-299.

李加林, 许继琴, 张殿发, 等. 2005. 杭州湾南岸互花米草盐沼生态系统服务价值评估. 地域研究与开发, 24(5):58-62, 80.

李加林, 杨磊, 杨晓平. 2015. 人工地貌学研究进展. 地理学报, 70(3):447-460.

李加林, 杨晓平, 童亿勤. 2007. 潮滩围垦对海岸环境的影响研究进展. 地理科学进展, 26(2):43-51.

李加林. 2004. 杭州湾南岸滨海平原土地利用/覆被变化研究. 南京师范大学.

李家洋, 陈泮勤, 葛全胜, 等. 2005. 全球变化与人类活动的相互作用—我国下阶段全球变化研究工作的重点. 地球科学进展, 20(4):371-377.

李京梅, 刘铁鹰, 周罡. 2010. 我国围填海造地价值补偿现状及对策探讨. 海洋开发与管理, 27, (7):12-16+46.

李景刚, 何春阳, 李晓兵. 2008. 快速城市化地区自然/半自然景观空间生态风险评价研究:以北京为例.自然资源学报, 23(1):33-47.

李立华, 刘淑珍. 1990. 城市地貌系统的结构和功能初探. 西南师范大学(自然科学版), 15(4):607-613.

李培林. 2012. 城市化与我国新成长阶段:我国城市化发展战略研究. 江苏社会科学, 33(5):38-46.

李帅, 顾艳文, 陈锦平, 等. 2016. 宁夏黄河流域土地利用时空变化特征分析. 西南大学学报(自然科学版), 38(4):42-49.

李伟芳, 陈阳, 马仁锋, 等. 2016. 发展潜力视角的海岸带土地利用模式:以杭州湾南岸为例. 地理研究, 35(6):1061-1073.

李秀彬. 1996. 全球环境变化研究的核心领域-土地利用/土地覆被变化的国际研究动向. 地理学报, (6):553-558.

李学杰. 2007. 应用遥感方法分析珠江口伶仃洋的海岸线变迁及其环境效应. 地质通报, 26(2):215-222.

李雪铭, 杨俊, 周连义, 等. 2005. 基于GIS的城市人工地貌图制作研究. 测绘信息与工程, 30(4):37-39.

李雪铭, 张春花, 周连义, 等. 2005. 城市人工地貌过程对城市化的响应. 地理研究, 24(5): 785-793.

李雪铭, 周连义, 王建, 等. 2003. 城市人工地貌演变过程及机制的研究. 地理研究, 22(1): 13-20.

李雪铭, 周连义, 王建. 2004. 城市人工地貌图编制的初步研究:以大连市为例. 干旱区资源与环境, 18(3):50-56.

李雪铭. 2004. 城市人工地貌研究:以大连市为例. 南京:南京师范大学.

李炎保, 蒋学炼. 2010. 港口航道工程导论. 北京:人民交通出版社.

李艳, 于澎涛, 王彦辉, 等. 2013. 柔远川小流域土地利用强度变化对径流的影响. 中国水土保持科学, 11(3):40-46.

李运怀, 管后春, 包海玲. 2009. 安徽市滨湖新区地貌类型划分及特征. 安徽地质, 19(1): 17-20.

李忠峰, 王一谋, 冯毓荪, 等. 2003. 基于 RS 与 GIS 的榆林地区土地利用变化分析. 水土保持学报, 17(2):97-99.

李忠武, 蔡国强, 吴淑安, 等. 2001. 内昆铁路施工期不同下垫面土壤侵蚀模拟研究. 水土保持学报, 15(2):5-9.

梁治平, 周兴, 2006. 土地利用动态变化模型的研究综述. 广西师范学院学报(自然科学版), 23(S1):22-26.

刘大海, 陈小英, 徐伟, 等. 2014. 1985 年以来黄河三角洲孤东海岸演变与生态损益分析. 生态学报, 34(1):115-121.

刘芳, 闫慧敏, 刘纪远, 等. 2016. 21 世纪初中国土地利用强度的空间分布格局. 地理学报, 71(7):1130-1143.

刘桂林, 张落成, 张倩. 2014. 长三角地区土地利用时空变化对生态系统服务价值的影响. 生态学报, 34(12):3311-3319.

刘国霞, 张杰, 马毅, 等. 2013. 有居民海岛土地开发利用强度评价研究:以东海岛为例. 海洋学研究, 31(3):62-70.

刘纪远, 布尔敖斯尔, 2000. 中国土地利用变化现代过程时空特征的研究. 第四纪研究, 20(3):229-239.

刘纪远, 匡文慧, 张增祥, 2014. 20 世纪 80 年代末以来中国土地利用变化的基本特征与空间格局. 地理学报, 69(1):3-14.

刘纪远. 1996. 中国资源环境遥感宏观调查与动态研究. 北京:中国科学技术出版社, 158-188.

刘敬华. 2004. 城市人工地貌水平空间扩张研究:以大连市为例. 大连:辽宁师范大学.

刘利花, 尹昌斌, 钱小平. 2015. 稻田生态系统服务价值测算方法与应用:以苏州市域为例. 地理科学进展, 34(1):92-99.

刘敏超，李迪强，温琰茂，等. 2005. 三江源地区土壤保持功能空间分析及其价值评估. 中国环境科学，25(5)：627-631.

刘明，席小慧，雷利元，等. 2013. 锦州湾围填海工程对海湾水交换能力的影响. 大连海洋大学学报，28(1)：110-114.

刘善伟，张杰，马毅，等. 2011. 遥感与 DEM 相结合的海岸线高精度提取方法. 遥感技术与应用，26(5)：613-618.

刘世梁，杨志峰，崔保山，等.2005. 道路对景观的影响及其生态风险评价：以澜沧江流域为例. 生态学杂志，24(8)：897-901.

刘锬，康慕谊，吕乐婷. 2013，海南岛海岸带土地生态安全评价. 中国土地科学，185(08)：75-97.

刘学，张志强，郑军卫，等. 2014. 关于人类世问题研究的讨论. 地球科学进展，29(05)：640-649.

刘彦随，陈百明. 2002. 中国可持续发展问题与土地利用/覆被变化研究. 地理研究，21(3)：324-330.

刘艳芬，2007. 基于遥感的连云港市城区海岸带土地利用变化研究. 山东：国家海洋局第一海洋研究所.

刘燕华，葛全胜，方修琦，等. 2006. 全球环境变化与中国国家安全. 地球科学进展，21(4)：346-351.

刘耀林，李纪伟，侯贺平，等. 2014. 湖北省城乡建设用地城镇化率及其影响因素. 地理研究，33(1)：132-142.

刘永超，李加林，袁麒翔，等，2015. 人类活动对象山港潮汐汊道及沿岸生态系统演化的影响. 宁波大学学报(理工版)，28(04)：120-123.

刘永超，李加林，袁麒翔，等，2016. 人类活动对港湾岸线及景观变迁影响的比较研究—以中国象山港与美国坦帕湾为例. 地理学报，71(1)：86-103.

刘永学，陈君，张忍顺，等. 2001. 江苏海岸盐沼植被演替的遥感图像分析. 农村生态环境，17(3)：39-41.

刘永学，李满春，张忍顺. 2004. 江苏沿海互花米草盐沼动态变化及影响因素研究. 湿地科学，2(2)：116-121.

楼东，刘亚军，朱兵见. 2012. 浙江海岸线的时空变动特征、功能分类及治理措施. 海洋开发与管理，29(3)：11-16.

卢永金，何友声，刘桦. 2005. 海堤设防标准探讨. 中国工程科学，7(12)：17-23.

陆大道，郭来喜. 1998. 地理学的研究核心-人地关系地域系统—论吴传钧院士的地理学思想与学术贡献. 地理学报，53(2)：97-105.

陆大道. 1999. 地球表层系统研究与地理学理论发展. 地理学的理论与实践-纪念中国地理学会成立九十周年学术会议文集. 北京：中国地理学会，1-6.

陆红生，韩桐魁. 2002. 关于土地科学学科建设若干问题的探讨，中国土地科学，16（4）：10-13.

陆荣华. 2010. 围填海工程对厦门湾水动力环境的累积影响研究. 青岛:国家海洋环境第一研究所.

路兵，蒋雪中. 2013. 滩涂围垦对崇明东滩演化影响的遥感研究. 遥感学报，17(2):335-349.

吕京福，印萍，边淑华，等. 2003. 海岸线变化速率计算方法及影响要素分析. 海洋科学进展，21(1):51-59.

吕晓明. 2013. 中国特大城市空间结构演变与重构. 东北师范大学，

马蔼乃. 2008. 动力地貌学概论:人工建筑的地基:地貌环境. 高等教育.

马建华，刘德新，陈衍球，等. 2015. 中国大陆海岸线随机前分形分维及其长度不确定性探讨. 地理研究，34(2):319-327.

马龙，于洪军，王树昆，等. 2006. 海岸带环境变化中的人类活动因素. 海岸工程，4(25)：29-34.

马新辉，任志远，孙根年. 2004. 城市植被净化大气价值计量与评价:以西安市为例. 中国生态农业学报，12(2):185-187.

毛昶熙，段祥宝，毛佩郁，等. 1999. 海堤结构型式及抗滑稳定性计算分析. 水利学报，30(11):30-37.

毛健. 2014. 南江县土地利用变化对生态系统服务价值的影响. 成都:成都理工大学.

苗丰民，杨新梅，于永海主编. 2007. 海域使用论证技术研究与实践. 北京:海洋出版社，1-363.

苗海南，刘百桥. 2014. 基于RS的渤海湾沿岸近20年生态系统服务价值变化分析. 海洋通报，33(2):121-125.

穆桂春，高建洲. 1990. 城市地貌学的理论和实践. 西南师范大学学报:自然科学版，15(4)：593-599.

穆桂春，谭术魁. 1990. 城市地貌学与平原城市地貌研究. 西南师范大学学报，15(4)：551-557.

穆桂春. 1990. 山城重庆城市地貌研究构思. 西南师范大学学报(自然科学版)，15(4)：463-467.

宁波杭州湾新区办公室. 2015.宁波杭州湾新区简介. http://www. hzwxq. com，.

欧维新，杨桂山，高建华. 2006. 盐城潮滩湿地对N、P营养物质的截留效应研究. 湿地科学，4(3):179-186.

欧维新，杨桂山，李恒鹏，2004. 苏北盐城海岸带景观格局时空变化及驱动力分析. 地理科学，24(5):610-615.

欧阳志云，王效科，苗鸿. 1999. 中国陆地生态系统服务功能及其生态经济价值的初步研究. 生态学报，19(5):19-25.

潘凤英，沙润，李久生. 1989. 普通地貌学. 北京：测绘出版社.

潘庆燊，余文畴. 1979. 国外丁坝研究综述. 人民长江，10(3)：51-61.

潘少明，施晓冬，王建业，等. 2000. 围海造地工程对香港维多利亚港现代沉积作用的影响. 沉积学报，18(1)：22-28.

攀玉山，刘纪远，1994. 西藏自治区土地利用. 北京：科学出版社，25-28.

彭本荣，洪华生，陈伟琪，等. 2005. 填海造地生态损害评估：理论、方法及应用研究. 自然资源学报，20(5)：714-726.

彭克(W. Penck)著. 江美球译. 1964. 地貌分析.

裘善文，李风华. 1982. 试论地貌分类问题. 地理科学，2(4)：327-335.

沙润，李久生. 1988. 城市地貌图的设计思想和编制方法初探. 地理科学，8(2)：165-172.

申家双，翟京生，郭海涛，等. 2009. 海岸线提取技术研究. 海洋测绘，29(6)：74-77.

沈汝生，孙敏贤. 1947. 成都都市地理之研究. 地理学报，14(Z1)：14-301.

沈汝生. 1937. 中国都市之分布. 地理学报，4(1)：915-935.

沈永明，刘咏梅，陈全站. 2002. 江苏沿海互花米草(Spartina alterniflora Loisel)盐沼扩展过程的遥感分析. 植物资源与环境学报，11(2)：33-38.

沈永明. 2002. 江苏省沿海互花米草人工盐沼的分布及效益. 国土与自然资源研究，12 (2)：45-47.

沈玉昌，苏时雨，尹泽生. 1982. 中国地貌分类，区划与制图研究工作的回顾与展望. 地理科学，2(2)：97-105.

沈玉昌. 1958. 中国地貌的类型与区划问题的商榷. 中国第四纪研究，1(1)：33-41.

师长兴，许炯心，蔡强国，等. 2010. 地貌过程研究回顾与展望，地理研究，29(9)：1546-1560.

石龙宇，崔胜辉，尹锴，等. 2010. 厦门市土地利用/覆被变化对生态系统服务的影响. 地理学报，2010，65(6)：708-714.

史培军，宫鹏，李小兵等著，2000. 土地利用/土地覆盖变化研究的方法与实践. 北京：科学出版社，99-105.

史培军，李宁，叶谦，等. 2009. 全球环境变化与综合灾害风险防范研究. 地球科学进展，24(4)：428-435.

史培军，袁艺，陈晋. 2001. 深圳市土地利用变化对流域径流的影响. 生态学报，(7)：1041-1049+1217.

史兴民. 2009. 旅游地貌学. 天津：南开大学出版社.

宋开山，刘殿伟，王宗明，等. 2008. 1954 年以来三江平原土地利用变化及驱动力. 地理学报，63(1)：93- 104.

宋立松. 1999. 钱塘江河口围垦回淤过程预测探讨. 泥沙研究，(3)：74-79.

宋豫秦，张晓蕾. 2014. 论湿地生态系统服务的多维度价值评估方法. 生态学报，34(6)：

1352-1360.
苏大鹏, 刘健, 胡刚. 2011. 近年胶州湾海岸带土地利用与土地覆被变化与驱动力. 海洋地质前沿, 27(05):53-58.
苏时雨, 地图学, 钜章. 1999. 地貌制图. 测绘出版社.
孙才志, 李明昱. 2010. 辽宁省海岸线时空变化及驱动因素分析. 地理与地理信息科学, 26(3):63-67.
孙成明, 陈瑛瑛, 武威, 等. 2013. 基于气候生产力模型的中国南方草地 NPP 空间分布格局研究. 扬州大学学报(农业与生命科学版), 34(4):56-61.
孙丽, 刘洪滨, 杨义菊, 等. 2010. 中外围填海管理的比较研究. 中国海洋大学学报(社会科学版), 17 (5):40-46.
孙丽娥. 2013. 浙江省海岸线变迁遥感监测及海岸脆弱性评估研究. 国家海洋局第一海洋研究所.
孙伟富, 马毅, 张杰, 等. 2011 不同类型海岸线遥感解译标志建立和提取方法研究. 测绘通报, (3):41-44.
孙晓宇. 2008. 海岸带土地开发利用强度分析:以粤东海岸带为例. 北京:中国科学院地理科学与资源研究所.
孙云华, 张安定, 王庆, 等. 2011. 最近 30 年来人类活动对莱州湾南岸地貌过程及海水入侵的影响. 海洋地质与第四纪地质, 31(5):43-50.
孙云华, 张安定, 王庆. 2011. 基于 RS 和 GIS 的近 30 年来人类活动影响下莱州湾东南岸海岸湿地演变. 海洋通报, 30(1):66-72.
谭雪, 石磊, 马中, 张象枢, 陆根法. 2015. 基于污水处理厂运营成本的污水处理费制度分析:基于全国 227 个污水处理厂样本估算. 中国环境科学, 35(12):3833-3840.
谭永忠, 吴次芳, 2003. 区域土地利用结构的信息熵分异规律研究. 自然资源学报, 18(1):112-117.
陶陶, 刁承泰. 2003. 城市地貌环境脆弱性的综合评价探讨:以重庆市南岸区为例. 热带地理, (2):110-114.
滕冲, 汪同庆, 等. 2014. SPSS 统计分析. 武汉:武汉大学出版社, 160-166.
田博. 2010. 杭州湾南岸湿地 5 年间景观格局变化研究. 南京:南京农业大学.
童林旭. 2002. 我国城市地下空间发展的新阶段. 城市发展研究, 9(1):18-21.
王爱军, 汪亚平, 杨旸. 2004. 江苏王港潮间带表层沉积物特征及输运趋势. 沉积学报, 22(1):124-129.
王爱军, 汪亚平. 2003. 江苏王港地区现代潮滩地貌发育特征. 资源调查与环境, 24(1):38-44.
王彩艳, 王瑷玲, 王介勇, 等, 2014. 基于面向对象的海岸带土地利用信息提取研究. 自然资源学报, 29(9):1589-1597.

王德智，邱彭华，方源敏，等，2014. 海口市海岸带土地利用时空格局变化分析. 地球信息科学，16(6):933-940.

王国祥，濮培民. 2000. 人类文明演化的生态观. 生态学杂志，19(4):57-60.

王静，徐敏，张益民，等. 2009. 围填海的滨海湿地生态服务功能价值损失的评估:以海门市滨海宁波杭州湾新区围填海为例. 南京师大学报(自然科学版)，32(4):134-138.

王轲道，王建. 2004. 海岸工程对粉沙淤泥质侵蚀性海岸的影响:以茅家港环抱式突堤航道防护工程为例. 海岸工程，23(2):19-24.

王敏，阮俊杰，姚佳，等. 2014. 基于InVEST模型的生态系统土壤保持功能研究:以福建宁德为例. 水土保持研究，21(4):184-189.

王鹏. 2004. 城市地貌研究综述. 衡阳师范学院学报，25(3):80-84.

王思远，刘纪远，张增祥，等. 2001. 中国土地利用时空特征分析. 地理学报，56(6):631-639.

王思远，王光谦，陈志祥. 2005. 黄河流域土地利用与土壤侵蚀的耦合关系. 自然灾害学报，(1):32-37.

王秀兰，包玉海，1999. 土地利用动态变化研究方法探讨. 地理科学进展，18(1):81-87.

王衍，孙士超. 2015. 海南洋浦围填海造地的海洋生态系统服务功能价值损失评估. 海洋开发与管理，32(7):74-80.

王颖. 1988. 海岸带资源开发研究//中国科学院地球可续部论文集. 北京:科学出版社，219-222.

王原，陆林，赵丽侠. 2014. 1976-2007年纳木错流域生态系统服务价值动态变化. 中国人口. 资源与环境，24(11):154-159.

吴莉，侯西勇，邸向红. 2014. 山东省沿海区域景观生态风险评价. 生态学杂志，33(1):214-220.

吴孟孟，贾培宏，潘少明，等，2015. 连云港海岸带土地利用变化生态效应量化研究. 海洋通报，34(5):530-539.

吴泉源，侯志华，于竹洲，等，2006. 龙口市海岸带土地利用动态变化分析. 地理研究，25(5):922-929.

吴英海，朱维斌，陈晓华. 2005. 围滩吹填工程对水环境的影响分析. 水资源保护，21(2):53-56.

夏栋. 2012. 杭州湾南岸湿地景观生态系统服务价值变化及其驱动力研究. 浙江大学.

肖笃宁，胡远满，李秀珍，等. 2001. 环渤海三角洲湿地的景观生态学研究. 北京:科学出版社，180-223.

肖笃宁. 1991. 景观生态学:理论方法和应用. 北京:中国林业出版社.

肖笃宁. 2003. 景观生态学. 北京:科学出版社，1-351.

肖寒，欧阳志云，赵景柱，等. 2000. 森林生态系统服务功能及其生态经济价值评估初探:以海南岛尖峰岭热带森林为例. 应用生态学报, 11(4):481-484.
肖强, 肖洋, 欧阳志云, 等. 2014. 重庆市森林生态系统服务功能价值评估. 生态学报, 34(1):216-223.
谢芳, 邱国玉, 尹婧, 等. 2009. 泾河流域40年的土地利用/覆盖变化分区对比研究. 自然资源学报, 24(8):1354-1365.
谢高地, 张彩霞, 张雷明, 等. 2015. 基于单位面积价值当量因子的生态系统服务价值化方法改进. 自然资源学报, 30(8):1243-1254.
谢高地, 甄霖, 鲁春霞, 等. 2008. 生态系统服务的供给、消费和价值化. 资源科学, 2008, 30(1):93-99.
谢高地, 甄霖, 鲁春霞, 等. 2008. 一个基于专家知识的生态系统服务价值化方法. 自然资源学报, 23(5):911-919.
谢花林. 2008. 基于景观结构和空间统计学的区域生态风险分析. 生态学报, 28(10):5020-5026.
谢世楞. 1999. 离岸堤在海岸工程中的应用. 海洋技术, 18(4):39-45.
邢伟, 王进欣, 王今殊, 等. 2011. 土地覆盖变化对盐城海岸带湿地生态系统服务价值的影响. 水土保持研究, 18(1):71-76, 81.
徐刚, 刁承泰, 张大泉, 等. 1989. 城市地貌学的学科性质、研究对象与内容. 西南师范大学学报(自然科学版), (03):98-103.
徐进勇, 张增祥, 赵晓丽, 等. 2013. 2000-2010年中国北方海岸线时空变化分析. 地理学报, 68(5):651-660.
徐谅慧, 李加林, 李伟芳, 等. 2014. 人类活动对海岸带资源环境的影响研究综述. 南京师大学报(自然科学版), 37(3):124-131.
徐谅慧, 李加林, 杨磊, 等. 2015. 浙江省大陆岸线资源的适宜性综合评价研究. 中国土地科学, 29(4):49-56+2.
徐谅慧, 杨磊, 李加林, 等, 2015. 1990-2010年浙江省围填海空间格局分析. 海洋通报, 34(6):688-694.
徐谅慧. 2015. 岸线开发影响下的浙江省海岸类型及景观演化研究. 宁波:宁波大学.
徐冉, 过仲阳, 叶属峰, 等. 2011. 基于遥感技术的长江三角洲海岸带生态系统服务价值评估. 长江流域资源与环境, 20(Z1):87-93.
徐勇, 孙晓一, 汤青. 2015. 陆地表层人类活动强度:概念、方法及应用. 地理学报, 70(7):1068-1079.
许倍慎, 周勇, 徐理, 等. 2011. 湖北省潜江市生态系统服务功能价值空间特征. 生态学报, 31(24):7379-7387.
许星煌, 孙庭兆, 黄晋鹏. 1985. 丁坝群和顺岸坝组合工程促淤效果的研究:对浙江瑞安丁山促淤工程的分析. 海洋工程, 3(1):15-23.

许学强，周一星，宁越敏，等. 2009. 城市地理学（第二版）. 北京：高等教育出版社，
许艳，濮励杰，张润森，等，2012. 近年来江苏省海岸带土地利用/覆被变化时空动态研究. 长江流域资源与环境，21(5)：565-571.
许艳，濮励杰. 2014. 江苏海岸带滩涂围垦区土地利用类型变化研究—以江苏省如东县为例. 自然资源学报，29(04)：643-652.
薛达元. 1997. 生物多样性经济价值评估. 北京：中国环境科学出版社，13-215.
严钦尚. 1939. 西康居住地理. 地理学报，6(1)：43-56.
严钦尚. 1985. 地貌学. 北京：高等教育出版社.
杨存建，周成虎. 2000. TM 影像的居民地信息提取方法研究. 遥感学报，(02)：146-150.
杨发相，雷加强，吴玉伟等. 2010. 昆仑山北麓过程对风险危害形成的影响. 山地学报，28(6)：718-724.
杨景春，李有利. 2012. 地貌学原理. 北京：北京大学出版社.
杨景春. 1983. 中国地貌特征与演化. 北京：海洋出版社.
杨磊，李加林，袁麒翔，等. 2014. 中国南方大陆海岸线时空变迁. 海洋学研究，32(03)：42-49.
杨世伦. 2003. 海岸环境和地貌过程导论. 北京：海洋出版社.
杨晓娟，杨永春，张理茜，等. 2008. 基于信息熵的兰州市用地结构动态演变及其驱动力. 干旱区地理，(2)：291-297.
杨晓平. 1998. 现代地貌过程中的人类作用. 宁波大学学报（理工版），11(2)：100-104.
姚晓静，高义，杜云艳，等. 2013. 基于遥感技术的近 30a 海南岛海岸线时空变化. 自然资源学报，28(1)：114-125.
姚炎明，沈益锋，周大成，等. 2005. 山溪性强潮河口围垦工程对潮流的影响. 水力发电学报，24(2)：25-29.
叶笃正，符淙斌，季劲钧，等. 2001. 有序人类活动与生存环境. 地球科学进展，16(4)：453-460.
叶梦姚，李加林，史小丽，等. 2016. 人工岸线建设对浙江大陆海岸线格局的影响. 海洋学研究，34(3)：34-42.
叶梦姚，李加林，史小丽，等. 2017. 1990-2015 年浙江省大陆岸线变迁与开发利用空间格局变化. 地理研究，36(6)：1159-1170.
叶梦姚，史小丽，李加林，等. 2017. 快速城镇化背景下的浙江省海岸带生态系统服务价值变化. 应用海洋学学报，36(3)：427-437.
叶长盛，董玉祥. 2010. 珠江三角洲土地利用变化对生态系统服务价值的影响. 热带地理，30(6)：603-608，621.
尹利民，王培元. 2005. 双排管桩丁坝在保滩促淤工程中的应用. 中国水利，38(20)：54-55.
尹泽生. 1988. 中国现代地貌制图研究的薄弱环节. 地理研究，7(4)：1-11.

于格，张军岩，鲁春霞，等. 2009. 围海造地的生态环境影响分析. 资源科学，31(2)：265-270.

于克伟，陈冠雄，杨思河，吴杰，黄斌，黄国宏，徐慧. 1995. 几种旱地农作物在农田 N2O 释放中的作用及环境因素的影响. 应用生态学报，6(4)：387-391.

俞腾，李伟芳，陈鹏程，等，2015. 基于 GIS 的海岸带土地开发利用强度评价：以杭州湾南岸为例. 宁波大学学报(理工版)，28(2)：80-84.

喻露露，张晓祥，李杨帆，等. 2016. 海口市海岸带生态系统服务及其时空变异. 生态学报，36(8)：1-11.

喻涛，王平义，陈里，等. 2013. 不同结构型式丁坝稳定性试验研究. 人民长江，44(24)：54-57.

袁麒翔，李加林，徐谅慧，等，2014. 象山港流域河流形态特征定量分析. 海洋学研究，32(3)：50-57.

岳东霞，杜军，巩杰，等. 2011. 民勤绿洲农田生态系统服务价值变化及其影响因子的回归分析. 生态学报，31(9)：2567-2575.

张安定，李德一，王大鹏，等，2007. 山东半岛北部海岸带土地利用变化与驱动力：以龙口市为例. 经济地理，27(6)：1007-1010.

张大泉. 1990. 城市地貌过程初探. 西南师范大学学报(自然科学版)，15(4)：619-625.

张捷，包浩生. 1994. 分形理论及其在地貌学中的应用：分形地貌学研究综述及展望. 地理研究，(03)：104-112.

张君珏，苏奋振，左秀玲，等. 2015. 南海周边海岸带开发利用空间分异. 地理学报，70(2)：319-332.

张丽，杨国范，刘吉平. 2014. 1986-2012 年抚顺市土地利用动态变化及热点分析. 地理科学，34(2)：185- 191.

张明慧，陈昌平，索安宁，等. 2012. 围填海的海洋环境影响国内外研究进展. 生态环境学报，21(8)：1509-1513.

张群，张雯，李飞雪，等. 2013. 基于信息熵和数据包络分析的区域土地利用结构评价：以常州市武进区为例. 长江流域资源与环境，22(9)：1149-1155.

张树文，张养贞，李颖. 2006. 东北地区土地利用/覆被时空特征分析. 北京：科学出版社，1-346.

张文开. 1996. 福州城市人工地貌的形成和发展. 福建师范大学学报(自然科学版)，12(4)：111-117.

张文开. 1998. 福州城市地貌与城市气候关系分析. 福建师范大学学报(自然科学版)，14(4)：96-102.

张晓明，余新晓，武思宏，等. 2007. 黄土丘陵沟壑区典型流域土地利用/土地覆被变化水文动态响应. 生态学报，(2)：414-423.

张晓祥, 王伟玮, 严长清, 等. 2014. 南宋以来江苏海岸带历史海岸线时空演变研究. 地理科学, 34(3):344-351.

张友刚, 陈国建. 2000. 城市地貌分类研究:以重庆北陪区为例. 西南师范大学学报(自然科学版), 2000, 25(6):713-717.

张友刚, 陈国建. 2000. 城市地貌数字制图研究:以重庆市北碚区为例. 地图, 15(3):11-14.

张玉萍, 李雪铭. 2007. 大连市人工地貌对人口变化的响应分析. 地域研究与开发, 26(1):20-24.

张志龙, 张炎, 沈振康. 2010. 基于特征谱的高分辨率遥感图像港口识别方法. 电子学报, 38(9):2184-2188.

赵静. 2007. 武汉地貌资源变迁与城市化进程之关系. 学习月刊, 302(11):47-48.

赵同谦, 欧阳志云, 王效科, 苗鸿, 魏彦昌. 2003. 中国陆地地表水生态系统服务功能及其生态经济价值评价. 自然资源学报, 18(4):443-452.

赵渭军, 严盛, 宣伟丽, 等. 2006. 涌潮河口桩式丁坝的护滩保塘效果分析. 水利学报, 37(6):699-703.

赵迎东, 马康, 宋新. 2010. 围填海对海岸带生境的综合生态影响. 齐鲁渔业 27(8):57-58.

浙江省统计局. 浙江统计年鉴. 2006. 北京:中国统计出版社.

郑度, 陈述彭. 2001. 地理学研究进展与前沿领域. 地球科学进展, 16(5):599-606.

郑思齐, 刘洪玉. 2005. 住房需求的收入弹性:模型、估计与预测. 土木工程学报, 38(7):221/321/421/521/621.

中国科学技术协会. 2007. 地理科学学科发展报告, 北京:中国科学技术出版社.

中国科学院自然区划委员会. 1959. 中国地貌区划. 北京:科学出版社, 34-125.

中国生物多样性国情研究报告编写组. 1998. 中国生物多样性国情研究报告. 北京:中国环境科学出版社.

中华人民共和国国家统计局编. 2011. 统计年鉴. 北京:中国统计出版社.

周炳中, 包浩生, 彭补拙. 2000. 长江三角洲地区土地资源开发强度评价研究. 地理科学, 20(3):218-223.

周成虎, 程维明, 钱金凯, 等. 2009. 中国陆地 1∶100 万数字地貌分类体系研究. 地球信息科学学报, 11(6):707-724.

周连义, 江南, 赵沫, 等. 2006. 城市人工地貌演变与经济驱动因素关系分析. 南京林业大学学报:自然科学版, 30(4):132-134.

周连义, 江南, 赵沫, 等. 2007. 大连城市人工地貌分类及影响因素初步分析. 山东农业大学学报:自然科学版, 38(2):291-295.

周连义. 2004. 大连城市人工地貌研究. 辽宁:辽宁师范大学.

周文静, 潘辰, 连宾. 2013. 环境污染加剧石质文物风化:机理, 过程及防护措施. 地球与环境, 41(04):451-459.

周一星. 城 1995. 市地理学. 北京:商务印书馆.

朱炳海. 1939. 西康山地村落之分布. 地理学报, (1):40-43.

朱高儒, 许学工. 2012. 渤港湾西北岸 1974-2010 年逐年填海造陆进程分析. 地理科学, 32(8):1006-1012.

朱会义, 李秀彬, 何书金, 等. 2001. 环渤海地区土地利用的时空变化分析. 地理学报, (3):253-260.

朱会义, 李秀彬. 2003. 关于区域土地利用变化指数模型方法的讨论. 地理学报, 58(5):643-650.

朱小鸽. 2002. 珠江口海岸线变化的遥感监测. 海洋环境科学, 21(2):19-22.

朱晓华, 蔡运龙. 2004. 中国海岸线分维及其性质研究. 海洋科学进展, 22(2):156-162.

朱晓华, 查勇, 陆娟. 2002. 海岸线分维时序动态变化及其分形模拟研究—以江苏省海岸线为例. 海洋通报, 21(4):37-43.

朱长明, 张新, 骆剑承, 等. 2013. 基于样本自动选择与 SVM 结合的海岸线遥感自动提取. 国土资源遥感, 25(2):69-74.

朱忠显, 2014. 基于 RS 和 GIS 的乳山市海岸带土地利用变化研究. 山东:山东农业大学.

庄大方, 刘纪远. 1997. 中国土地利用程度的区域分异模型研究. 自然资源学报, (02):10-16.

左丽君, 徐进勇, 张增祥, 等. 2011. 渤海海岸带地区土地利用时空演变及景观格局响应. 遥感学报, 15(3):604-620.

Ahana LakshmiR Rajagopalan. 2000. Soci-economic implicati ons of coastal zone degradation and their mitigation a case-study from coastalvillages in India. Ocean & Coastal Management. 43:749-762.

Bain D J, Green M B, Campbell J L et al. 2012. Legacy effects in material flux:structural catchment changes predate long-term studies. Bioscience, 62(6):575-584.

Bhandari B S, M. G. 2007. Analysis of livelihood security:A case study in the Kali-Khola watershed of Nepal[J]. Journal of Environment ental Management, 85(1):17-26.

Cadies N, Dronkers J, Heip C. 1995. Ecosystems research report 11, ELOSIN(European land - ocean interactionstudies) science plan. Netherlands, 1-48.

Carr J R, Benzer W B. 1991. On the practice of estimating fractal dimension. Mathematical Geology, 23(7):945-958.

Chin A, Florsheim J L, Wohl E et al. 2014. Feedbacks in human-landscape systems. Environmental Management, 53(1):28-41.

Chin A, Florsheim J L, Wohl E et al. 2014. Feedbacks in human - landscape systems. Environmental Management, 53(1):28-41.

Chin A, Galvin K A, Gerlak A K et al. 2014. The Future of human - landscape interactions:

Drawing on the Past, Anticipating the Future. Environmental Management, 53(1):1-3.

Chorley R J, Schumm S A, Sugden D E. 1985. Geomorphology. London:Methuen, .

Coates D R. 1976. Urban geomorphology. Geological Society of America.

CoatesD R. 1972. Environmental geomorphology and landscape conservation[M]. Vrban areas, Stroudsburg, Pa:Dowden, Hutchison & Ross.

Cooke R. U. , Brunsden D. , Doornkamp J. C. 1982. Urban geomorphology in drylands. Oxford: Oxford University Press.

Costanza R, d'Arge R, de Groot R, et al. 1997. The value of the world's ecosystem services and natural capital [J]. Nature, 387(15):253-260.

Costanza R, d'Arge R, Groot R, et al. 1997. The value of the worlds ecosystem and natural capital[J]. Nature, 386(5):253-260.

Crutzen P, Stoermer E. 2000. The"Anthropocene". IGBP Newsletter, (41):17-18.

Daily G C, et al. 1997. Nature's service:Societal dependence on natural ecosystems [M]. Washington DC:Island Press, 1-416.

Dallas K L, Barnard P L. 2011. Anthropogenic influences on shoreline and nearshore evolution in the San Francisco Bay coastal system. Estuarine, Coastal and Shelf Science, 92(1):1-9.

Dean R G, Dalrymple R A. 2004. Coastal processes with engineering applications. Cambridge University Press.

Dean R G, Dalrymple R A. 2004. Coastal processes with engineering applications. United Kingdom:Cambridge University Press, 343-411.

Deng J S, Wang K, Hong Y, et al. 2009. Spatio-temporal dynamics and evolution of land use change and landscape pattern in response to rapid urbanization. Landscape and urban planning, 92(3):187-198.

Dewidar K. 2011. Changes in the Shoreline Position Caused by Natural Processes for Coastline of MarsaAlam and Hamata, Red Sea, Egypt. International Journal of Geosciences, 2(4):523-529.

Douglas I. The urban environment. 1983. London, Vctoria&Maryland:Edward Arnold.

El Banna M M, Frihy O E. 2009. Human-induced changes in the geomorphology of the northeastern coast of the Nile delta, Egypt . Geomorphology, 107(1):72-78.

Ellis E C, Ramankutty N. 2008, Putting people in the map:anthropogenic biomes of the world. Frontiers in Ecology and the Environment, 6(8):439-447.

Ellis E C, Ramankutty N. 2008. Putting people in the map:Anthropogenic biomes of the world. Frontiers in Ecology and theEnvironment, 6(8):439-447.

Erb K. Niedertscheider M. 2014. Conceptual and empirical approaches to mapping and quantifying land-use intensity//Fischer Kowalski M, Reenberg A, Schaffartzik A. Ester Boserup's Legacy on Sustainability. New York:Springer, 61-68.

George X, Mike C, Junshan S. 2007. An analysis of urban development and its environmental impact on the Tampa Bay watershed. Journal of Environmental Management, 85 (4):965-976.

Gregory K J, Walling D E. 1981. Man and Environmental Process. London:Butterworths.

Groenewoud M D, Van de Graaff J, Claessen E W M, et al. 1996. Effect of submerged breakwater on profile development//coastalengineering conference. Asceamericansociety of civil engineers, 2:2428-2441.

Hayashi T, Miyakoshi A. 2009. Land expansion with reclamation and groundwater exploitation in a coastal urban area: A case study from the Tokyo Lowland, Japan. Fukushima Y. From Headwaters to the Ocean:Hydrological Changes and Watershed Management. Boca Raton:CRC Press:553-558.

Hoeksema, Robert J. 2007. Three stages in the history of land reclamation in the Netherlands. Irrigation & Drainage, 56(S1):S113-S126.

Hooke R L B, Martín-Duque J F, Pedraza J. 2012. Land transformation by humans:a review. GSA Today, 22(12):4-10.

Hooke R L B. 1994. On the efficacy of humans as geomorphic agents. GSA Today, 4(9):224-225.

Hooke R L B. 2000. On the history of humans as geomorphic agents. Geology, 28(9):843-846.

Inman D L, Brush B M. 1973. The coastal challenge. Science, 181(4094):20-32.

Jäger J. 2003. The international human dimensions programme on global environmental change (IHDP). GlobalEnvironmental Change, 13(1):69-73.

James L A. 2013. Legacy sediment: Definitions and processes of episodically produced anthropogenic sediment. Anthropocene, 1(2):16-26.

Jean T E, Joseph P S, Roberta A S, et al. 2011. An assessment of coastal land-use and land-cover change from 1974-2008 in the vicinity of Mobile Bay, Alabama. Coast Conservation, 15: 139-149.

Jefferson A J, Wegmann K W, Chin A. 2013. Geomorphology of the anthropocene:understanding the surficial legacy of past and present human activities. Anthropocene, 1(2):1-3.

József Szabó, Lóránt Dávid, Dénes Lóczy. 2010. Anthropogenic Geomorphology:A Guide to Man-made Landforms. Springer Dordrecht Heidelberg Longdon New York.

József Szabó, Lóránt Dávid, Dénes Lóczy. 2010. Anthropogenic Geomorphology:A Guide to Man-made Landforms. SpringerDordrecht Heidelberg Longdon New York,

József Szabó, Lóránt Dávid, Dénes Lóczy. 2010Anthropogenic Geomorphology:A Guide to Man-made Landforms. SpringerDordrecht Heidelberg Longdon New York, .

Kondolf G M, Podolak K. 2014. Space and time scales in human - landscape systems. Environmental Management, 53(1):76-87.

Leemans R, Asrar G, Canadell JG, et al. 2009. Developing a common strategy for integrated global change research andoutreach: the Earth System Science Partnership(ESSP). Current Opinion in Environmental Sustainability, 1:4-13.

Legget R F. 1973. Cities and geology. McGraw-Hill.

LOICZ IPO. 2005. Land-Ocean Interactions in the Coastal Zone: Science Plan and Implementation Strategy, IGBPReport 51/IHDP Report18, 1-58.

Loreau M, Olivieri I. 1999. Diversitas: an international programme of biodiversity science. Trends in Ecology & Evolution, (14):2-3.

Lotze, H. K, H. S. Lenihan, B. J. Bourque, et al. 2006. Depletion, degradation, and recovery potential of estuaries and coasttal seas. Science 312:1806-1809.

Maiti S, Bhattacharya A K. 2008. Shoreline change analysis and its application to prediction: A remote sensing and statistics based approach. Marine Geology, 257(1):11-23.

Man D N. 1983. A Geomorphological agent: An introduction to anthropic geomorphology. Israel: Keter Publishing House: 1-10.

Mandelbrot B B. 1975. Stochastic models for the earth's relief, the shape and the fractal dimension of the coastlines, and the number-area rule for islands. Proceedings of the National Academy of Sciences of the United States of America, 72(10):3825-3828.

Mann K C, Peck J A, Peck M C. 2013. Assessing dam pool sediment for understanding past, present and future watershed dynamics: An example from the Cuyahoga River, Ohio. Anthropocene, 1(2):76-88.

Mattheus C R, Norton M S. 2013. Comparison of pond-sedimentation data with a GIS-based USLE model of sediment yield for a small forested urban watershed. Anthropocene, 1(2):89-101.

MauserW, KlepperG, RiceM, et al. 2013. Transdisciplinary global change research: the co-creation ofknowledge for sustainability. Current Opinion in Environmental Sustainability, 5(3/4):420-431.

Miler R B. 1994. Interactions and collaboration in global change across the social and natural sciences. IMBIO, 23(1):19-24.

Millennium Ecosystem Assessment. 2005. Ecosystems and HumanWellbeing: Biodiversity Synthesis [M]. Washington, DC: WorldResourcesInstitute,

Morton R A, Clifton H E, Buster N A, et al. 2007. Forcing of large-scale cycles of coastal change at the entrance to Willapa Bay, Washington. Marine Geology, 246(1):24-41.

Mujabar P S, Chandrasekar N. 2013. Shoreline change analysis along the coast between Kanyakumari and Tuticorin of India using remote sensing and GIS. Arabian Journal of Geosciences, 6(3):647-664.

NASA Advisory Council. 1988. Earth System Science: A Closer View. Washinton D C: National Aeronautics and Space Administration.

Nir D. 1983. Man, a geomorphological agent: An Introduction to Anthropic Geomorphology Isrel: Keter Publishing House, 1-10.

Nir D. 1983. Man, a geomorphological agent: An Introduction to Anthropic Geomorphology Isrel: Keter Publishing House, 1-10.

Nir D. 1983. Man, a geomorphological agent: An Introduction to Anthropic Geomorphology Isrel: Keter Publishing House, 1-10.

Pernetta J C, Milliman J D. 1995. Global change report No. 33, Land-ocean interactions in the coastal zoneimplementation plan. 1-215.

Price G. 1990. Rapid assessment of coastal zone management requirements: A case-study from the Arabian Gulf. Ocean and Shoreline Management, 13(1):1-19.

Qiuying, Huang, Xiaoping, et al. 2006. Coastal wetland in South China: Degradation trends, causes and protection countermeas-ures. Chinese Science Bulletin, 51 (S2):121-128.

Rózsa P. 2007. Attempts at qualitative and quantitative assessment of human impact on the landscape. Geogr Fiz Dinam Quat, 30:233-238.

Ryu J H, Choi J K, Lee Y K. 2014. Potential of remote sensing in management of tidal flats: A case study of thematic mapping in the Korean tidal flats. Ocean & Coastal Management, 102:458-470.

Santra A , Mitra D, Mitra S. 2011. Spatial Modeling Using High Resolution Image for Future Shoreline Prediction Along Junput Coast, West Bengal, India. Geo-spatial Information Science, 14(3):157-163.

Saranathan E, Chandrasekaran R, Soosai Manickaraj D, et al. 2011. Shoreline changes in Tharangampadi village, Nagapattinam District, Tamil Nadu, ndia—A case Study. Journal of the Indian Society of Remote Sensing, 39(1):107-115.

Sheik M, Chandrasekar. 2011. A Shoreline Change Analysis along the Coast between Kanyakumari and Tuticorin, India, Using Digital Shoreline Analysis System. Geo-spatial Information Science, 14(4):282-293.

Singh H K, Gupta P D. 2013. Quantification analysis of chaotic fractal dimensions. International Journal of Engineering and Computer Science, 2(4):1192-1199.

Stanica A, Dan S, Ungureanu V G. 2007. Coastal changes at the Sulina mouth of the Danube River as a result of human activities. Marine Pollution Bulletin, 55(10-12):555-563.

Sümeyra K. 2013. Land use changes in Istanbul' s Black Sea coastal regions between 1987 and 2007. Journal of Geographical Sciences, 23(2):271-279.

Thomas W L. 1956. Man's Role in Changing the Face of the Earth. Chicago :University of Chicago Press, Chicago, 10-13.

Verstapprn H T, 刁承泰. 1989. 地貌学与城市化. 地理科学进展, 8(4):8-12.

Vinayaraj P, Johnson G, Dora G U, et al. 2011. Quantitative Estimation of Coastal Changes along Selected Locations of Karnataka, India: A GIS and Remote Sensing Approach. International Journal of Geosciences, 02(4):385-393.

Volkan B, Cemal B. 2016. The problems and resolution approaches to land management in the coastal and maritime zones of Turkey. Ocean and Coastal Management, 119:30-37.

Wohl E. 2013. Wilderness is dead: Whither critical zone studies and geomorphology in the Anthropocene. Anthropocene, 1(2):4-15.